艺术设计
ARTDESIGN

国家示范性高等职业院校艺术设计专业精品教材

高职高专艺术设计类『十三五』规划教材

AutoCAD计算机辅助设计

AUTOCAD JISUANJI FUZHU SHEJI

主　编　付路芳　高伟伟　宋霞

副主编　戴薛　熊朝阳　胡巧玲

参编　张凌　许洪涛　方雷　肖厚婷
　　　于志博　王璐　张佳妮　胡勇

华中科技大学出版社
http://www.hustp.com
中国·武汉

U0278926

内 容 简 介

本书分为三部分：第一部分为基础篇；第二部分为施工图纸篇，是对 AutoCAD 平面方法的归纳和应用；第三部分为建模篇，是对 AutoCAD 三维方法的归纳和应用。本书不仅包括基本理论知识，而且包括相关实践知识，在每部分融入具体的基础知识和实训内容，让学生掌握必要的基本知识和技能，即让学生在做中学，在学中做，从而达到提高学生实际设计和操作水平的目的。

图书在版编目（CIP）数据

AutoCAD 计算机辅助设计 / 付路芳，高伟伟，宋霞主编 .—武汉：华中科技大学出版社，2014.6（2024.2重印）
ISBN 978-7-5680-0199-1

Ⅰ.① A…　Ⅱ.①付…②高…③宋…　Ⅲ.①计算机— AutoCAD 软件—高等职业教育—教材　Ⅳ.① TP391.72

中国版本图书馆 CIP 数据核字 (2014) 第 135731 号

AutoCAD 计算机辅助设计
AutoCAD Jisuanji Fuzhu Sheji

付路芳　高伟伟　宋　霞　主编

策划编辑：彭中军
责任编辑：彭中军
封面设计：龙文装帧
责任校对：李　琴
责任监印：张正林
出版发行：华中科技大学出版社（中国·武汉）　　电话：（027）81321913
　　　　　武汉市东湖新技术开发区华工科技园　　邮编：430223
录　　排：华中科技大学惠友文印中心
印　　刷：武汉市洪林印务有限公司
开　　本：880 mm×1 230 mm　1/16
印　　张：19
字　　数：669 千字
版　　次：2024 年 2 月第 1 版第 6 次印刷
定　　价：49.00 元

　　世界职业教育发展的经验和我国职业教育发展的历程都表明，职业教育是提高国家核心竞争力的要素。职业教育的这一重要作用，主要体现在两个方面。其一，职业教育承载着满足社会需求的重任，是培养为社会直接创造价值的高素质劳动者和专门人才的教育。职业教育既是经济发展的需要，又是促进就业的需要。其二，职业教育还承载着满足个性发展需求的重任，是促进青少年成才的教育。因此，职业教育既是保证教育公平的需要，又是教育协调发展的需要。

　　这意味着，职业教育不仅有自己的特定目标——满足社会经济发展的人才需求，以及与之相关的就业需求，而且有自己的特殊规律——促进不同智力群体的个性发展，以及与之相关的智力开发。

　　长期以来，由于我们对职业教育作为一种类型教育的规律缺乏深刻的认识，加之学校职业教育又占据绝对主体地位，因此职业教育与经济、与企业联系不紧，导致职业教育的办学未能冲破"供给驱动"的束缚；由于与职业实践结合不紧密，职业教育的教学也未能跳出学科体系的框架，所培养的职业人才，其职业技能的"专"、"深"不够，工作能力不强，与行业、企业的实际需求及我国经济发展的需要相距甚远。实际上，这也不利于个人通过职业这个载体实现自身所应有的职业生涯的发展。

　　因此，要遵循职业教育的规律，强调校企合作、工学结合，"在做中学"，"在学中做"，就必须进行教学改革。职业教育教学应遵循"行动导向"的教学原则，强调"为了行动而学习"、"通过行动来学习"和"行动就是学习"的教育理念，让学生在由实践情境构成的、以过程逻辑为中心的行动体系中获取过程性知识，去解决"怎么做"（经验）和"怎么做更好"（策略）的问题，而不是在由专业学科构成的、以架构逻辑为中心的学科体系中去追求陈述性知识，只解决"是什么"（事实、概念等）和"为什么"（原理、规律等）的问题。由此，作为教学改革核心的课程，就成为职业教育教学改革成功与否的关键。

　　当前，在学习和借鉴国内外职业教育课程改革成功经验的基础上，工作过程导向的课程开发思想已逐渐为职业教育战线所认同。所谓工作过程，是"在企业里为完成一件工作任务并获得工作成果而进行的一个完整的工作程序"，是一个综合的、时刻处于运动状态但结构相对固定的系统。与之相关的工作过程知识，是情境化的职业经验知识与普适化的系统科学知识的交集，它"不是关于单个事务和重复性质工作的知识，而是在企业内部关系中将不同的子工作予以连接的知识"。以工作过程逻辑展开的课程开发，其内容编排以典型职业工作任务及实际的职业工作过程为参照系，按照完整行动所特有的"资讯、决策、计划、实施、检查、评价"结构，实现学科体系的解构与行动体系的重构，实现于变化的、具体的工作过程之中获取不变的思维过程和完整的工作训练，实现实体性技术、规范性技术通过过程性技术的物化。

　　近年来，教育部在高等职业教育领域组织了我国职业教育史上最大的职业教育师资培训项目——中德职教师资培训项目和国家级骨干师资培训项目。这些骨干教师通过学习、了解，接受先进的教学理念和教学模式，结合中国的国情，开发了更适合中国国情、更具有中国特色的职业教育课程模式。

　　华中科技大学出版社结合我国正在探索的职业教育课程改革，邀请我国职业教育领域的专家、企业技术专家和企业人力资源专家，特别是国家示范院校、接受过中德职教师资培训或国家级骨干教师培训的高职院校的骨干教师，为支持、推动这一课程开发应用于教学实践，进行了有意义的探索——相关教材的编写。

　　华中科技大学出版社的这一探索，有两个特点。

　　第一，课程设置针对专业所对应的职业领域，邀请相关企业的技术骨干、人力资源管理者及行业著名专家和院校骨干教师，通过访谈、问卷和研讨，提出职业工作岗位对技能型人才在技能、知识和素质方面的要求，结合目前中国高职教育的现状，共同分析、讨论课程设置存在的问题，通过科学合理的调整、增删，确定课程门类及其教学内容。

　　第二，教学模式针对高职教育对象的特点，积极探讨提高教学质量的有效途径，根据工作过程导向课程开发的实践，引入能够激发学习兴趣、贴近职业实践的工作任务，将项目教学作为提高教学质量、培养学生能力的主要教学方法，把适度够用的理论知识按照工作过程来梳理、编排，以促进符合职业教育规律的、新的教学模式的建立。

　　在此基础上，华中科技大学出版社组织出版了这套规划教材。我始终欣喜地关注着这套教材的规划、组织和编写。华中科技大学出版社敢于探索、积极创新的精神，应该大力提倡。我很乐意将这套教材介绍给读者，衷心希望这套教材能在相关课程的教学中发挥积极作用，并得到读者的青睐。我也相信，这套教材在使用的过程中，通过教学实践的检验和实际问题的解决，不断得到改进、完善和提高。我希望，华中科技大学出版社能继续发扬探索、研究的作风，在建立具有中国特色的高等职业教育的课程体系的改革之中，作出更大的贡献。

　　是为序。

教育部职业技术教育中心研究所

学术委员会秘书长

《中国职业技术教育》杂志主编

中国职业技术教育学会理事、

教学工作委员会副主任、

职教课程理论与开发研究会主任

姜大源　教授

2010 年 6 月 6 日

前言

AutoCAD JISUANJI FUZHU SHEJI

QIANYAN

AutoCAD 是美国 Autodesk 公司开发的计算机辅助绘图软件包，是一套功能极强的工具软件。如今 AutoCAD 广泛用于如下领域：

(1) 各种建筑绘图；

(2) 室内设计和设备布局图；

(3) 流程图和组织结构图；

(4) 其他各种图形。

对设计人员来说，不仅要了解 AutoCAD 基本命令，而且要能得心应手地用这些命令快速、准确地解决设计和绘图中的问题。

一、本书的使用对象

(1) 适合作为大专院校建筑专业或室内装饰设计专业的计算机辅助建筑制图与建筑造型教材，也可作为 AutoCAD 课程教材。

(2) 适合建筑设计人员或室内装饰设计人员使用。

(3) 对 AutoCAD 尚未入门，而想学习并掌握 AutoCAD 的读者。

(4) 已具备一定 AutoCAD 知识，想进一步提高 AutoCAD 技能的读者。

二、本书内容结构

本书分为三个部分：第一部分为基础篇；第二部分为施工图纸篇，是对 AutoCAD 平面方法的归纳和应用；第三部分为建模篇，是对 AutoCAD 三维方法的归纳和应用。

第一部分为基础篇，包括：①AutoCAD 基础，介绍 AutoCAD 界面，并介绍数据输入方法、观察图形的方法和构造选择集的方法；②绘图初步，通过完成一幅建筑平面图的绘制，掌握 AutoCAD 的基本绘图命令和图形编辑命令；③绘制建筑图的有效方法，对想掌握良好的绘图技能和培养良好绘图习惯的读者来说，这是必备的知识；④尺寸标注，介绍建筑制图中尺寸标注参数的设置和尺寸标注的方法。

第二部分为施工图纸篇，举例绘制总平面图、平面图、立面图，使读者掌握如何将 AutoCAD 知识灵活用于建筑制图中。

第三部分为建模篇，具体包括如下内容：①AutoCAD 三维造型基础，介绍三维设计必备的 AutoCAD 知识；②构造三维建筑模型，介绍用表面造型技术构造建筑模型，并通过练习进一步巩固；③应用举例，介绍一个建筑模型的生成过程。

编　者

2014 年 8 月

第一部分 基 础 篇

第二部分　施工图纸篇

第三部分　建　模　篇

第一部分
基础篇

AutoCAD JISUANJI

FUZHU SHEJI

第一章

AutoCAD 概述 ◀◀◀◀

第一节　AutoCAD 发展历史

　　AutoCAD 是由美国 Autodesk 公司开发的计算机辅助绘图与设计软件，具有易于掌握、使用方便、体系结构开放等特点，深受广大工程技术人员的欢迎。AutoCAD 自 1982 年问世以来，已经进行了近 20 次升级，从而使其功能逐渐强大，且日趋完善。如今，AutoCAD 已广泛应用于机械、建筑、艺术、电子、航天、造船、石油化工、土木工程、冶金、农业、气象、纺织、轻工业等领域。在中国，AutoCAD 已成为工程设计领域中应用最为广泛的计算机辅助设计软件之一。

　　1982 年 12 月，美国 Autodesk 公司首先推出 AutoCAD 的第一个版本——AutoCAD 1.0 版，1983 年 4 月推出 1.2 版，1983 年 8 月推出 1.3 版，1983 年 10 月推出 1.4 版，1984 年 10 月推出 2.0 版，1985 年 5 月推出 2.1 版，1986 年 6 月推出 2.5 版，1987 年 4 月推出 2.6 版，1987 年 9 月推出 9.0 版，1988 年 10 月推出 10.0 版，1990 年推出 11.0 版，1992 年推出 12.0 版，1994 年推出 13.0 版，1997 年 6 月推出 R14 版，1999 年 3 月推出 2000 版，2000 年 7 月推出 2000i 版，2001 年 5 月推出 2002 版，2003 年推出 2004 版，2004 年推出 AutoCAD 2005 版，2005 年推出 AutoCAD 2006 版，2006 年推出 AutoCAD 2007 版，2007 年推出 AutoCAD 2008 版，2008 年推出 AutoCAD 2009 版，2009 年推出 AutoCAD 2010 版。

　　AutoCAD 2010 除在图形处理等方面的功能有所增强外，一个最显著的特征是增加了参数化绘图功能。用户可以对图形对象建立几何约束，以保证图形对象之间有准确的位置关系，如平行、垂直、相切、同心、对称等；可以建立尺寸约束，通过该约束，既可以锁定对象使其大小保持固定，又可以通过修改尺寸值来改变所约束对象的大小。

第二节　AutoCAD 2010 的主要功能及新增功能

　　AutoCAD 2010 的主要功能及新增功能有如下一些：

　　①二维绘图与编辑，②创建表格，③文字标注，④尺寸标注，⑤参数化绘图，⑥三维绘图与编辑，⑦视图显示控制，⑧各种绘图实用工具，⑨数据库管理，⑩Internet 功能，⑪图形的输入、输出，⑫图纸管理，⑬开放的体系结构。

第三节　基本概念与基本操作

一、安装、启动 AutoCAD 2010

1. 系统需求

　　在安装 AutoCAD 2010 之前，计算机至少要满足系统需求，才能有效地使用 AutoCAD 2010 软件。如果不满足系统需求，可能会出现很多问题。安装 AutoCAD 时，计算机将自动检测 Windows 操作系统是 32 位版本还是

64 位版本。安装程序将自动安装适当的 AutoCAD 版本。不能在 64 位版本的 Windows 上安装 32 位版本的 AutoCAD。

2. 安装 AutoCAD 2010

AutoCAD 2010 软件以光盘形式提供，光盘中有名为 SETUP.EXE 的安装文件。执行 SETUP.EXE 文件，根据弹出的窗口选择、操作即可。

AutoCAD 的安装界面如图 1-1 所示。

图 1-1　AutoCAD 的安装界面

3. 启动 AutoCAD 2010

安装 AutoCAD 2010 后，系统会自动在 Windows 桌面上生成对应的快捷方式。双击该快捷方式，即可启动 AutoCAD 2010。与启动其他应用程序一样，也可以通过 Windows 资源管理器、Windows 任务栏按钮等启动 AutoCAD 2010。

二、AutoCAD 2010 经典工作界面

AutoCAD 2010 的经典工作界面由标题栏、菜单栏、各种工具栏、绘图窗口、光标、命令窗口、状态栏、坐标系图标、模型/布局选项卡和菜单浏览器等组成，如图 1-2 所示。

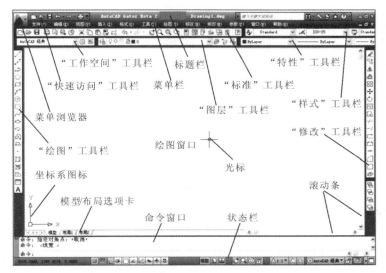

图 1-2　AutoCAD 的经典工作界面

AutoCAD2010 屏幕包括以下几部分。

1. 工作空间

工作空间就是由分组组织的菜单、工具栏、选项板和功能区控制面板组成的集合。

如果用户需要在各个工作空间模式中进行切换，可以在状态栏上单击"切换工作空间"按钮，在弹出的下拉菜单中选择相应的命令，即可切换至相应的工作空间，如图 1-3 所示。

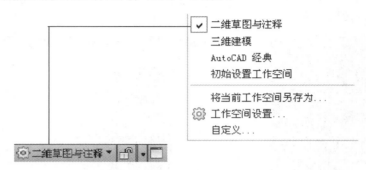

图 1-3　AutoCAD 的工作空间

2. 标题区

在屏幕上方的第一行，显示了软件的名称 AutoCAD 版本图标及当前图名等。单击位于标题栏右侧的各按钮，可分别实现 AutoCAD 窗口的最小化、还原(或最大化)及关闭 AutoCAD 等操作。

3. 菜单区及其下拉菜单

菜单栏是主菜单，可利用其执行 AutoCAD 的大部分命令。单击菜单栏中的某一项，会弹出相应的下拉菜单。图 1-4 为"视图"下拉菜单。

下拉菜单中，右侧有小三角的菜单项，表示它还有子菜单。图 1-4 中显示了"缩放"子菜单；右侧有三个小点的菜单项，表示单击该菜单项后要显示出一个对话框；右侧没有内容的菜单项，单击它后会执行对应的 AutoCAD 命令。

4. 快速访问工具栏和菜单栏

快速访问工具栏中包含多个常用命令：新建、打开、保存、打印、放弃和重做等。

5. 工具栏

除了快速访问工具栏，AutoCAD 2010 还提供传统方式工具栏。

如果用户使用"AutoCAD 经典"工作空间，该空间没有功能区命令按钮，通常使用工具栏中的命令按钮执行命令。

选择菜单命令"工具/工具栏/AutoCAD"，子菜单中列出所有可选工具栏的名称。

6. 绘图区

AutoCAD 界面中最大的空白区域就是绘图窗口区域。

图 1-4　"视图"下拉菜单

7. 信息中心

信息中心，在界面右上方。通过输入关键字来搜索信息、显示"通讯中心"面板以获取产品更新和通告，还可以显示"收藏夹"面板以访问保存的主题。

8. 功能区

默认情况下，在创建或打开图形时，功能区将显示在图形窗口的上面。功能区由选项卡组成。每个选项卡都含有多个带标签的面板，面板中包含许多与对话框和工具栏中相同的控件(按钮)。

9. 命令提示区

在绘图窗口的下方是命令窗口，它是用户与 AutoCAD 进行对话的窗口，通过命令窗口发出绘图命令、显示执行的命令、系统变量、选项、信息和提示，与使用菜单命令和命令按钮的功能相同。

命令窗口由两部分组成：命令行和命令历史记录窗口。

在 AutoCAD 中终止一个命令的方式有以下四种：

(1) 正常完成；

(2) 在完成之前，单击 Esc 键；

(3) 从菜单或工具栏中调用别的命令，AutoCAD 将自动终止当前正在执行的命令；

(4) 从当前命令的快捷菜单中选择"取消"选项。

AutoCAD 的文本窗口用于记录用户在 AutoCAD 中执行的命令及执行过程中的命令提示。在 AutoCAD 中，可以通过选择"视图"|"显示"|"文本窗口"命令或单击 F2 键来打开"文本窗口"。

10. 状态栏

状态栏在 AutoCAD 界面的最底部，如图 1-5 所示，提供关于打开和关闭图形工具的有用信息和按钮。

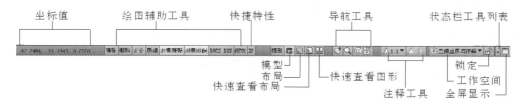

图 1-5　AutoCAD 状态栏

11. 光标

当光标位于 AutoCAD 的绘图窗口时为十字形状，所以又称其为十字光标。十字线的交点为光标的当前位置。AutoCAD 的光标用于绘图、选择对象等操作。

12. 模型/布局选项卡

模型/布局选项卡用于实现模型空间与图纸空间的切换。

13. 滚动条

利用水平和垂直滚动条，可以使图纸沿水平或垂直方向移动，即平移绘图窗口中显示的内容。

14. 菜单浏览器

单击菜单浏览器，AutoCAD 会将浏览器展开，如图 1-6 所示。用户可通过菜单浏览器执行相应的操作。

第四节　实例：自定义绘图窗口背景

选择菜单命令"工具/选项"。打开"选项"对话框，单击"显示"选项卡，在其下面"窗口元素"选项区域中单击"颜色"按钮，打开图形窗口颜色对话框进行设置。AutoCAD"选项"对话框如图 1-7 所示。

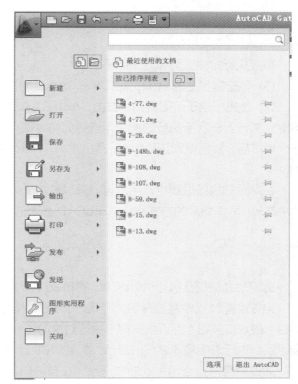

图 1-6　AutoCAD 菜单浏览器

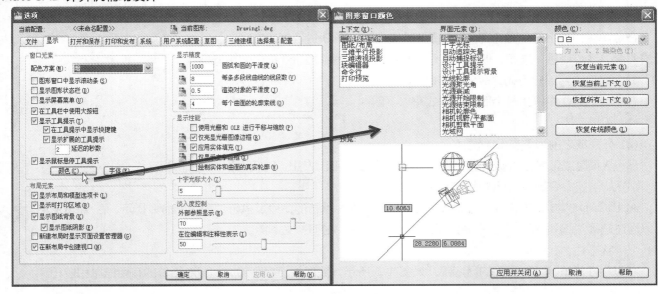

图 1-7　AutoCAD "选项" 对话框

第五节　AutoCAD 命令

一、执行 AutoCAD 命令的方式

（1）通过键盘执行命令。

（2）通过菜单执行命令。

（3）通过工具栏执行命令。

重复执行命令，具体方法如下。

（1）单击键盘上的 Enter 键或单击 Back Space 键。

（2）使光标位于绘图窗口，右击，AutoCAD 弹出快捷菜单，并在菜单的第一行显示重复执行上一次所执行的命令，选择此命令即可重复执行对应的命令。例如，绘制一个矩形后，要重复"矩形"命令，右击鼠标，AutoCAD 会弹出如图 1-8 所示的快捷菜单。

在命令的执行过程中，用户可以通过单击 Esc 键或右击该对象，从弹出的快捷菜单中选择"取消"命令的方式终止 AutoCAD 命令的执行。

二、透明命令

透明命令是指在执行 AutoCAD 的命令过程中可以执行的某些命令。

当在绘图过程中需要透明执行某一命令时，可直接选择对应的菜单命令或单击工具栏上的对应按钮，而后根据提示执行对应的操作。透明命令执行完毕后，AutoCAD 会返回到执行透明命令之前的提示，即继续执行对应的操作。

图 1-8　快捷菜单

通过键盘执行透明命令的方法为：在当前提示信息后输入"'"符号，再输入对应的透明命令后单击 Enter 键或 Back Space 键，就可以根据提示执行该命令的对应操作，执行后 AutoCAD 会返回到透明执行此命令之前的提示。

第六节　图形文件管理

一、创建新图形

通常在绘制一张新图之前，首先应该创建一个空白的图形文件，即创建一个新的绘图窗口，以便绘制新图形。

单击"标准"工具栏上的 🗋 (新建)按钮，或选择"文件"|"新建"命令，即执行 NEW 命令，AutoCAD 弹出"选择样板"对话框，如图 1-9 所示。

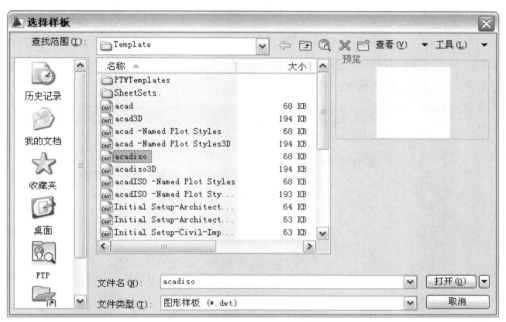

图 1-9　"选择样板"对话框

通过此对话框选择对应的样板后(初学者一般选择样板文件 acadiso.dwt 即可)，单击"打开"按钮，就会以对应的样板为模板建立一个新图形。

二、打开图形

单击"标准"工具栏上的 📂 (打开)按钮，或选择"文件"|"打开"命令，即执行 OPEN 命令，AutoCAD 弹出与前面的图类似的"选择文件"对话框，可通过此对话框确定要打开的文件并打开它。AutoCAD 2010 不仅能打开它本身格式的图形文件(DWG、DWT、DWS)，而且能直接读取 DXF 文件。"选择文件"对话框如图 1-10 所示。

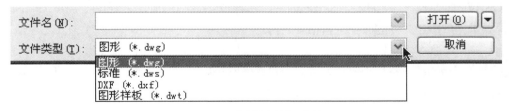

图 1-10　"选择文件"对话框

三、局部打开和局部加载图形

在大型工程项目中，如果只负责一小部分设计，使用局部打开，可以只打开所需要的内容，加快文件的加载速

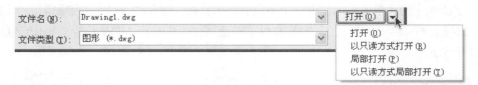

度，而且也减少绘图窗口中显示的图形数量。在局部打开文件之后，使用"局部加载"可以加载该文件的其他图层，进行编辑操作。

(1) 在快速访问工具栏中，单击"打开"按钮，打开选择文件对话框，单击一个图形文件名称，单击"打开"按钮右侧的三角形按钮，在弹出的快捷菜单中有四个选项，如图 1-11 所示。选择不同的打开方式所打开的文件属性不同。

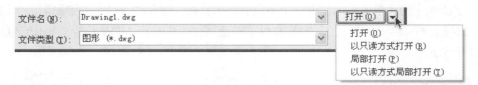

图 1-11　"打开"对话框

(2) 选择"局部打开"，在局部打开对话框中勾选需要打开的图层，如图 1-12 所示。 单击"打开"按钮，此时视图中局部打开的图形文件，显示加载图层上的图形。

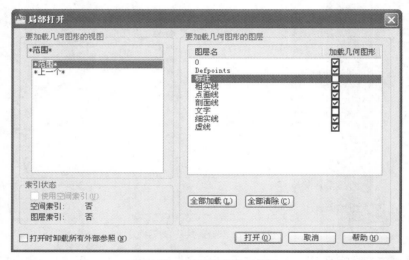

图 1-12　"局部打开"对话框

四、保存图形

1. 用 QSAVE 命令保存图形

单击"标准"工具栏上的 🖬 (保存)按钮，或选择"文件"|"保存"命令，即执行 QSAVE 命令，如果当前图形没有命名、保存过，AutoCAD 会弹出"图形另存为"对话框。通过该对话框指定文件的保存位置及名称后，单击"保存"按钮，即可保存。

如果执行 QSAVE 命令前已对当前绘制的图形命名、保存过，那么执行 QSAVE 后，AutoCAD 直接以原文件名保存图形，不再要求用户指定文件的保存位置和文件名。

2. 换名存盘

换名存盘指将当前绘制的图形以新文件名存盘。执行 SAVEAS 命令，AutoCAD 弹出"图形另存为"对话框，要求用户确定文件的保存位置及文件名，单击确定即可。

第七节　关闭图形文件和退出 AutoCAD 程序

关闭命令只关闭当前激活的绘图窗口，只是结束对当前正在编辑的图形文件的操作，可以继续运行 AutoCAD

软件，编辑其他打开的图形文件。

退出命令是退出 AutoCAD 程序，结束所有的 AutoCAD 操作，如图 1-13 所示。

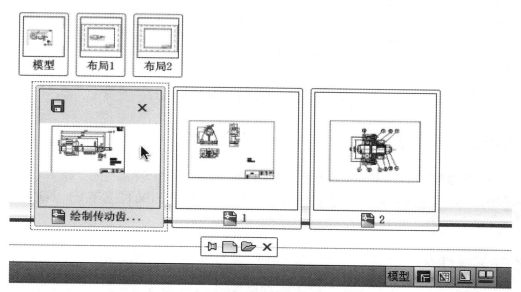

图 1-13 关闭当前正在编辑的图形文件

第八节 AutoCAD 的基本操作

一、命令执行方法

AutoCAD 进行的每一项操作都是在执行一个命令，命令会指示 AutoCAD 进行何种操作。
可以用下列两种方法之一来启动命令。

● **方法一：** 在功能区、菜单栏、工具栏、状态栏或快捷菜单上单击命令名或按钮。

● **方法二：** 在命令提示下输入命令名或命令别名，然后单击 Enter 键或空格键。

二、退出命令

● **方法一：** 希望结束当前命令的操作时，单击 Esc 键(有些命令也可以单击 Enter 键)。

● **方法二：** 在绘图窗口中右击(单击鼠标右键)，在弹出的快捷菜单中选择"取消"，有时快捷菜单会显示"退出"，
有的命令也可以在快捷菜单中选择"确定"。

三、取消与重复执行命令

绘图时可以随时取消当前正在执行的命令，也可以重复执行前面执行过的某个命令。

四、放弃与重做命令

在绘图时，出现一些操作错误而需要放弃前面执行的一个或多个操作命令时，可以使用"放弃"命令，撤销上一
次操作。如果放弃一个或多个操作之后，需要恢复原来的效果，可以使用"重做"命令，即可恢复上一个使用"放弃"
命令撤销的效果，如图 1-14 所示。

图 1-14 "放弃"与"重做"命令

第九节 鼠标的使用

一、鼠标键的操作

在双键鼠标上，左键是拾取键，用于指定位置，指定对象，选择菜单命令和按钮等。

单击鼠标右键，会显示快捷菜单，可以选择并执行其中的命令，根据右击的位置不同，快捷菜单所显示的内容也会不同。

二、鼠标滑轮的操作

滑轮鼠标的两个按键之间有一个小滑轮。转动滑轮可以对图形进行缩放和平移，默认情况下，缩放比例设为10%；每次转动滑轮都将按 10% 的增量改变图形大小。

第十节 绘图基本设置与操作

为了提高在 AutoCAD 中进行设计制图质量和速度，在绘图之前，必须先对绘图环境进行设置。绘图环境的设置包括绘图界限的设置、图形单位的设置、图层的设置和对象捕捉功能的设置。

一、绘图界限的设置

在实际工作中，绘图界限就是标明绘图工作区域的边界。AutoCAD 作为计算机辅助设计工具，其最大的优势在于它可以将计算机当做一个无限大的虚拟空间，也就是通过创建一幅新图后打开 AutoCAD 的图形界面上的绘图区，可以在这个虚拟空间中绘制出与所绘实体相同大小尺寸的图形。

设置绘图界限的目的是为了方便在这个无限大的空间即模型空间中布置图形，绘制的图形合适的放置在所设绘图界限内，有利于准确地绘图和出图。因此，在进行 AutoCAD 绘图操作之前必须对绘图界限进行设置。

使用"图形界限"命令设置绘图界限如下。

(1) 单击菜单栏中的"格式"|"图形界限"。

(2) 在命令行中"指定左下角点或开(ON)/关(OFF)"提示下，输入左下角坐标值，单击 Enter 键。一般将坐标原点作为绘图界限的左下角，可直接单击 Enter 键确认。

(3) 在"指定右上角点"提示下，可以根据所绘图形的尺寸，将绘图界限设置的比例比所绘图形的尺寸大一些。为了便于按比例出图，一般将绘图界限设置与实际出图图纸成一定比例。

(4) 单击"标准"工具栏上的"全局缩放"按钮，将图形全局缩放，这样绘图界限就全部显示在计算机绘图区域的屏幕上了，便于观察图形全局。

二、绘图单位的设置

用户在使用 AutoCAD 绘图之前，应先确定所使用的基本绘图单位。这主要有两方面的原因。

首先，由于 AutoCAD 可以完成不同类型的工作，因此可以使用不同的度量单位，如机械行业、电气行业、建筑行业以及科学实验等对坐标、距离和角度的要求各不相同。同时，西方国家习惯使用英制单位，如英寸、英尺等，而我国则习惯于使用公制单位，如米、毫米等。因此，要根据项目和标注的不同决定使用何种单位制及其相应的精度。

注意：在工程制图里，国家标准规定长度单位为毫米。切记！

其次，在 AutoCAD 中绘制图形时，可以采用 1:1 的比例进行绘图，即所有的图形对象都可以采用真实的大小绘制。

在 AutoCAD 中设置图形单位最简单的方法是借助"图形单位"对话框，如图 1-15 所示。单击菜单栏中的"格式"|"单位"命令或直接在命令行中输入"Units"即可打开此对话框。

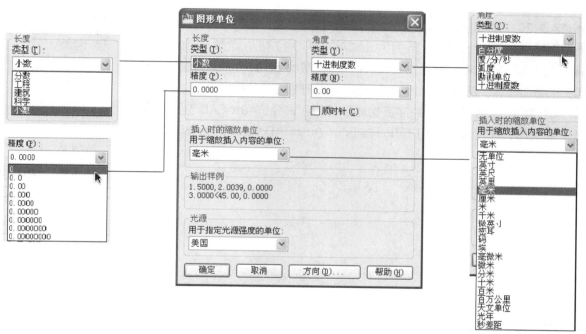

图 1-15 "图形单位"对话框

在该对话框中，可以选择当前图形文件的长度单位、角度单位以及各自的精度，长度和角度的单位及精度设置分别在对话框中的"长度"和"角度"选项组中进行。在这两个选项组中，AutoCAD 分别为其提供了两个下拉列表框。其中，"类型"下拉列表框用来设置长度或角度单位，"精度"下拉列表框用来设置精度。

设置绘图单位的操作步骤如下。

(1) 单击菜单栏中的"格式"|"单位"命令，执行图形单位命令。

(2) 弹出"图形单位"对话框，在"长度"选项组中选择长度类型为"小数"，根据设计绘图要求可将精度设置为"0.00"或其他小数。

(3) 在"角度"选项组中选择角度类型为"十进制度数"，根据设计绘图要求将精度设置为"0"或其他小数位。

(4) 设置完毕后，单击"确定"按钮，就可以看到状态栏上的坐标值发生了变化。

三、系统变量

可以通过 AutoCAD 的系统变量控制 AutoCAD 的某些功能和工作环境。AutoCAD 的每一个系统变量有其对应的数据类型，例如整数、实数、字符串和开关类型等(开关类型变量有 On(开)或 Off(关)两个值，这两个值也可以分别用 1、0 表示)。用户可以根据需要浏览、更改系统变量的值(如果允许更改的话)。浏览、更改系统变量值的方法通常是在命令窗口中，在"命令："提示后输入系统变量的名称后单击 Enter 键或 Back Space 键，AutoCAD 显示出系统变量的当前值，此时用户可根据需要输入新值(如果允许设置新值的话)。

四、绘图窗口与文本窗口的切换

使用 AutoCAD 绘图时，有时需要切换到文本窗口，以观看相关的文字信息；而有时在执行某一命令后，AutoCAD 会自动切换到文本窗口，此时又需要再转换到绘图窗口。利用功能键 F2 可实现上述切换。此外，利用 Textscr 命令和 Graphscr 命令也可以分别实现绘图窗口向文本窗口切换，以及文本窗口向绘图窗口切换。

第十一节　帮　　助

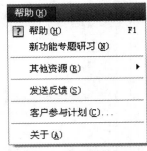

AutoCAD 2010 提供了强大的帮助功能，用户在绘图或开发过程中可以随时通过该功能得到相应的帮助。如图 1-16 为 AutoCAD 2010 的"帮助"菜单。

选择"帮助"菜单中的"帮助"命令，AutoCAD 弹出"帮助"窗口，用户可以通过此窗口得到相关的帮助信息，或浏览 AutoCAD 2010 的全部命令与系统变量等。

选择"帮助"菜单（见图 1-16）中的"新功能专题研习"命令，AutoCAD 会打开"新功能专题研习"窗口。通过该窗口用户可以详细了解 AutoCAD 2010 的新增功能。

图 1-16　"帮助"菜单

建筑施工图制图标准 ◀◀◀◀

建筑施工图是表达工程设计和指导施工必不可少的依据，因此熟悉图纸中各种线型、符号和代号等的含义，是设计人员必须具备的基本素质。

实践证明，图形效果的好坏、操作是否灵活、绘制速度的快慢和效率的高低、是否符合制图的要求等，很大程度上取决于对制图规范的掌握程度。而 AutoCAD 软件作为室内设计中的一个重要制图工具，通过建立合理、规范、标准、灵活的制图样板文件，为后面的室内装修施工图的绘制打好基础。

在本章中，首先对室内装修施工图的制图规范进行详细的讲解，包括图纸幅面、标题栏、比例、线型、符号、标高、尺寸与文字标注等内容；然后通过 AutoCAD 软件来建立一个标准的 AutoCAD 室内装修施工图的绘制样板文件，为后面的制图提供依据。

第一节　图纸幅面、图框格式及标题栏

一、图纸幅面

图纸幅面是指图纸宽度与长度组成的图面。绘制图样时，应采用表 2-1 中规定的图纸基本幅面尺寸。基本幅面代号有 A0、A1、A2、A3、A45 种。

表 2-1　图纸基本幅面尺寸　　　　　　　　　　　　　　　　　　单位：mm

代号 幅面	幅面尺寸	周边尺寸		
	B×L	a	b	c
A0	841×1189	25	10	20
A1	594×841	25	10	20
A2	420×594	25	10	20
A3	297×420	25	5	10
A4	210×297	25	5	10

A0 图幅的面积大约为 1 平方米，A1 图幅由 A0 图幅对裁而得，其他图幅依次类推，如图 2-1 所示。长边作为水平边使用的图幅称为横幅式图幅，短边作为水平边的图幅称为立式图幅。

二、图框格式

图框是图纸上限定绘图范围的线框。图样均应绘制在用粗实线画出的图框内。其格式分为不留装订边和留有装订边两种，但同一产品的图样只能采用一种格式。

1. 装订格式

留有装订边的图纸，其图框格式如图 2-2 所示。

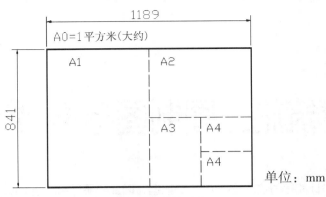

图 2-1　图纸幅面大小

2. 不装订格式

不留装订边的图纸，其图框格式如图 2-3 所示。

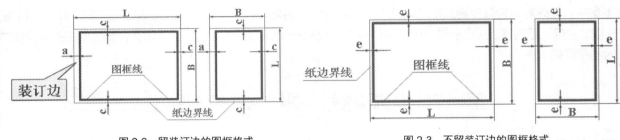

图 2-2　留装订边的图框格式　　　　　　图 2-3　不留装订边的图框格式

三、标题栏

1. 标题栏的位置

标题栏的位置如图 2-4 所示。

图 2-4　标题栏的位置

2. 标题栏的格式

标题栏的格式如图 2-5 所示。

制图作业的标题栏格式如图 2-6 所示。

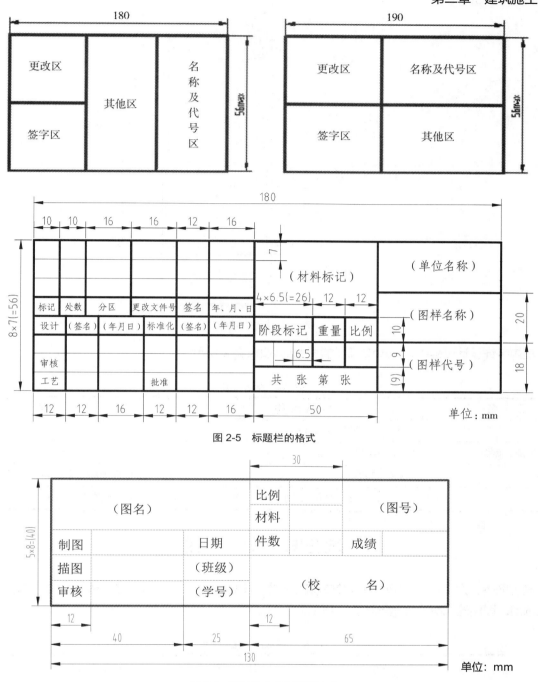

图 2-5　标题栏的格式

图 2-6　制图作业的标题栏格式

第二节　室内制图的比例

建筑物形体庞大，必须采用不同的比例来绘制。对整幢建筑物来说，其局部和细部结构都分别缩小后绘出，特别细小的线脚等有时不缩小，甚至需要放大。

图样中图形与实物相对应的线型尺寸之比称为比例。比例书写在图名的右侧，字号比图名小一号。一般情况下，一个图样选用一个比例，如果一张图纸中各图比例相同，也可以把该比例统一写在标题栏中。标注的比例如图 2-7 所示。

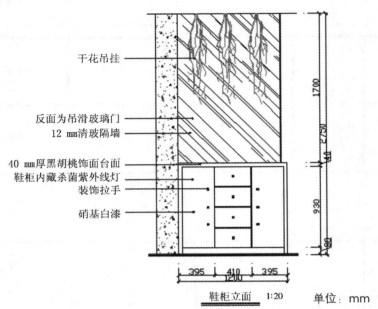

干花吊挂

反面为吊滑玻璃门
12 mm清玻隔墙

40 mm厚黑胡桃饰面台面
鞋柜内藏杀菌紫外线灯
装饰拉手

硝基白漆

1700
2750
930

395　410　395
1200

鞋柜立面　1:20　　单位：mm

图 2-7　标注的比例

在进行室内装饰设计过程中，AutoCAD 的制图比例如表 2-2 所示。

表 2-2　制图比例

图　名	常用比例	备　注
总平面图	1:500、1:1000、1:2000	—
平面图、立面图、剖面图	1:50、1:100、1:200	—
次要平面图	1:300、1:400	次要平面图指屋面平面图，巩固建筑的地面平面图
详图	1:1、1:2、1:5、1:10、1:20、1:25、1:50	1:25 仅适用于结构构件详图

第三节　图　线

在建筑施工图中，为了表明不同的内容并使层次分明，采用不同线型和线宽的图线绘制，图线的线型和线宽按列表的说明来选用。图线的线宽及用途如表 2-3 所示。

表 2-3　图线的线宽及用途

名　称		线　型	线　宽	一　般　用　途
实线	粗	———————	b	主要可见轮廓线
	中	———————	0.5b	可见轮廓线
	细	———————	0.25b	可见轮廓线、图例线等
虚线	粗	▬ ▬ ▬ ▬ ▬	b	见各有关专业制图标准
	中	— — — — —	0.5b	不可见轮廓线
	细	— — — — —	0.25b	不可见轮廓线、图例线等

续表

名 称		线 型	线 宽	一 般 用 途
单点画长线	粗		b	见各有关专业制图标准
	中		0.5b	见各有关专业制图标准
	细		0.25b	中心线、对称线等
双点画长线	粗		b	见各有关专业制图标准
	中		0.5b	见各有关专业制图标准
	细		0.25b	假想轮廓线、成型前的原始轮廓线
折断线			0.25b	断开界线
波浪线			0.25b	断开界线

在建筑施工图中，凡是存在而在当前图中又看不见的物体，常用虚线绘制，如建筑平面图中的地下管道、高窗、天窗、空门洞、吊柜、墙上预留的洞的表示等。

在施工图中，细单点长画线常用来表示物体的中心线和定位轴线等，它们的区别在于定位轴线的尾端带有轴线编号的圆圈，而中心线的端部没有圆圈。

一、图线的形式及应用

(1) 图中所采用的各种形式的线，称为图线。国家标准(简称国标)规定了图线的名称、形式、宽度及应用。

(2) 粗线宽度 b 在 0.5～2 mm 之间选择，细线宽度约为 b/3。图线宽度(单位：mm)推荐系列为 0.5、0.7、1、1.4、2，常用宽度为 0.5～1.4 mm。

二、图线画法

(1) 同一图样中同类图线的宽度、形式应基本一致。

(2) 两平行线之间的距离应不小于粗实线的两倍宽，其最小距离不得小于 0.7 mm。

(3) 绘制图线时应注意的事项。

图线的画法如图 2-8 所示，图线表示方法实例如图 2-9 所示。

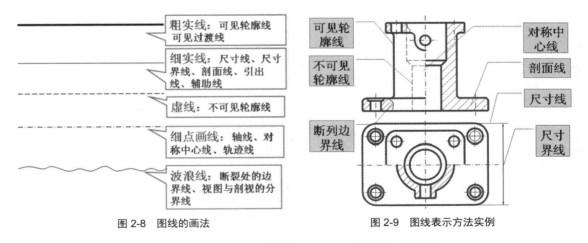

图 2-8 图线的画法　　　　　　图 2-9 图线表示方法实例

在 AutoCAD 中进行所有的施工图设计时，均应参照表 2-4 所示的线宽来绘制。

表 2-4　各类施工图使用的线宽　　　　　　　　　　　　　　　　　　单位：mm

种　类	粗　线	中　粗　线	细　线
建筑图	0.50	0.25	0.15
结构图	0.60	0.35	0.18
电气图	0.55	0.35	0.20
给排水	0.60	0.40	0.20
暖通	0.60	0.40	0.20

在采用 AutoCAD 绘图时，尽量采用色彩来控制绘图笔画的宽度，尽量少用多段线等有宽度的线，以加快图形的显示，缩小图形文件。打印出图 1~10 号线宽的设置如表 2-5 所示。

表 2-5　打印出图线宽的设置　　　　　　　　　　　　　　　　　　单位：mm

1 号	红色	0.1	6 号	紫色	0.1~0.13
2 号	黄色	0.1~0.13	7 号	白色	0.1~0.13
3 号	绿色	0.1~0.13	8 号	灰色	0.05~0.1
4 号	浅蓝色	0.15~0.18	9 号	灰色	0.05~0.1
5 号	红色	0.3~0.4	10 号	红色	0.6~1

第四节　室内制图的相关符号

在进行各种建筑和室内装饰设计时，为了更加清楚、明确地表明图中的相关信息，常以不同的符号来表示。

一、剖切符号

剖面的剖切符号应由剖切位置线及剖视方向线组成，均应以粗实线绘制。剖切位置的长度宜为 6~10 mm；投影方向线应垂直于剖切位置线，长度应短于剖切位置线，宜为 4~6 mm，绘制时剖切符号不宜与图面上的图线相接触。

剖切符号的编号宜采用阿拉伯数字，按顺序由左至右、由下至上连续编排，并注写在投影方向线的端部。需要转折的剖切位置线，在转折处如易与其他图线发生混淆，应在转角的外侧加注与该符号相同的编号，如图 2-10 所示。

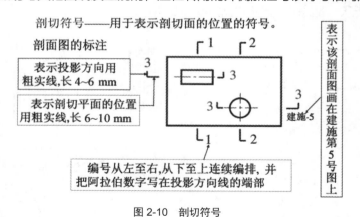

图 2-10　剖切符号

注："建施"为建筑施工图。

二、索引符号

索引符号如表 2-6 所示，是用细实线画出来的，圆的直径为 10 mm，如详图与被索引的图在同一张图纸内时，在上半圆中用阿拉伯数字注出该详图的编号，在下半圆中间画一段水平细实线；如详图与被索引的图不在同一张图纸内时，下半圆中用阿拉伯数字注出该详图所在的图纸编号；如索引详图采用标准图时，在圆的水平直径延长线上加注标准图册编号；如索引详图是剖面(或断面)详图时，索引符号在引出线的一侧加画一剖切位置线，引出线的一侧，表示投射方向。

表 2-6　索引符号

名　称	符　号	说　明
详图的索引符号	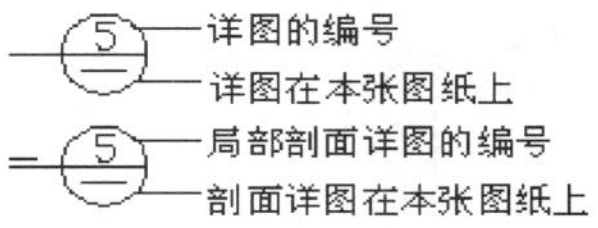 详图的编号 详图在本张图纸上 局部剖面详图的编号 剖面详图在本张图纸上	详图在本张图纸上
	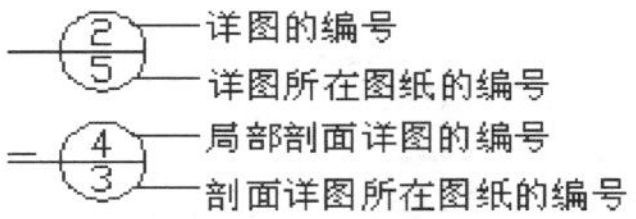 详图的编号 详图所在图纸的编号 局部剖面详图的编号 剖面详图所在图纸的编号	详图不在本张图纸上
	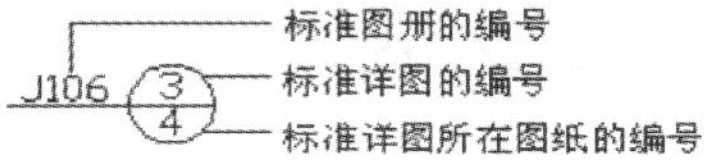 标准图册的编号 J106　标准详图的编号 标准详图所在图纸的编号	标准详图

三、详图符号

详图符号如表 2-7 所示，是用粗实线绘制的，圆的直径为 14 mm，如圆内只用阿拉伯数字注明详图的编号时，说明该详图与被索引图样在同一张图纸内；如详图与被索引的图样不在同一张图纸内，可用细实线在详图符号内画一水平直径，在上半圆内注明详图编号，下半圆中注明被索引图样的图纸编号。

表 2-7　详图符号

名　称	符　号	说　明
详图符号	 详图的编号	被索引的图样在本张图纸上
	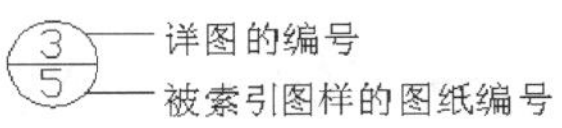 详图的编号 被索引图样的图纸编号	被索引的图样不在本张图纸上

四、内视符号

在房屋建筑中，一个特定的室内空间总通过竖向分隔来界定。因此，根据具体情况，就有可能绘制一个或多个立面图来表达隔断、墙体、家具、构配件的设计情况，内视符号标注在平面图中，包括视点位置、方向和编号 3 个信息，由此建立平面图和室内立面图之间的联系。内视符号的形式如图 2-11 所示。图中立面图编号可用英文字母或阿拉伯数字表示，黑色的箭头指向表示立面的方向。

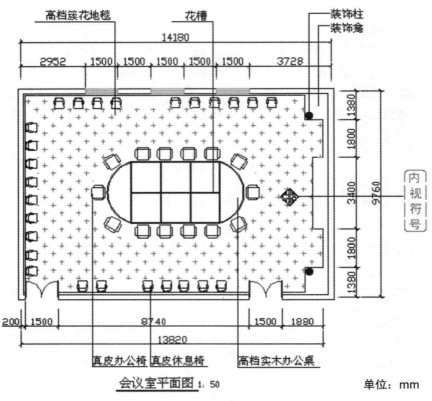

会议室平面图 1：50　　　　　　　　单位：mm

图 2-11　内视符号的形式

五、引出线

室内装饰设计的某些部位需要用文字或详图加以说明时，可用引出线(0.25b 细实线)从该部位引出。引出线用水平方向的直线，或与水平方向成 30°、45°、60°或 90°的直线，或经上述角度再折为水平的折线。文字说明宜注写在横线的上方，也可注写在横线的端部，索引详图的引出线应对准索引符号的圆心。

同时引出几个相同部分的引出线可画成平行线，也可画成集中于一点的引出线，如图 2-12 所示。用于多层构造的共同引出线，应通过被引出的多层构造，文字说明可注写在横线的上方，也可注写在横线的端部。说明的顺序自上而下，与被说明的各层要相一致，若层次为横向排列，则由上至下的说明顺序要与由左至右的各层相一致。

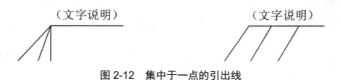

图 2-12　集中于一点的引出线

在标注引出线的时候，引出线为箭头或点，文字的字高为 7 mm(在 A0、A1、A2 图纸上)或 5 mm(在 A3、A4 图纸上)。

六、标高符号

标高是用以标注建筑物某一点高度位置的。根据标注高度的"0"点位置不同，标高分为绝对标高和相对标高。为了施工时看图方便，建筑施工图一般都使用相对标高来标注建筑物某一点的高度。相对标高是指以该建筑物的首层室内地面为零点而标注的高度。标高的符号应以直角等腰三角形表示，用细实线绘制；在总平面图上用以标注室外地坪标高的符号，宜用涂黑的三角形表示，如图 2-13 所示。

标高符号的尖端应指至被注高度的位置，尖端一般应向下，也可向上，标高数值应以 m 或 mm 为单位，注写到小数点后第三位，在总平面图中，可注写到小数点后第二位。零点标高应注写成±0.000，正数标高不注"+"，负数标高应注"-"，如 3.000、-0.600。设计师在绘制施工图的过程中，遇到图纸内容相同，只是所在位置的高度不同时，为了省时省力，常采用同一位置注写多个标高数字的方法，如图 2-14 所示。

图 2-13　标高符号　　　　　　　图 2-14　标高数值注写格式

在 AutoCAD 室内装饰设计标高中，其文字的字高为 2.5 mm(在 A0、A1、A2 图纸上)或 2 mm(在 A3、A4 图纸上)。

七、连接符号

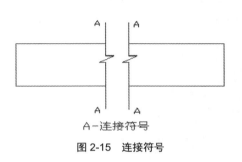

A-连接符号

图 2-15　连接符号

因图纸的大小有限，当绘制位置不够时，可将图形分成几个部分绘制，并以连接符号相连。当较长的构件沿长度方向的形状相同或按一定规律变化时，可断开省略绘制。这种分段画图又要表示整体时，常采用连接符号，如图 2-15 所示。

八、指北针与风玫瑰图

指北针头部应注"北"或"N"字，其圆的直径宜为 24 mm，用细实线绘制，指北针尾部的宽度宜为 3 mm，指北针应绘制在总图和建筑物±0.00 标高的平面上(即首层平面图上)。其所指的方向两张图应一致，其他图不用再画。指北针如图 2-16 所示。画风玫瑰图时，根据某一地区多年平均统计的八个或十六个方向的风向、风速，按一定比例绘制成气候统计图。因其图形似玫瑰花朵，故名。风玫瑰图包括风向玫瑰图和风速玫瑰图。风向玫瑰图表示各风向的频率，频率越高，表示该方向上的吹风次数越多。风向玫瑰图所表示的风的吹向是指从外面吹向地区中心的方向。风速玫瑰图表示各方向的风速分布情况。风玫瑰图有各种表示方法，通常有常年(用实线绘制)、夏季(用虚线绘制)等。它能为城市规划、建筑设计及气象研究提供帮助，如图 2-17 所示。

图 2-16　指北针　　　　　　　图 2-17　风玫瑰图

九、定位轴线

定位轴线是确定建筑物的主要结构或构件的位置及其尺寸的线，用细单点长画线表示。在平面上根据方向的不同，它分为横向定位轴线和纵向定位轴线，一般将建筑物的短向称为横向，建筑物的长向称为纵向。定位轴线的编号，写在轴线端部的圆内，圆用细实线绘制，直径为 8~10 mm，定位轴线的圆心在定位轴线的延长线上。横向定位轴线编号用阿拉伯数字，按从左至右的顺序编写。纵向定位轴线编号用大写拉丁字母，按从下至上的顺序编写。定位轴线如图 2-18 所示。

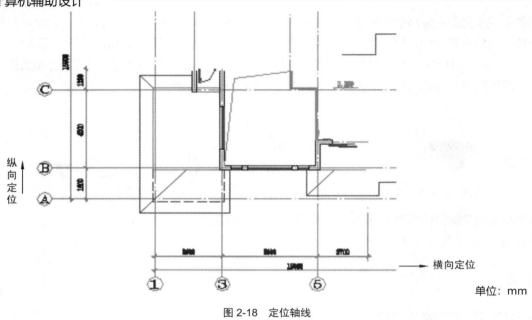

图 2-18　定位轴线

单位：mm

第五节　尺 寸 标 注

　　图形只能表示物体的形状，其各部分的实际大小以尺寸数字为准，不得从图上直接量取。《房屋建筑制图统一标准》中规定图样上的尺寸标注包括尺寸界限、尺寸线、尺寸起止符号和尺寸数字。尺寸界线应用细实线绘制，一般应与被注长度垂直，其一端应离开图样轮廓线不小于 2 mm，另一端宜超出尺寸线 2~3 mm；尺寸线应用细实线绘制，应与被注长度平行，尺寸起止符号一般用中粗斜线短线绘制，其倾斜方向应与尺寸界线成顺时针 45°角，长度宜为 2~3 mm，高为 2.5 mm，图中尺寸数字的单位除总平面以 m 为单位外，其他必须以 mm 为单位。尺寸的组成如图 2-19 所示。

　　尺寸分为总尺寸、定位尺寸、细部尺寸三种。互相平行的尺寸线，相距 8 mm，三道尺寸线由较小尺寸线向较大尺寸线排列，图样轮廓线以外的尺寸界线，距图样最外轮廓之间的距离不小于 10 mm。尺寸的排列如图 2-20 所示。

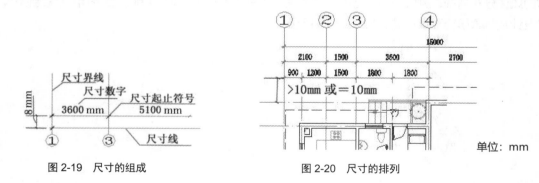

单位：mm

图 2-19　尺寸的组成   图 2-20　尺寸的排列

图形显示控制和精确绘图 ◀◀◀

第一节　图形显示缩放

图形显示缩放只是将屏幕上对象的视觉尺寸放大或缩小，就像用放大镜或缩小镜(如果有的话)观看图形一样，从而可以放大图形的局部细节，或者缩小图形以观看全貌。执行显示缩放后，对象的实际尺寸仍保持不变。

一、利用 Zoom 命令实现缩放

通过缩放视图、可以放大或缩小图形的屏幕尺寸，而图形的真实尺寸保持不变。在命令行输入 Zoom 命令或选择"视图"|"缩放"命令中的相应选项或使用缩放工具栏中的相应按钮，均可以方便地缩放图形。

1. 使用 Zoom 命令缩放视图

在命令行输入 Zoom 命令，提示如下。

指定窗口角点，输入比例因子(nX 或 nXP)，或"全部(A)/中心点(C)/动态(D)/范围(E)/上一个(P)/比例(S)/窗口(W) < 实时 > ："。

提示的第一组说明可以直接确定窗口的交点位置或输入比例因子。确定窗口的两点后，AutoCAD 把以这两个角点确定的矩形窗口区域中的图形放大，以占满屏幕。此外，用户也可以直接输入比例因子。如果输入的比例因子是具体的数值，图形将按该比例值实现绝对缩放，即相对于实际尺寸进行缩放；如果在比例因子后面加 X，图形将实现相对缩放，即相对于当前显示图形的大小进行缩放；如果在比例因子后面加 XP，则图形相对于图纸空间进行缩放。

第二组提示中的各选项意义如下。

* 全部(A)：将全部图形显示在屏幕上。如果各图形对象均没有超出由 Limits 命令设置的绘图界限，AutoCAD 则按该图纸边界显示，即在绘图窗口中显示绘图界限中的内容；如果有图形对象画到了图纸边界之外，显示的范围则被扩大，以便将超出边界的部分也显示在屏幕上。

* 中心点(C)：重设图形的显示中心和缩放倍数。

执行该选项，AutoCAD 提示如下。

指定中心点：指定新的显示中心位置。

输入比例或高度：输入缩放比例或高度值。

按提示执行操作后，AutoCAD 将图形中新指定的中心位置显示在绘图窗口的中心位置，并对图形进行相应的放大或缩小。如果在"输入比例或高度："中给出的是缩放比例(数值后跟 X)，AutoCAD 按该比例缩放图形；如果在"输入比例或高度："中给出的是高度值(不跟 X 的数值)，AutoCAD 将在绘图窗口中按输入的高度值显示图形。

* 动态(D)：可动态缩放图形。执行该选项后，在屏幕中将显示一个带 X 的矩形选择方框，如图 3-1 所示。单击鼠标，矩形选择方框中心的 X 将消失，而显示一个位于右边框的方向箭头→。此时拖动光标可改变选择方框的大小。确定选择区域大小后，拖动鼠标可移动选择方框，以确定选择区域。确定选择区域后，单击 Enter 键，即可将对应区域中的图形显示在绘图窗口中。

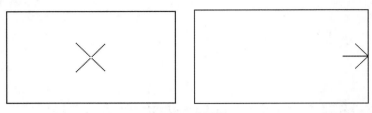

图 3-1   动态缩放

- 范围(E)：可以在屏幕上尽可能大地显示所有图形对象。与全部缩放模式不同的是，范围缩放使用的显示边界只是图形范围而不是图形界限。

- 上一个(P)：恢复上一次显示的图形。

- 比例(S)：按缩放比例实时播放。输入比例因子(nX 或 nXP)：按提示输入缩放比例值后，AutoCAD 将按该比例值缩放图形对象。

- 窗口(W)：该选项允许用户通过确定作为观察区域的矩形窗口实现图形放大。确定一个窗口后，窗口的中心将变成新的显示中心，窗口内的区域将被放大，以尽量占满屏幕。执行该选项后，AutoCAD 依次提示：指定两对角点，在提示下依次确定窗口的角点位置即可。

- <实时>：实时缩放图形对象。执行 Zoom 命令后，在对应提示下直接单击 Enter 键，即执行此选项，AutoCAD 会在屏幕上出现一个类似于放大镜的小标记，并在状态栏上提示：略。

此时，按住鼠标左键向上移动，可放大图形，反之缩小图形。单击 Esc 键或 Enter 键退出操作。

2. 使用缩放命令和缩放工具栏缩放图形对象

AutoCAD 提供了用于图形缩放操作的命令与"缩放"工具栏，利用它们可以快速执行图形对象的缩放操作。

- 缩放命令：缩放命令位于"视图"|"缩放"菜单中，该菜单中的部分命令与 Zoom 命令提示中的同名选项的功能相同，而放大和缩小命令可分别使图形相对于当前图形放大一倍或缩小一半。

- 缩放工具栏：通过单击缩放工具栏中相应按钮，即可实现对图形的缩放。

二、利用菜单命令或工具栏实现缩放

AutoCAD 2010 提供了用于实现缩放操作的菜单命令和工具栏按钮，利用它们可以快速执行缩放操作。

图 3-2 和图 3-3 分别是"缩放"子菜单(位于"视图"下拉菜单中)和"缩放"工具栏，利用它们可实现对应的缩放。

图 3-2   "视图"菜单里的"缩放"子菜单

图 3-3   "缩放"工具栏

第二节　图形显示移动

图形显示移动是指移动整个图形，就像是移动整张图纸，以便使图纸的特定部分显示在绘图窗口。执行显示移动后，图形相对于图纸的实际位置并不发生变化。

Pan 命令用于实现图形的实时移动。执行该命令，AutoCAD 在屏幕上出现一个"小手形状"光标，并提示：单击 Esc 键或 Enter 键退出，或单击右键显示快捷菜单。

同时在状态栏上提示："按住拾取键并拖动进行平移"。此时按下拾取键并向某一方向拖动鼠标，就会使图形向该方向移动；单击 Esc 键或 Enter 键可结束 Pan 命令的执行；如果右击，AutoCAD 会弹出快捷菜单供用户选择。

另外，AutoCAD 还提供了用于移动操作的命令，这些命令位于"视图"|"平移"子菜单中，如图 3-4 所示，利用其可执行各种移动操作。

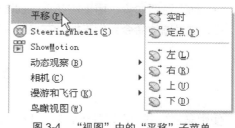

通过平移视图，可以重新定位图形，以便清晰观察图形的其他部分。在命令行输入 Pan 命令、单击标准工具栏中的实时平移按钮或选择"视图"|"平移"命令中相应子命令，可实现平移。

使用平移命令平移视图时，视图的显示比例不变。用户除了通过选择相应命令向左、右、上、下 4 个方向平移视图外，还可以使用实时和定点命令平移视图。

图 3-4　"视图"中的"平移"子菜单

☆实时命令：选择该命令，将进入实时平移模式，此时光标指针变成"小手形状"。单击鼠标左键并拖动，窗口内的图形就可随光标移动。单击 Esc 键或 Enter 键，可以退出实时平移模式。

☆定点命令：选择该命令，则可通过指定基点和位移值来平移视图。

第三节　使用鸟瞰视图

鸟瞰视图属于定位工具，它提供了一种可视化平移和缩放视图的方法。使用鸟瞰视图，用户可以在另外一个独立的窗口中显示整个图形视图，以便快速定位目标区域。在绘图时，如果鸟瞰视图处于打开状态，用户就可以直接缩放和平移图形，无需选择菜单选项或输入命令。

一、使用鸟瞰视图观测图形

选择"视图"|"鸟瞰视图"命令，可打开鸟瞰视图，如图 3-5 所示。用户可通过其中的矩形框来设置图形观察范围。如果要放大图形，可缩小矩形框，如果要缩小图形，可放大矩形框。

使用鸟瞰视图观察图形的方法与使用动态视图缩放图形的方法相似，用户只需在鸟瞰视图中单击，即可显示一个带"X"的矩形选择方框，但在使用鸟瞰视图观察图形时，是在一个独立的窗口中进行的，其结果会反映在当前视口中。

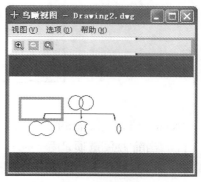

图 3-5　鸟瞰视图

二、改变鸟瞰视图中图像的大小

在鸟瞰视图中，使用视图菜单中的命令或单击工具栏中的相应按钮，可以在其中显示整个图形或调整图像大小，但这些改变并不会影响绘图区域中的视图，这些命令的功能如下。

☆放大命令：可以拉近视图，将鸟瞰视图放大一倍，从而更清楚地观察图形的细节。

☆缩小命令：可以拉远视图，将鸟瞰视图缩小一半，以观察到更大的视图区域。

☆全局命令：可以在鸟瞰视图窗口中观察到整个图形。

三、改变鸟瞰视图的更新状态

默认情况下，AutoCAD 会自动更新鸟瞰视图窗口，以反映在图形中所作的修改。当绘制复杂的图形时，关闭此动态更新功能可以提高程序性能。

在鸟瞰视图中，使用选项菜单中的相应命令，可以改变鸟瞰视图的更新状态，这些命令包括如下一些。

(1) 自动视口命令：用于自动地显示模型空间的当前有效视口。当该命令不被选中时，鸟瞰视图就不会随有效视口的变化而变化。

(2) 动态更新命令：用于控制鸟瞰视图的内容是否随绘图区中图形的改变而改变。

(3) 实时缩放命令：用于控制在鸟瞰视图中缩放时，绘图区中的图形显示是否实时变化。

第四节　使用命名视图

使用命名视图，可以在一张复杂的工程图上创建多个视图。当要查看、修改某一部分视图时，只需将该视图恢复到当前即可。

一、命名视图

选择"视图"|"命名"视图命令，或在视图工具栏中单击命名视图按钮，系统将打开视图对话框，利用该对话框，可以新建、设置、更名和删除命名视图，如图 3-6 所示。

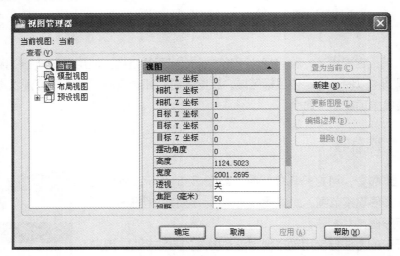

图 3-6　"视图管理器"对话框

"视图管理器"对话框的各选项意义如下。

(1) "当前"视图选项：用于显示当前视图的名称。

(2) "视图"列表框：列出当前图形中已经命名了的视图名称、位置、UCS 及透视模式。

(3) "置为当前(C)"按钮：单击该按钮，可将选中的命名视图设置为当前视图。

(4) "新建(N)..."按钮：单击该按钮，可打开"新建视图/快照特性"对话框，如图 3-7 所示。通过在该对话框设置视图名称、创建视图的区域(是当前视图还是重新定义)以及 UCS 设置，可以创建新的命名视图。

在视图对话框中，使用正交和等轴测视图选项卡，可以恢复正交或等轴测视图。此时，用户可在列表框中选择标准的正交视图或等轴测视图作为当前视图。

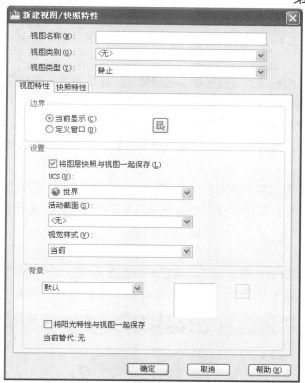

图 3-7 "新建视图/快照特性"对话框

二、恢复命名视图

在 AutoCAD 中，用户可以一次命名多个视图，当需要重新使用一个已命名视图时，可将该视图恢复到当前视口。如果绘图窗口中包含多个视口，用户也可以将视图恢复到活动视口中，或将不同的视图恢复到不同的视口中，以同时显示模型的多个视图。

恢复视图时可以恢复视图的中点、查看方向、缩放比例因子、透视图(镜头长度)等设置。如果在命名视图时将当前的 UCS 随视图一起保存起来的话，当恢复视图时也可以恢复 UCS。

三、使用平铺视口

为便于编辑图形，常常需要将图形的局部放大，以显示其细节。若用户还希望观察图形的整体效果，使用单一的绘图视口往往无法满足需要。此时，便可利用 AutoCAD 提供的平铺视口功能，将当前视口划分为若干视口。

图 3-8 "视口"命令中的子命令

1．平铺视口的特点

平铺视口是指把绘图窗口分成若干矩形区域，从而创建多个不同的绘图区域，每一个绘图区域都可用来查看图形的不同部分。在 AutoCAD 中，用户可以同时打开多达 32000 个可视视口，同时屏幕上还可以保留菜单栏和命令提示窗口。

选择"视图"|"视口"命令中的子命令，或利用视口工具栏，可以方便地在模型空间中创建和管理平铺视口，如图 3-8 所示。

打开一个图形后，默认情况下，AutoCAD 用单一视口填满模型空间的整个绘图区域。当将系统变量 Tilemode 的值设置为 1 后(即在模型空间模式下)，用户就可以将屏幕的绘图区域分割成多个平铺视口。在 AutoCAD 中，平铺视口具有下述特点。

☆用户可对每个视口进行平移和缩放，设置捕捉、栅格和用户坐标系等，且每个视口都可以有独立的坐标系。

☆在命令执行期间，可以切换视口以便在不同的视口中绘图。

☆可以命名视口的配置，以便在模型空间中恢复视口或者将它们应用到布局中。

☆用户只能在当前视口里工作。要将某个视口设置为当前视口，可用鼠标单击该视口的任意位置。此时，当前视口的边框将加粗显示。

☆只有在当前视口中，指针才显示为十字形状；将指针移出当前视口后，就变为箭头形状。

☆在平铺视口中工作时，可全局控制所有视口中的图层的可见性。如果在某一个视口中关闭了某一图层，系统将在所有视口中关闭该图层。

2. 创建平铺视口

选择"视图"|"视口"|"新建视口"命令，或在视口工具栏中单击显示视口对话框按钮，可打开"视口"对话框。利用该对话框中的"新建视口"选项卡，如图 3-9 所示，可以显示标准视口配置列表及创建并设置新的平铺视口。

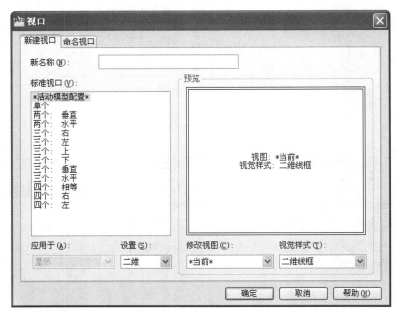

图 3-9 "新建视口"选项卡

若要新建平铺视口，用户需要在新名称文本框中输入新建的平铺视口的名称，在标准视口列表框中选择可用的标准的视口配置，此时预览区中即显示出所选视口配置以及已赋予每个视口的默认视图的预览图像。此外，新建平铺视口时，还需要在以下选项中进行一系列设置。

☆应用于下拉列表框：设置将所选的视口配置用于整个显示屏幕还是当前视口。其中，显示选项将所选的视口配置用于模型空间中的整个显示区域，为默认选项，当前视口选项将所选的视口配置用于当前视口。

☆设置下拉列表框：用于指定 2D 或 3D 设置。如果选择 2D 选项，则使用视口中的当前视图来初始化视口配置；如果选择 3D 选项，则使用正交的视图来配置视口。

☆修改视图下拉列表框：选择一个视口配置代替已选择的视口配置。

在"视口"对话框中，使用"命名视口"选项卡，可以显示图形中已命名的视口配置。在选择了一个视口配置后，该视口配置的布局情况将显示在预览窗口中。"命名视口"选项卡如图 3-10 所示。

图 3-10　"命名视口"选项卡

3. 分割与合并视口

选择"视图"|"视口"命令中的相应子命令，可以在不改变视口显示的情况下，分割或合并当前视口。例如，选择"视图"|"视口"的一个视口命令，可以将当前视口扩大到充满整个绘图窗口；选择"视图"|"视口"|"两个视口、三个视口、四个视口"命令，可以将当前视口分割为 2 个、3 个或 4 个视口。例如，将图 3-9 所示视口分隔为 4 个视口后，效果如图 3-11 所示。

图 3-11　"新建视口"对话框中 4 个视口

选择"视图"|"视口"|"合并"命令，可以合并视口，选择该命令后，AutoCAD 提示如下。

选择主视口"当前视口"：选择主视口，若直接单击 Enter 键，则以当前视口作为主视口。

选择要合并的视口：选择一个与主视口相邻的视口作为要合并的视口。

根据提示选择主视口与要合并的视口后，单击 Enter 键，AutoCAD 即可将这两个视口合并。如图 3-12 所示即为将左侧的上下两个视口合并为一个视口的效果。

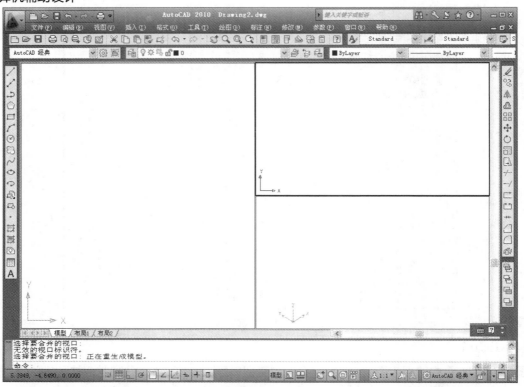

图 3-12　合并视口

第五节　绘图辅助工具的设置

为了让用户绘图更方便、更精确，AutoCAD 提供了多种绘图辅助工具，如栅格、捕捉、正交等。使用这些绘图辅助工具，能够大大地提高绘图的效率和精确度，单击菜单栏中的"工具"|"草图设置"对话框命令并单击 Enter 键，可以弹出"草图设置"对话框，如图 3-13 所示。

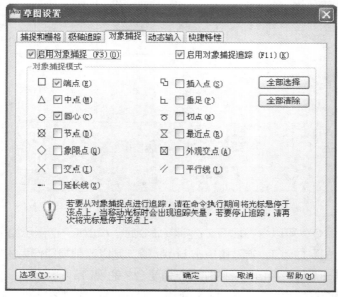

图 3-13　"草图设置"对话框

"草图设置"对话框中有五个选项卡，分别为"捕捉和栅格""极轴追踪""对象捕捉""动态输入"和"快捷特性"，前三个选项卡分别用于设定捕捉和栅格、对象的极轴追踪功能及目标捕捉功能。

在 AutoCAD 中，捕捉的功能分为两种：一种是自动捕捉，一种是目标捕捉。

一、栅格与捕捉的设置

栅格是点的矩阵，遍布于整个图形界限内，是一种标定位置的小点，可以作为参考图标。

捕捉模式用于限制十字光标移动的距离，使其按照用户定义的间距移动。捕捉模式可以精确地定位点在栅格点上。

在状态栏中，单击"捕捉"按钮和"栅格"按钮，可显示栅格和启用捕捉。栅格与捕捉命令如图 3-14 所示。

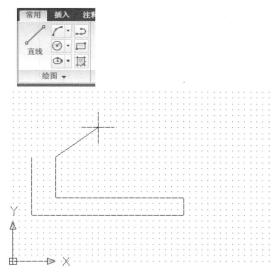

图 3-14　栅格与捕捉命令

1. 栅格的设置

1）命令执行方式

命令：Dsettings。

快捷形式：Ds。

下拉菜单："工具"|"草图设置"。

可在状态栏上的"栅格"处单击鼠标的右键，从弹出的菜单上选择"设置"，可快速执行命令。

2）相关说明

命令执行时，将弹出"草图设置"对话框。在"捕捉和栅格"选项卡内的栅格区，设置 X 方向、Y 方向的栅格间距，默认间距为 10 mm。

2. 启用栅格功能的方法

1）命令执行方式

命令：Grid。

功能键：F7。

在状态栏上单击"栅格"按钮，可快速执行命令。

2）相关说明

栅格功能启用后，将在绘图区显示行和列间距均匀的小黑点，用于表示绘图时的坐标位置，其作用类似于坐标的作用。

3. 捕捉的设置

与设置栅格间距的方法相同，在"捕捉和栅格"选项卡内的捕捉区，设置 X 方向、Y 方向的捕捉间距，默认间距为 10 mm。

捕捉功能可使光标按指定的步距移动，以便提高绘图的精度。该功能启用后，光标将跳跃式移动，通常将捕捉与栅格配合使用。绘图过程中，应根据需要启动或关闭捕捉功能。

4. 启用捕捉功能的方法

1) 命令执行方式

命令：Snap。

快捷形式：Sn。

功能键：F9。

在状态栏上单击"捕捉"按钮可快速执行命令。

2) 相关说明

捕捉间距和栅格间距是两个不同的概念，两者的值可以相同，也可以不同；可以同时打开，也可以单独打开。两者均可以通过"草图设置"对话框，在"捕捉和栅格"选项卡内选择（"启用栅格""启用捕捉"）。

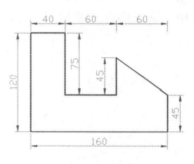

单位: mm

图 3-15　例图一

应用范例：活用"捕捉和栅格"的"矩形捕捉"。例图如图 3-15 所示。

☆步骤 1：调整设置—捕捉 X 轴间距和栅格 X 轴间距为 20 mm 或 10 mm。

调整设置—捕捉 X 轴间距和栅格 X 轴间距为 15 mm 或 5 mm。

设置捕捉类型和样式，选用栅格捕捉为矩形捕捉。

☆步骤 2：打开"F7""F8"和"F9"垂直水平模式。

☆步骤 3：执行 Line 或 Pline 命令轻松地完成图 3-15。

二、正交与极轴的设置

1. 正交的设置

利用正交功能，用户可以方便地绘制与当前坐标系的 X 轴或 Y 轴平行的线段(对二维绘图而言，就是水平线或垂直线)。

单击状态栏上的"正交"按钮可快速实现正交功能启用与否的切换。

1) 命令执行方式

命令：Ortho。

功能键：F8。

在状态栏上单击"正交"按钮，可快速启用或关闭正交功能。

2) 相关说明

利用正交功能，用户可以方便地绘制出与当前坐标系 X 轴或 Y 轴平行的直线。

2. 极轴的设置

1) 命令执行方式

命令：Dsettings。

快捷形式：Ds。

下拉菜单："工具"|"草图设置"。

在状态栏上的"极轴"处单击鼠标的右键，从弹出的菜单上选择"设置"可快速执行命令。

2）相关说明

命令执行时，将弹出"草图设置"对话框，在"极轴追踪"选项卡内的极轴角设置区，设置追踪方向的角度增量和附加角度。单击 F10 功能键或在状态栏上单击"极轴"按钮，可启用极轴追踪，但极轴和正交不能同时启用。

极轴是按给定的角度增量来跟踪点，确定角度和极轴方向上的精确定位。AutoCAD 中的"自动追踪"有助于按指定角度或与其他对象的指定关系绘制对象。当"自动追踪"打开时，临时对齐路径有助于以精确的位置和角度创建对象。"自动追踪"包括两种追踪选项："极轴追踪"和"对象捕捉追踪"。可以通过状态栏上的"极轴"或"对象追踪"按钮打开或关闭"自动追踪"。与对象捕捉一起使用对象捕捉追踪时，必须设置对象捕捉，才能从对象的捕捉点进行追踪。

应用范例：活用"极轴追踪"的"仅正交追踪"。

命令：Dsetings。例图如图 3-16 所示。

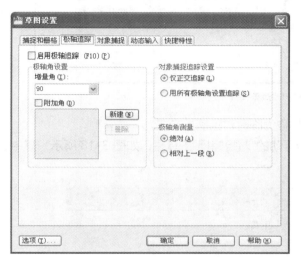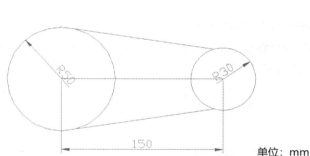

单位：mm

图 3-16　例图二

☆步骤 1：在"捕捉和栅格"选项卡中进行两组设置。

（1）捕捉类型和样式，极轴捕捉。

（2）极轴间距：50 mm。

☆步骤 2：在"极轴追踪"选项卡中进行两组设置。

（1）极轴角设置，增量角设置为 90°。

（2）对象捕捉追踪设置：仅正交追踪。

☆步骤 3：打开"F9"捕捉和"F10"极轴追踪，执行 Line 命令轻松地完成图 3-16。

三、对象捕捉

在绘图过程中，用户经常需要根据对象上的一个点来绘制图形，例如曲线上的中点、端点和交点等。此时就需要启用对象捕捉工具，将十字光标强制性地准确定位在对象特定点的位置上。

使用对象捕捉可以使用户在绘图过程中精确定位，能直接利用光标来准确地确定目标点，如圆心、端点、垂足等。用户可以通过"对象捕捉"工具栏和对象捕捉菜单启用对象捕捉功能。

单击 Shift 键或 Ctrl 键后单击鼠标右键，可弹出对象捕捉菜单。"对象捕捉"工具栏和"对象捕捉"菜单如图 3-17 所示。

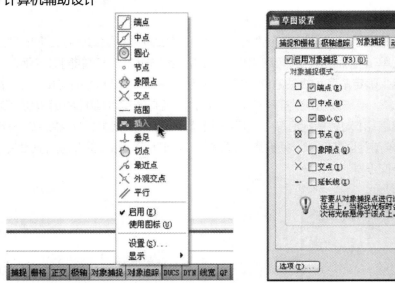
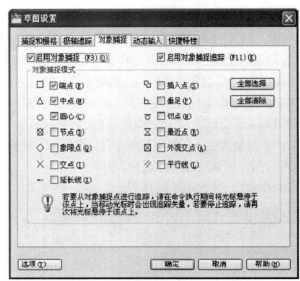

图 3-17　"对象捕捉"工具栏和"对象捕捉"选项卡

　　由于选择的对象捕捉模式只能使用一次，因此将这种操作称为临时对象捕捉方式。

　　选择菜单命令"工具/工具栏/AutoCAD/对象捕捉"，显示浮动的"对象捕捉"工具栏，如图 3-18 所示，其中的按钮也是临时对象捕捉按钮。

图 3-18　"对象捕捉"工具栏

应用范例 1：活用"极轴追踪"的技巧——端点、切点。

命令：Dsetings。例图如图 3-19 所示。

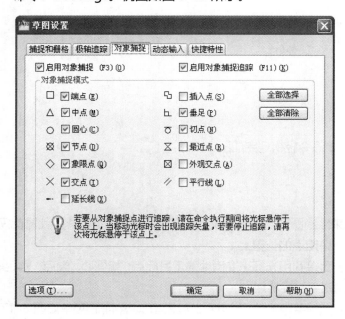

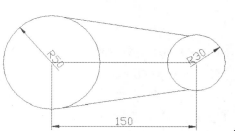

单位：mm

图 3-19　例图三

☆步骤 1：关闭"F7""F9""F10""F11"，预设对象捕捉模式为"端点、切点"。

☆步骤 2：打开"F3"对象捕捉。

☆步骤 3：执行 Line 或 Pline 命令轻松地完成图 3-19。

应用范例 2：活用"对象捕捉模式"的技巧——角点、中点、垂足。例图如图 3-20 所示。

☆步骤 1：关闭"F7""F9""F10""F11"，预设对象捕捉模式：交点、中点、垂足。

☆步骤 2：打开"F3"对象捕捉。

☆步骤 3：执行 Polygon、Line、Circle 命令轻松地完成图 3-20(a)。

执行 Polygon、Line、Circle 命令轻松地完成图 3-20(b)。

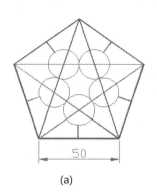

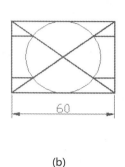

(a)   (b)   单位：mm

图 3-20 例图四

应用范例 3：活用"对象捕捉模式"的技巧——端点、中点、圆心、象限点，例图如图 3-21 所示。

☆步骤 1：关闭"F7""F9""F10""F11"，预设对象捕捉模式为"端点、中点、圆心、象限点"。

☆步骤 2：打开"F3"对象捕捉。

☆步骤 3：执行 Polygon、CircleLine、Pline 命令配合完成。

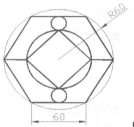

单位：mm

图 3-21 例图五

四、自动对象捕捉的设置

对象自动捕捉(简称自动捕捉)又称为隐含对象捕捉，利用此捕捉模式可以使 AutoCAD 自动捕捉到某些特殊点。

选择"工具"|"草图设置"命令，从弹出的"草图设置"对话框中选择"对象捕捉"选项卡，如图 3-22 所示(在状态栏上的"对象捕捉"按钮上右击，从快捷菜单选择"设置"命令，也可以打开如图 3-22 所示对话框)。

在"对象捕捉"选项卡中，可以通过"对象捕捉模式"选项组中的各复选框确定自动捕捉模式，即确定使 AutoCAD 将自动捕捉到哪些点；"启用对象捕捉"复选框用于确定是否启用自动捕捉功能；"启用对象捕捉追踪"复选框则用于确定是否启用对象捕捉追踪功能，后面将介绍该功能。

利用"对象捕捉"选项卡设置默认捕捉模式并启用对象自动捕捉功能后，在绘图过程中每当 AutoCAD 提示用户确定点时，如果使光标位于对象上在自动捕捉模式中设置的对应点的附近，AutoCAD 会自动捕捉到这些点，并显示出捕捉到相应点的小标签，此时单击拾取键，AutoCAD 就会以该捕捉点为相应点。

1) 命令执行方式

命令：Dsettings。

快捷形式：Ds。

下拉菜单："工具"|"草图设置"。

在状态栏上的"对象捕捉"处单击鼠标的右键，从弹出的菜单上选择"设置"，可快速执行命令。

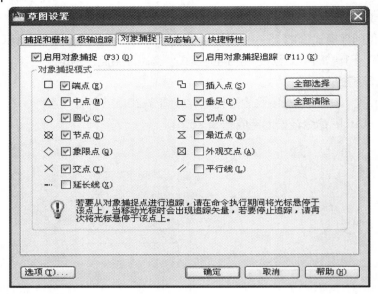

图 3-22　"对象捕捉"选项卡

2) 相关说明

命令执行时，将弹出"草图设置"对话框，在"对象捕捉"选项卡内，设置对象捕捉默认的捕捉模式。自动对象的捕捉模式不可设置太多，否则将影响正常绘图。

按 F3 功能键或在状态栏上单击"对象捕捉"按钮，可启用或关闭自动对象捕捉。

五、对象捕捉追踪

状态栏中启用"对象捕捉"按钮时只能捕捉对象上的点。"对象追踪"按钮用于捕捉对象以外空间的一个点，可以沿指定方向(称为对齐路径)按指定角度或与其他对象的指定关系捕捉一个点。捕捉工具栏中的临时追踪点按钮和捕捉自按钮就属于对象追踪的按钮。当单击其中一个时，只应用于对水平线或垂足线进行捕捉。AutoCAD"对象追踪"如图 3-23 所示。

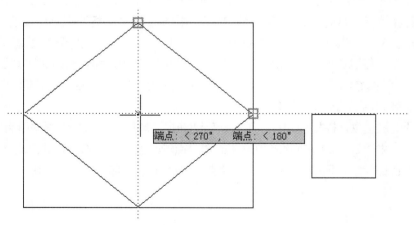

图 3-23　AutoCAD　"对象追踪"

六、使用极轴追踪和 PolarSnap(极轴捕捉)

所谓极轴追踪，是指当 AutoCAD 提示用户指定点的位置时(如指定直线的另一端点)，拖动光标，使光标接近预先设定的方向(即极轴追踪方向)，AutoCAD 会自动将橡皮筋线吸附到该方向，同时沿该方向显示出极轴追踪矢量，并浮出一小标签，说明当前光标位置对应于前一点的极坐标，如图 3-24 所示。

可以看出，当前光标位置对应于前一点的极坐标为 33.3<135°，即两点之间的距离为33.3 mm,极轴追踪矢量与X轴正方向的夹角为135°。此时单击拾取键，AutoCAD 会将该点作为绘图所需点；如果直接输入一个数值(如输入 50)，AutoCAD 则沿极轴追踪矢量方向按此长度值确定点的位置；如果沿极轴追踪矢量方向拖动鼠标，AutoCAD 会通过浮出的小标签动态显示与光标位置对应的极轴追踪矢量的值(即显示"距离<角度")。

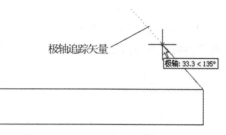

图 3-24　AutoCAD "极轴追踪"

用户可以设置是否启用极轴追踪功能以及极轴追踪方向等性能参数，设置过程为：选择"工具"|"草图设置"命令，AutoCAD 弹出"草图设置"对话框，打开对话框中的"极轴追踪"选项卡，如图 3-25 所示(在状态栏上的"极轴"按钮上右击，从快捷菜单选择"设置"命令，也可以打开对应的对话框)。"草图设置"对话框如图 3-25 所示。

图 3-25　"草图设置"对话框（"极轴追踪"选项卡）

用户根据需要设置即可。

使用"极轴追踪"，光标将按指定角度进行移动。使用"PolarSnap"(极轴捕捉)，光标将沿极轴角度按指定增量进行移动。启动"极轴追踪"命令如图 3-26 所示。

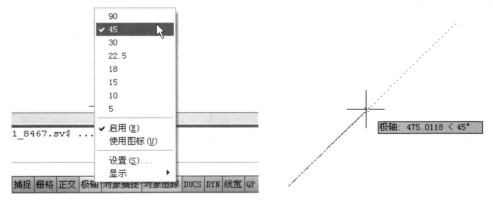

图 3-26　启用 "极轴追踪"命令

七、对象捕捉追踪

对象捕捉追踪是对象捕捉与极轴追踪的综合应用。例如，已知图 3-27(a)中有一个圆和一条直线，当执行 Line 命令确定直线的起始点时，利用对象捕捉追踪可以找到一些特殊点，如图 3-27(b)和图 3-27(c)所示。

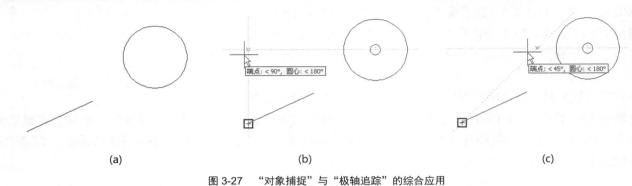

(a)　　　　　　　　　　　　　　(b)　　　　　　　　　　　　　　(c)

图 3-27　　"对象捕捉"与"极轴追踪"的综合应用

图 3-27(b)中捕捉到的点的 X、Y 坐标分别与已有直线端点的 X 坐标和圆心的 Y 坐标相同。图 3-27(c)中捕捉到的点的 Y 坐标与圆心的 Y 坐标相同，且位于相对于已有直线端点的 45° 方向。如果单击拾取键，就会得到对应的点。

八、动态输入模式

启动状态栏中的"动态输入"按钮，执行某个绘图命令时，光标附近会显示一个命令提示，如光标当前的坐标或角度，用户可以在提示中输入坐标值，而不用在命令行中输入，该提示会随着光标的移动而动态更新。AutoCAD 动态输入模式如图 3-28 所示。

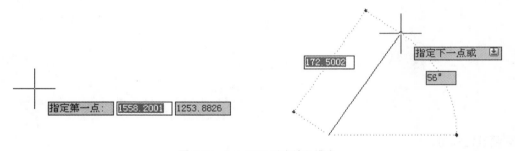

图 3-28　AutoCAD 动态输入模式

九、显示/隐藏线宽

线宽是指定给图形对象和某些类型的文字的宽度值。通过单击状态栏上的"线宽"╋按钮，可以切换显示或隐藏图形线宽效果。

十、快捷特性

状态栏中的"QP"按钮用于是否显示选择对象的特性面板。启动"QP"按钮后，单击一个图形对象，即可显示快捷特性面板，如图 3-29 所示。

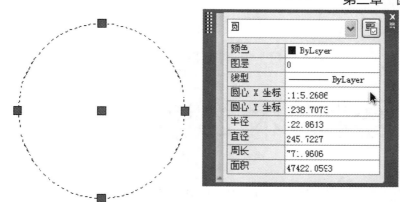

图 3-29　AutoCAD 快捷特性面板

十一、允许/禁止动态 UCS

　　启动状态栏中的"DUCS"按钮,可以在创建对象时临时使坐标系 UCS 的 XY 平面自动与实体模型上的平面对齐,以便在这个临时 XY 平面上绘制图形或创建实体。当命令结束之后,UCS 将恢复原来位置和方向。

　　动态 UCS 主要是需要在三维实体的表面绘图或在三维实体的某个表面上创建三维实体时才使用,优点是不用改变当前的坐标系,省略了创建新的 UCS 操作步骤。

绘制基本二维图形 ◀◀◀

任何复杂的图形都是由点、线、面组成的。所以先介绍点、线、面的各种画法，使用绘图菜单中的绘制命令，或绘图工具栏中的绘图工具，可以方便地绘制基本二维图形。在熟练掌握基本图形的绘制方法后，就可以方便、快捷地绘制出各种复杂图形。

第一节　绘制点和辅助线

一、绘制点

点是组成图形元素的最基本对象。在绘制图形时，通常绘制一些点作为对象捕捉的参考点，图形绘制完成后，再将这些点擦除或冻结它们所在的图层。绘制点时，点的位置可由输入的坐标值或通过单击鼠标来确定。在 AutoCAD 中，用户可以方便地绘制单点、多点和等分点等。

1. 绘制单点

选择"绘图"|"点"|"单点命令"，或在命令行输入 Point 命令，就可以绘制单点。

AutoCAD 提供了多种样式的点，用户可以选择"格式"|"点样式"命令或在命令行输入 Ddptype 命令，在打开的点样式对话框中设置点的样式和大小，如图 4-1 所示。

2. 绘制多点

选择"绘图"|"点"|"多点命令"，或在绘图工具栏点击点按钮，就可以连续绘制多个点。

3. 绘制等分点

选择"绘图"|"点"|"定数等分"命令，或在命令行输入 Divide 命令，即可在指定的对象上绘制等分点或在等分点处插入块。

注意：☆用户可以先设置点的类型，再执行等分点的命令。

☆定数等分是按数量等分，而不管间隔距离是多少。

☆可以将块作为替代点，而用等分的命令等距离地插入图中。

操作步骤如下。

执行该命令后，命令行提示："选择要定数等分的对象"，光标变成选择框，点击要等分的对象。可定数等分的对象包括线段、圆弧、圆、椭圆、椭圆弧、多段线和样条曲线。

命令行提示："输入线段数目或［块(B)］"，可输入从 2~32767 的值，或输入"B"。如果输入"B"，则沿选定对象以相等间距放置图块，然后输入要插入的图块名，并确定插入时是否旋转，最后输入等分数，就可在被选对象的 N 等分点上插入指定的图块。

应用实例：绘制如图 4-2 所示的图形。

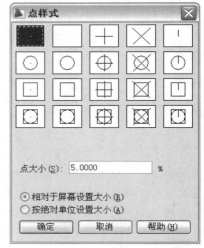

图 4-1　"点样式"对话框

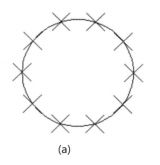 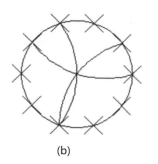 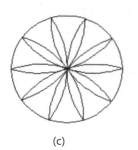

(a)　　　　　　　　　　(b)　　　　　　　　　　(c)

图 4-2　利用"点"绘制图形

(1) 设置"点样式"，比如取"点样式"对话框的第一行第四项("格式"|"点样式")，如图 4-3 所示。

(2) 绘制一个半径为 100 mm 的圆。

(3) 用定数等分方法将圆 10 等分，如图 4-2(a)所示。

(4) 用三点法绘制圆弧，如图 4-2(b)所示。

(5) 用同样的方法绘制其他的圆弧，擦去等分点，如图 4-2(c)所示。

4. 定距等分

选择"绘图"|"点"|"定距等分"命令，或者在命令行输入 Measure 命令，即可在指定的对象上绘制等分点或在等分点处插入块。

注意：定距等分是按距离等分，而不管数量是多少。

1) 命令格式

① 下拉式菜单："绘图"|"点"|"定距等分"。

② 命令行：命令 Measure(也可输入简化命令"ME"，单击 Enter 键)。

2) 操作步骤

执行该命令后，命令行提示："选择要定距等分的对象"，光标变成选择框，点击要等分的对象。

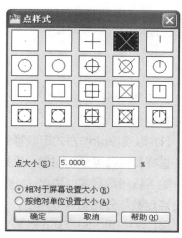

图 4-3　"点样式"对话框

命令行提示："指定线段长度或 [块(B)]"，可输入一段距离或输入"B"。

输入距离后，从与用来选择对象的点距离最近的端点处开始沿选定的对象按照指定的间距生成若干个点对象。

如果被选对象为闭合的多段线，测量距离要从它们的初始顶点开始。对于圆要从设置为当前捕捉旋转角的角度开始测量。一般捕捉旋转角为 0，那么从圆心右侧的象限点开始生成点。同样也可以沿被选对象每隔一定距离插入一个图块，操作方法同定数等分中插入图块类似。

命令功能说明如下。

命令：Measure。

(1) 以点(Point)方式定距等分对象。

选择要定距等分的对象：选择对象。

指定线段长度或 [块(B)]：输入分段长度。

弧长间距为 15。

点定距等分如图 4-4 所示。

图 4-4　点定距等分

(2) 以块(Block)方式定距等分对象。

选择要定距等分的对象：选择对象。

指定线段长度或 [块(B)]：输入选项 B。

输入要插入的块名：输入建立完成的块名称。

是否对齐块和对象？ [是(Y)/否(N)] <Y>：块是否跟着对象角度旋转。

指定线段长度：输入分段长度。

块定距等分如图 4-5 所示。

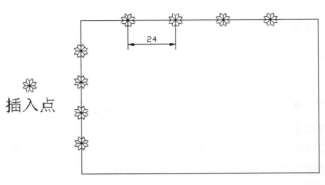

图 4-5　块定距等分

5. 定数等分

命令：Divide。

(1) 以点(Point)方式定数等分对象。

选择要定数等分的对象：选择对象。

输入线段数目或 [块(B)]：输入等分数量。

点定数等分如图 4-6 所示。

(2) 以块(Block)方式定数等分对象。

选择要定数等分的对象：选择对象。

输入线段数目或 [块(B)]：输入选项 B。

输入要插入的块名：输入建立完成的块名称。

是否对齐块和对象？ [是(Y)/否(N)] <Y>：块是否跟着对象角度旋转。

输入线段数目：输入等分数量。

以块方式定数等分对象如图 4-7 所示。

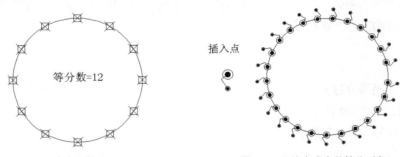

图 4-6　点定数等分　　　　　　　图 4-7　以块方式定数等分对象

二、绘制修订云线

修订云线是由连续圆弧组成的多段线，用于在检查阶段提醒用户注意图形的某个部分，在检查或用红线圈阅图形时，可以使用修订云线功能亮显标记以提高工作效率，用户可以为修订云线选择样式：普通或手绘。

1) 命令格式

(1) 下拉式菜单："绘图"|"修订云线"。

(2) 命令：Revcloud。

(3) 工具栏：在默认界面的左侧有一列绘图工具栏，点击"修订云线"按钮。

2) 操作步骤

启动修订云线命令之后，命令行提示如下。"最小弧长：15，最大弧长：15，样式：普通，指定起点或弧长(A)/对象(O)/样式(S)<对象>："，在视图中点击确定起点位置。

命令行提示："沿云线路径引导十字光标……"，移动十字光标，开始绘制修订云线，如图 4-8 所示。

当开始云线和结束云线相接时，命令行显示提示，"修订云线完成"。修订云线闭合，如图 4-9 所示。

图 4-8　绘制修订云线

图 4-9　修订云线闭合

如果在云线没有闭合之前点击鼠标右键，命令行显示提示："反转方向是(Y)/否(N)"，输入"Y"，云线的方向会反转。命令行其他各项的含义如下。

弧长：指定云线中弧线的长度。选择该项后，会提示指定最小弧长和指定最大弧长，最大弧长不能大于最小弧长的 3 倍。

对象：选择该项之后，要求指定要转换为云线的对象点击一个图形对象，该对象就会转换为云线效果，并且命令行提示："反转方向是(Y)/否(N)"。该图形对象转换为云线之后的效果如图 4-10 所示。

样式：选择该项之后，命令行提示："选择圆弧样式'普通(N)/手绘(C)''普通'："，指定修订云线的样式。

用修订云线框选图形如图 4-11 所示。

图 4-10　转换修订云线

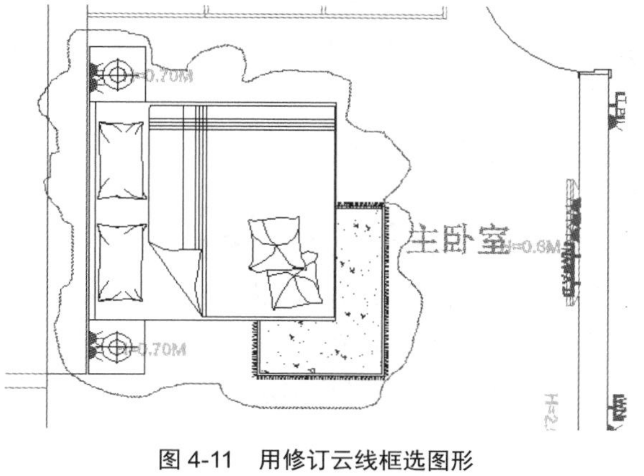

图 4-11　用修订云线框选图形

三、绘制线

1. 绘制直线

直线命令是 AutoCAD 最常使用的命令之一，使用该命令可以在输入的两点之间绘制一条直的线段，输入第一个端点后，在屏幕上就会出现一条从该端电到鼠标当前位置的直线，并会随鼠标的移动而移动，输入另一个端点后，可确定一条直线。

1) 命令格式

① 下拉式菜单："绘图"|"直线"。

② 命令行：命令：Line(也可输入简化命令"L"，单击 Enter 键)。

③ 工具栏：在默认界面的左侧有一列绘图工具栏，点击"直线"按钮 。

2) 相关说明

"Line"命令的作用是创建直线对象，命令发布后命令行提示如下。

Line 指定第一点：指定线段的起始点，若此时直接单击 Enter 键，AutoCAD 将以上一次绘制线段或圆弧的终点作为新线段的起点，如果是刚开始绘制图形，则会提示"没有直线或圆弧可连续"。

指定下一点或"放弃(U)"：指定直线段的终点，输入 U 并单击 Enter 键，将取消上一条线段，指定直线段的终点，系统默认该点是下一直线段的起点。

指定下一点或"闭合(C)/放弃(U)"：输入 C 并单击 Enter 键，将当前终点与最初的起点连接，使连续的直线段自动闭合。

执行结果：AutoCAD 绘制出连接相邻点的一系列直线段。用 Line 命令绘制出的一系列直线段中的每一条线段均是独立的对象。

动态输入如下。

如果单击状态栏上的 DYN 按钮，使其压下，会启动动态输入功能。启动动态输入并执行 Line 命令后，AutoCAD一方面在命令窗口提示"指定第一点："，同时在光标附近显示出一个提示框(称之为"工具栏提示")，工具栏提示中显示出对应的 AutoCAD 提示"指定第一点："和光标的当前坐标值。动态输入如图 4-12 所示。

图 4-12 动态输入

此时用户移动光标，工具栏提示也会随着光标移动，且显示出的坐标值会动态变化，以反映光标的当前坐标值。

在前面的图所示状态下，用户可以在工具栏提示中输入点的坐标值，而不必切换到命令行进行输入(切换到命令行的方式：在命令窗口中，将光标放到"命令："提示的后面单击鼠标拾取键)。

动态输入设置如下。

选择"绘图"|"草图设置"命令，AutoCAD 弹出"草图设置"对话框，如图 4-13 所示。用户可通过该对话框进行对应的设置。

操作实例：绘制由直线构成的图形，如图 4-14 所示。

2. 绘制射线

绘制沿单方向无限长的直线。它通常作为辅助作图线使用，例如绘制零件的三视图时，使用射线来定位。射线具有一个确定的起点并单向无限延伸。显示图形范围的命令将忽略射线。

选择"绘图"|"射线"命令，或在命令行中输入 Ray 命令。

选择"绘图"|"射线"命令，即执行 Ray 命令，AutoCAD 提示如下。

指定起点：确定射线的起始点位置。

指定通过点：确定射线通过的任一点，确定后 AutoCAD 绘制出过起点与该点的射线。

指定通过点：可以继续指定通过点，绘制过同一起始点的一系列射线。

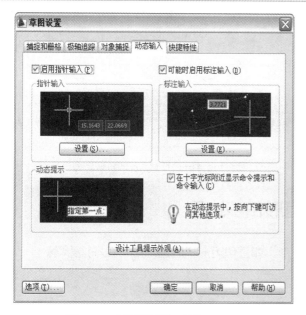

图 4-13 "草图设置"对话框

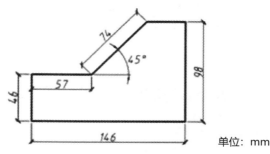

单位：mm

图 4-14 绘制由直线构成的图形

应用实例：画一轴测图的三根轴线，轴间角是 120°，如图 4-15 所示。

命令：Ray。

指定起点：150，150。

指定通过点：@1<90。

指定通过点：@1<210。

指定通过点：@1<330。

指定通过点：单击 Enter 键。

3. 绘制构造线

绘制沿两个方向无限长的直线。构造线一般用作辅助线。

选择"绘图"|"直线"命令，在绘图工具栏中单击构造线按钮或在命令行中输入 Xline 命令，可以绘制构造线。命令行显示如下信息。

指定点，或"水平(H)/垂直(V)/角度(A)/二等分(B)/偏移(O)"：

按照提示信息中可以分别绘制如下构造线。

(1) 水平：绘制通过指定点的水平构造线。执行该选项(即输入 H 后单击 Enter 键)。

(2) 垂直：绘制垂直构造线，方法与绘水平构造线相同。

(3) 角度：绘制与指定直线成指定角度的构造线。

(4) 二等分：绘制平分一角的构造线。

(5) 偏移：绘制与指定直线平行的构造线。

应用实例：画一个任意角度的角平分线，如图 4-16 所示。

(1) 在绘图区画任意直线 AB、AC。

(2) 用构造线命令画角平分线。

Xline 指定点或"水平(H)/垂直(V)/角度(A)/二等分(B)/偏移(O)"：b。

指定角的顶点：捕捉 A 点。

指定角的起点：捕捉 B 点。

指定角的端点：捕捉 C 点。

指定角的端点：单击 Enter 键。

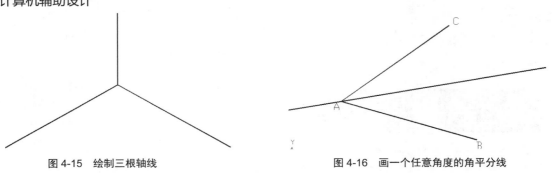

图 4-15　绘制三根轴线　　　　　　　　　　图 4-16　画一个任意角度的角平分线

第二节　绘制矩形和多边形

利用"矩形"和"多边形"工具可绘制各种形式的矩形和多边形，如直角矩形、圆角矩形、正多边形等。

一、矩形的绘制

根据指定的尺寸或条件绘制矩形。

1）命令执行方式

命令：Rectang。

快捷形式：Rec。

下拉菜单："绘图"|"矩形"。

工具栏："绘图"| ▭ 。

2）相关说明

"Rectang"命令的作用是创建矩形对象，命令发布后命令行提示如下。

指定第一个角点或"倒角(C)/高程(E)/圆角(F)/厚度(T)/宽度(W)"：

指定另一个角点或"面积(A)/尺寸(D)/旋转(R)"：

指定第一个角点或"倒角(C)/高程(E)/圆角(F)/厚度(T)/宽度(W)"等选项具体介绍如下。

(1)"指定第一个角点"：根据矩形的两对顶点的位置或矩形的长和宽绘制矩形，为默认项。

(2)"倒角(C)"：可以给矩形加倒角。

(3)"高程(E)"：确定矩形的绘图高度，此选项一般用于三维绘图。

(4)"圆角(F)"：确定矩形的圆角尺寸，即使所绘矩形按此设置倒圆角。

(5)"厚度(T)"：确定矩形的绘图厚度，此选项一般用于三维绘图。

(6)"宽度(W)"：确定矩形的线宽。

"面积(A)/尺寸(D)/旋转(R)"具体介绍如下。

(1)"面积(A)"选项是在指定了矩形的第一个角点后，再输入矩形的面积，然后输入矩形的长度或宽度绘制矩形。

(2)"尺寸(D)"选项是在指定了矩形的第一个角点后，再分别输入矩形的长度和宽度。有 4 个位置可以定位矩形，最后确定放置位置。

(3)"旋转(R)"选项是在指定了矩形的第一个角点后，再输入旋转矩形的角度，然后可以根据前面介绍的方法绘制具有一个旋转角度的矩形。

命令功能说明如下。

1）直角式矩形的绘制

指定第一个角点，或"倒角(C)/高程(E)/圆角(F)/厚度(T)/宽度(W)"：

指定另一个角点，或"面积(A)/尺寸(D)/旋转(R)"：选择对角点(或输入@x，y；例如@75，51)。

直角式矩形如图 4-17 所示。

图 4-17　直角式矩形

2）圆角式矩形绘制

指定第一个角点或"倒角(C)/高程(E)/圆角(F)/厚度(T)/宽度(W)"：输入选项 F。

指定矩形的圆角半径"0.0000"：输入半径值(例如 5 mm)。

指定第一个角点"倒角(C)/标高(E)/圆角(F)/厚度(T)/宽度(W)"：选择起点 1。

指定另一个角点或"面积(A)/尺寸(D)/旋转(R)"：选择对角点(或输入@x，y)。

圆角式矩形如图 4-18 所示。

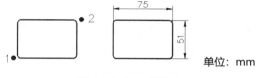

图 4-18　圆角式矩形

3）倒角式矩形绘制

指定第一个角点或"倒角(C)/高程(E)/圆角(F)/厚度(T)/宽度(W)"：输入选项 C。

指定矩形的第一个倒角距离"0.0000"：输入第一段距离(例如距离 10 mm)。

指定矩形的第二个倒角距离"10.0000"：输入第二段距离(例如距离 15 mm)。

指定第一个角点"倒角(C)/标高(E)/圆角(F)/厚度(T)/宽度(W)"：选择起点 1。

指定另一个角点或"面积(A)/尺寸(D)/旋转(R)"：选择对角点(或输入@x，y)。

倒角式矩形如图 4-19 所示。

4）加宽线条的矩形绘制，并恢复倒角模式为直角矩形

指定第一个角点或"倒角(C)/高程(E)/圆角(F)/厚度(T)/宽度(W)"：输入选项 C。

指定矩形的第一个倒角距离"10.0000"：输入距离(例如距离 0)。

指定矩形的第二个倒角距离"15.0000"：输入距离(例如距离 0)。

指定第一个角点或"倒角(C)/高程(E)/圆角(F)/厚度(T)/宽度(W)"：输入选项 W。

指定矩形的线宽"0.0000"：输入线宽(例如 5 mm)。

指定第一个角点"倒角(C)/标高(E)/圆角(F)/厚度(T)/宽度(W)"：选择起点 1。

指定另一个角点或"面积(A)/尺寸(D)/旋转(R)"：选择对角点。

加宽线条的矩形如图 4-20 所示。

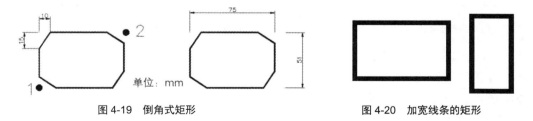

图 4-19　倒角式矩形　　　　　　　图 4-20　加宽线条的矩形

二、绘制正多边形

选择"绘图"|"正多边形"命令，在绘图工具栏中单击正多边形按钮，或在命令行中输入 Polygon 命令，可以绘制正

多边形。

绘制正多边形注意用外接圆(C)或内切圆(I)绘制正多边形。

根据多边形某一条边(边长)的两个端点位置绘制多边形。

1) 命令执行方式

命令：Polygon。

快捷形式：Pol。

下拉菜单："绘图"|"正多边形"。

工具栏："绘图"| ⬠ 。

2) 相关说明

"Polygon"命令的作用是创建正多边形对象，命令发布后命令行提示如下。

Polygon 输入边的数目<4>：

指定正多边形的中心点或"边(E)"：

输入选项"内接于圆(I)/外切于圆(C)" <I>：

指定圆的半径：选项"内接于圆"是根据多边形的外接圆确定正多边形；选项"外切于圆"是根据多边形的内接圆确定正多边形；选项"边"是由指定的两点确定正多边形的边长，并从第一端点向另一端点，沿逆时针方向绘制正多边形。

命令功能说明如下。

(1) 边长建立正多边形模式。

输入边的数目：输入正多边形的边数。

指定正多边形的中心点或"边(E)"：输入选项 E。

指定边的第一个端点：选择第一个端点 1。

指定边的第二个端点：选择第二个端点 2。

边长建立正多边形如图 4-21 所示。

(2) 中心点、内接于圆的正多边形模式。

输入边的数目：输入正多边形的边数。

指定正多边形的中心点或"边(E)"：输入选项 1。

输入选项"内接于圆(I)/外切于圆(C)" <I>：输入选项 I。

指定圆的半径：选择半径点 2(或直接输入半径值)。

中心点、内接于圆的正多边形如图 4-22 所示。

图 4-21 边长建立正多边形

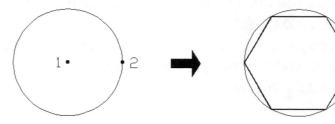

图 4-22 中心点、内接于圆的正多边形

(3) 中心点、外切于圆的正多边形模式。

输入边的数目：输入正多边形的边数。

指定正多边形的中心点或"边(E)"：输入选项 1。

输入选项"内接于圆(I)/外切于圆(C)"<I>：输入选项 C。

指定圆的半径：选择半径点 2(或直接输入半径值)。

中心点、外切于圆的正多边形如图 4-23 所示。

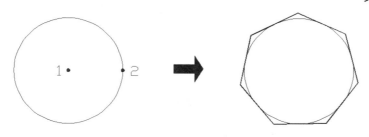

图 4-23　中心点、外切于圆的正多边形

第三节　绘制曲线

　　AutoCAD2010 提供了强大的曲线绘制功能。利用该功能，用户可以方便地绘制圆、圆弧、椭圆及椭圆弧等图形对象。

一、圆的绘制

　　(1) 命令执行方式。

命令：Circle。

快捷形式：C。

下拉菜单："绘图"|"圆"。

　　(2) 相关说明。

　　"Circle"命令的作用是创建圆对象。绘制圆时，应根据需要通过菜单或命令行的提示选择绘圆的方式。命令发布后命令行提示如下。

　　指定圆的圆心或"三点(3P)/两点(2P)/相切、相切、半径(T)"：

　　①"圆心、半径"方法是用指定的圆心和给定半径值来绘制圆，这是绘圆的默认方式。

　　②"圆心、直径"方法是用指定的圆心和给定直径值来绘制圆。

　　③ 用"三点(3P)"选项是用指定的圆周上的三点来绘制圆。

　　④ 用"两点(2P)"选项是用指定的圆直径上的两个端点来绘制圆。

　　⑤ 用"相切、相切、半径(T)"选项是用来绘制与两个已知对象相切，且半径为给定值的圆。

　　⑥ 用"相切、相切、相切"方法是用来绘制与三个已知对象相切的圆。

　　1."圆心、半径"

　　指定圆的圆心或"三点(3P)/两点(2P)/相切、相切、半径(T)"：选择圆心点 1。

　　指定圆的半径或"直径(D)"30.0000：输入半径值 2。

　　"圆心、半径"绘制圆如图 4-24 所示。

　　2."圆心、直径"

　　指定圆的圆心或"三点(3P)/两点(2P)/相切、相切、半径(T)"：选择圆心点 1。

　　指定圆的半径或"直径(D)"30.0000：输入选项 D。

　　指定圆的直径 69.3320 mm：输入直径值 2。

　　"圆心、直径"绘制圆如图 4-25 所示。

　　3. 两点定一圆

　　指定圆的圆心或"三点(3P)/两点(2P)/相切、相切、半径(T)"：选择圆心点 1。

　　指定圆的直径的第一个端点：选择第一点 1。

　　指定圆的直径的第二个端点：选择第二点 2。

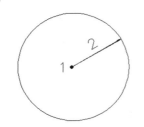

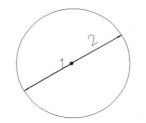

图 4-24 "圆心、半径"绘制圆   图 4-25 "圆心、直径"绘制圆

两点定一圆如图 4-26 所示。

4. 三点定一圆

指定圆的圆心或"三点(3P)/两点(2P)/相切、相切、半径(T)"：输入选项 3P。

指定圆上的第一个端点：选择第一点 1。

指定圆上的第二个端点：选择第二点 2。

指定圆上的第三个端点：选择第三点 3。

三点定一圆如图 4-27 所示。

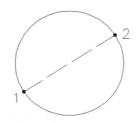

图 4-26 两点定一圆   图 4-27 三点定一圆

5. 相切、相切、半径

指定圆的圆心或"三点(3P)/两点(2P)/相切、相切、半径(T)"：输入选项 T。

指定对象与圆的第一个切点选择切点 1。

指定对象与圆的第二个切点选择切点 2。

指定圆的半径 16.1218 mm：输入半径 3。

相切、相切、半径如图 4-28 所示。

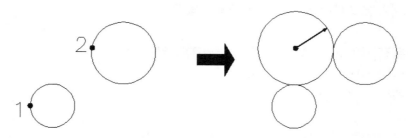

图 4-28 相切、相切、半径

6. 相切、相切、相切

指定圆的圆心或"三点(3P)/两点(2P)/相切、相切、半径(T)"：输入选项 3P。

指定圆上的第一个点选择切点 1。

指定圆上的第二个点选择切点 2。

指定圆上的第三个点选择切点 3。

相切、相切、相切如图 4-29 所示。

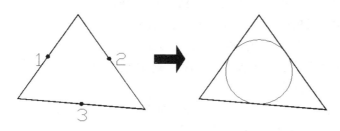

图 4-29 相切、相切、相切

二、圆弧的绘制

AutoCAD 提供了多种绘制圆弧的方法，可通过图 4-30 所示的"圆弧(A)"子菜单执行绘制圆弧操作。

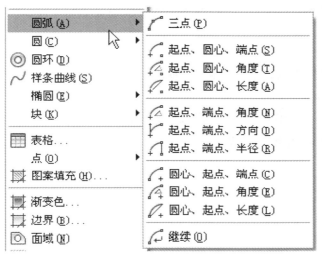

图 4-30 "圆弧"子菜单

1) 命令执行方式

命令：Arc。

快捷形式：A。

下拉菜单："绘图"|"圆弧"。

工具栏："绘图"| 。

2) 相关说明

(1)"Arc"命令的作用是创建圆弧对象。绘制圆弧的方法共有 11 种，用户可以根据需要及命令行的提示进行选择。

圆弧的多种绘制方法。

☆三点：根据起点、圆弧任意点和圆弧终点绘制圆弧。

☆起点、圆心、端点：根据圆弧的起点、圆心、端点绘制圆弧。

☆起点、圆心、角度：根据圆弧的起始点、圆心及圆弧的包含角绘制圆弧。

☆起点、圆心、长度：根据圆弧的起始点、圆心及圆弧的弦长绘制圆弧。

☆起点、端点、角度：根据圆弧的起始点、终止点及圆弧的包含角绘制圆弧。

☆起点、端点、方向：根据圆弧的起始点、终止点及圆弧在起始点处的切线方向绘制圆弧。

☆起点、端点、半径：根据圆弧的起始点、终止点及圆弧得半径绘制圆弧。

☆圆心、起点、端点：根据圆弧的圆心、起始点及终止点位置绘制圆弧。

☆圆心、起点、角度：根据圆弧的圆心、起始点及圆弧的包含角绘制圆弧。

☆圆心、起点、长度：根据圆弧的圆心、起始点及圆弧的弦长绘制圆弧。

☆绘制连续圆弧：以前一次的圆弧的末点为第一点，连续绘制圆弧。

(2) 有些圆弧不适合用圆弧命令绘制，而适合用"Circle"命令结合"Trim"命令生成。

(3) AutoCAD 采用逆时针绘制圆弧。

(4) 直线和圆弧交替连续绘制或圆弧连续绘制，是在"Line"或"Arc"命令的提示下单击 Enter 键，其起点为上一线段的终点，并且与上一线段相切，连接点是切点。

① 三点。

指定圆弧的起点或"圆心(C)"：选择起点 1。

指定圆弧的第二个点或"圆心(C)/端点(E)"：选择起点 2。

指定圆弧的端点：选择端点 3。

三点绘制圆弧如图 4-31 所示。

② 起点、圆心、端点。

指定圆弧的起点或"圆心(C)"：选择起点 1。

指定圆弧的第二个点或"圆心(C)/端点(E)"：输入选项 C。

指定圆弧的圆心选择圆心点 2。

指定圆弧的端点或"角度(A)/弦长(L)"：选择端点 3。

起点、圆心、端点绘制圆弧如图 4-32 所示。

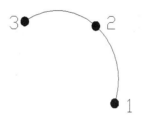
图 4-31　三点绘制圆弧

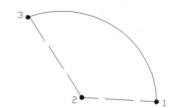
图 4-32　起点、圆心、端点绘制圆弧

③ 起点、圆心、角度。

指定圆弧的起点或"圆心(C)"：选择起点 1。

指定圆弧的第二个点或"圆心(C)/端点(E)"：输入选项 C。

指定圆弧的圆心选择圆心点 2。

指定圆弧的端点或"角度(A)/弦长(L)"：选择选项 A。

指定包含角：输入包含角值 3。

起点、圆心、角度绘制圆弧如图 4-33 所示。

④ 起点、圆心、弦长。

指定圆弧的起点或"圆心(C)"：选择起点 1。

指定圆弧的第二个点或"圆心(C)/端点(E)"：输入选项 C。

指定圆弧的圆心：选择圆心点 2。

指定圆弧的端点：选择选项 L。

指定圆弧的端点或"角度(A)/弦长(L)"：选择选项 L。

指定弦长：输入弦长值 3。

起点、圆心、弦长绘制圆弧如图 4-34 所示。

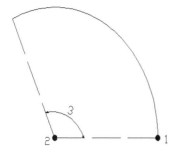

图 4-33　起点、圆心、角度绘制圆弧

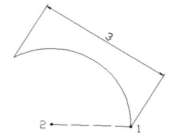

图 4-34　起点、圆心、弦长绘制圆弧

⑤ 起点、端点、角度。

指定圆弧的起点或"圆心(C)"：选择起点 1。

指定圆弧的第二个点或"圆心(C)/端点(E)"：输入选项 E。

指定圆弧的端点：选择端点 2。

指定圆弧的圆心或"角度(A)/方向(D)/半径(R)"：选择选项 A。

指定包含角：输入包含角值 3。

起点、端点、角度绘制圆弧如图 4-35 所示。

⑥ 起点、端点、方向。

指定圆弧的起点或"圆心(C)"：选择起点 1。

指定圆弧的第二个点或"圆心(C)/端点(E)"：输入选项 E。

指定圆弧的端点：选择端点 2。

指定圆弧的圆心或"角度(A)/方向(D)/半径(R)"：选择选项 D。

指定圆弧的起点切向：输入选择点 3。

起点、端点、方向绘制圆弧如图 4-36 所示。

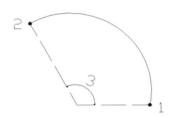

图 4-35　起点、端点、角度绘制圆弧

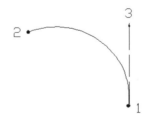

图 4-36　起点、端点、方向绘制圆弧

⑦ 起点、端点、半径。

指定圆弧的起点或"圆心(C)"：选择起点 1。

指定圆弧的第二个点或"圆心(C)/端点(E)"：输入选项 E。

指定圆弧的端点：选择端点 2。

指定圆弧的圆心或"角度(A)/方向(D)/半径(R)"：选择选项 R。

指定圆弧的半径：输入半径值 3。

起点、端点、半径绘制圆弧如图 4-37 所示。

⑧ 圆心、起点、端点。

指定圆弧的起点或"圆心(C)"：输入选项 C。

指定圆弧的圆心：选择圆心点 1。

指定圆弧的起点：选择起点 2。

指定圆弧的端点或"角度(A)/弦长(L)"：选择端点 3。

圆心、起点、端点绘制圆弧如图 4-38 所示。

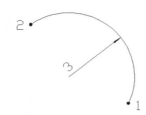
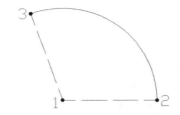

图 4-37　起点、端点、半径绘制圆弧　　　　图 4-38　圆心、起点、端点绘制圆弧

⑨ 圆心、起点、角度。

指定圆弧的起点或"圆心(C)"：输入选项 C。

指定圆弧的圆心：选择圆心点 1。

指定圆弧的起点：选择起点 2。

指定圆弧的端点或"角度(A)/弦长(L)"：输入选项 A。

指定包含角：输入包含角值 3。

圆心、起点、角度绘制圆弧如图 4-39 所示。

⑩ 圆心、起点、弦长。

指定圆弧的起点或"圆心(C)"：输入选项 C。

指定圆弧的圆心：选择圆心点 1。

指定圆弧的起点：选择起点 2。

指定圆弧的端点或"角度(A)/弦长(L)"：输入选项 L。

指定弦长：圆心、起点、弦长绘制圆弧如图 4-40 所示。

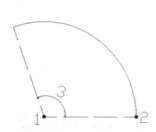
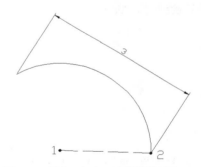

图 4-39　圆心、起点、角度绘制圆弧　　　　图 4-40　圆心、起点、弦长绘制圆弧

三、绘制椭圆

1) 命令执行方式

命令：Ellipse。

快捷形式：El。

下拉菜单："绘图"|"椭圆"。

工具栏："绘图"| ⬭ 。

2) 相关说明

"Ellipse"命令的作用是创建椭圆对象。

(1) 用"轴、端点"方法绘制椭圆。

这是绘制椭圆的默认方法，先指定椭圆一条轴的两端点，然后再输入另一条半轴的长度。用这种方法绘制椭圆时，命令行提示如下。

　　指定椭圆的轴端点或"圆弧(A)/中心点(C)"：输入第一轴端点 1。

　　指定轴的另一个端点：输入第二轴端点 2。

　　指定另一条半轴长度或"旋转(R)"：输入半轴长度或选择点 3。

　　"旋转(R)"选项要求用户指定一个旋转角。这个角度是这样定义的：将已经确定好端点的那条轴定为长轴，并且以这为直径的一个圆绕着这条长轴旋转，这个圆与绘图区之间的夹角就是这里所指的旋转角。当指定一个角度的时候，圆在屏幕上的投影就是所定义的椭圆。显然，如果为"0°"，则投影后就是一个直径为长轴的圆；如果为"90°"，则投影后就是一个长度为长轴的线段。

　　"轴、端点"绘制椭圆如图 4-41 所示。

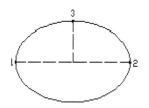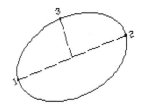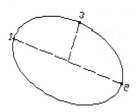

图 4-41　"轴、端点"绘制椭圆

(2) 用中心点方法绘制椭圆。

　　用这种方法绘制椭圆要求用户先指定椭圆的中心，然后再确定一条轴的长度和另一条半轴的长度。其命令行提示如下。

　　指定椭圆的轴端点或"圆弧(A)/中心点(C)"：输入选项 C。

　　指定椭圆的中心点：选择轴心点 1。

　　指定轴的端点：选择轴心点 2。

　　指定另一条半轴长度或"旋转(R)"：输入半轴长度。

　　用中心点绘制椭圆如图 4-42 所示。

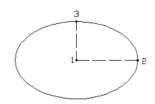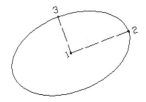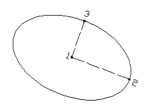

图 4-42　用中心点绘制椭圆

☆轴、端点：根据椭圆某一轴上的两个端点位置绘制椭圆。

☆中心点：根据椭圆的中心位置绘制椭圆。

(3) 配合旋转角决定另一轴长度。

　　指定椭圆的轴端点或"圆弧(A)/中心点(C)"：输入第一轴端点 1。

　　指定轴的另一个端点：输入第二轴端点 2。

　　指定另一条半轴长度或"旋转(R)"：输入选项 R。

　　指定绕长轴旋转的角度：输入旋转角度。

　　配合旋转角决定另一轴长度如图 4-43 所示。

图 4-43 配合旋转角决定另一轴长度

四、绘制椭圆弧

选择"绘图"|"椭圆弧"命令，在绘图工具栏中单击椭圆弧按钮，或在命令行中输入 Ellipse 命令，可以绘制椭圆弧。椭圆弧的多种绘制方法如下。

☆指定起始角度：通过椭圆弧的起始角确定椭圆弧。

☆参数：此选项可通过用户指定的参数确定椭圆弧。

(1) 已知起始轴和结束轴参照点绘制椭圆弧。

指定椭圆的轴端点或"圆弧(A)/中心点(C)"：输入选项 A。

指定椭圆弧的轴端点或"中心点(C)"：输入选项 C。

指定椭圆弧的中心点：选择轴中心点 1。

指定轴端点：选择第二轴端点 2。

指定另一条半轴长度或"旋转(R)"：输入半轴长度或选择端点 3。

指定起始角度或"参数(P)"：选择起始角度点 2。

指定终止角度或"参数(P)/包含角度(I)"：选择终止角度点 3。

已知起始轴和结束轴参照点绘制椭圆弧如图 4-44 所示。

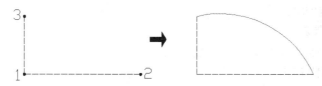

图 4-44 已知起始轴和结束轴参照点绘制椭圆弧

(2) 已知起始轴与圆弧夹角值绘制椭圆弧。

指定椭圆的轴端点或"圆弧(A)/中心点(C)"：输入选项 A。

指定椭圆弧的轴端点或"中心点(C)"：输入选项 C。

指定椭圆弧的中心点：选择轴中心点 1。

指定轴端点：选择第二轴端点 2。

指定另一条半轴长度或"旋转(R)"：输入半轴长度或选择端点 3。

指定起始角度或"参数(P)"：选择起始角度点 2。

指定终止角度或"参数(P)/包含角度(I)"：输入选项 I。

指定弧的包含角度<180°>：输入角度值。

已知起始轴与圆弧夹角值绘制椭圆弧如图 4-45 所示。

(3) 已知起始轴和圆弧起始与终止的角度值绘制椭圆弧。

指定椭圆的轴端点或"圆弧(A)/中心点(C)"：输入选项 A。

指定椭圆弧的轴端点或"中心点(C)"：输入选项 C。

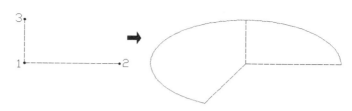

图 4-45　已知起始轴与圆弧夹角值绘制椭圆弧

指定椭圆弧的中心点：选择轴中心点 1。

指定轴端点：选择第二轴端点 2。

指定另一条半轴长度或"旋转(R)"：输入半轴长度或选择端点 3。

指定起始角度或"参数(P)"：输入起始角度。

指定终止角度或"参数(P)/包含角度(I)"：输入终止角度。

已知起始轴和圆弧起始与终止的角度值绘制椭圆弧，如图 4-46 所示。

练习

1. 绘制如图所示的图形

几何图形如图 4-47 所示。

图 4-46　已知起始轴和圆弧起始与终止的角度值绘制椭圆弧

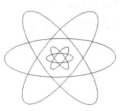

图 4-47　几何图形

操作过程如下。

命令：Ellipse(下拉菜单："绘图|椭圆|中心点")。

指定椭圆的轴端点或"圆弧(A)/中心点(C)"：C。

指定椭圆的中心点：在屏幕上指定一点作为椭圆的中心点。

指定轴的端点：60。

指定另一条半轴长度或"旋转(R)"：20。

如图 4-48(a)所示。

命令：Array。

选择对象：选择椭圆。

指定阵列中心点：选择椭圆的圆心。

设置环形阵列，项目总数 3 个，如图 4-48(b)所示。

命令：Scale。

选择对象：选择三个椭圆。

指定基点：选择椭圆的圆心。

指定比例因子或"复制(C)/参照(R)"1.0000：C。

缩放一组选定对象。

指定比例因子或"复制(C)/参照(R)"1.0000：0.2。

如图 4-48(c)所示。

2. 绘制如图 4-49 所示的钟

(1) 如图 4-50(a)所示，画 2 个同心圆，直径分别为 100 mm 和 80 mm。

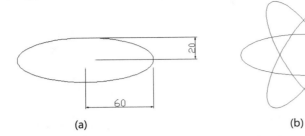

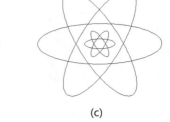

图 4-48　操作过程图

(2) 在直径为 80 mm 的圆的象限点上画一实心圆，直径为 3 mm。然后环形阵列，阵列数为 12，如图 4-50(b)所示。

(3) 如图 4-50(c)所示，删除在象限点上的 4 个实心圆，并在一个象限点上画一条宽度为 3，长度为 10 mm 的多段线，再用环形阵列复制 4 个。

(4) 启动多段线命令，以圆心为起点，起点宽度为 1 mm，端点宽度为 3 mm，向上画出 25 mm 长的第一段线，再将终点宽度设置为 0，画出长度为 10 mm 的第二段线，作为分针。使用同样的方法画出时针，如图 4-50(d)所示。

(5) 对圆弧和大圆用半径为 6 mm 修圆，注意设置修剪命令为非修剪方式。然后以两条半径为 6 mm 的圆弧为边界，将中间圆弧修剪掉，并在此位置画一条水平线。对底座两端尖角用半径为 2 mm 修圆，如图 4-50(e)(f)所示。

图 4-49　绘制几何图形

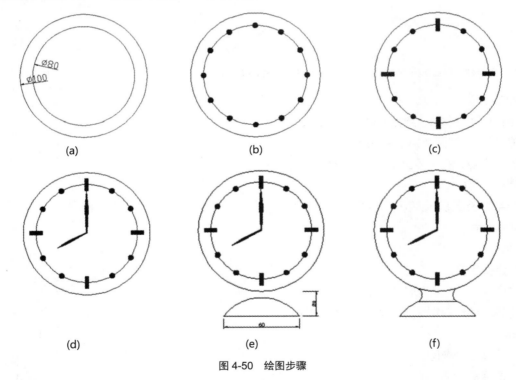

图 4-50　绘图步骤

第四节　绘制与编辑多线

多线是一种由多条平行线组成的组合对象，平行线之间的间距和数目是可以调整的，多用于绘制墙体图、电子线路图等。

一、绘制多线

选择"绘图"|"多线"命令，在绘图工具栏中单击多线按钮，或在命令行中输入 Mline 命令，可以绘制多线。提示信息如下。

对正(J)：确定绘制多线时的对正方式，即多线上的哪条线将随光标移动。

比例(S)：确定多线宽度相对于多线定义宽度的比例因子。

样式(ST)：确定绘制多线时采用的多线样式，默认样式为标准(STANDARD)型。

二、定义多线样式

多线样式是可以定义的，用户可以根据需要定义不同的线数目和弦的拐角方向等。选择"格式"|"多线样式"命令，或在命令行中输入 Mlstyle 命令，AutoCAD 将弹出多线样式对话框，可以定义多线样式。选择"格式"|"多线样式"命令，即执行 Mlstyle 命令，AutoCAD 弹出如图 4-51 所示的"多线样式"对话框，利用其设置即可。

图 4-51 "多线样式"对话框

该对话框中部的图像框内显示了当前多线的样式。对话框中其他各主要选项的意义如下。

☆当前下拉列表框：显示或设置当前使用的多线样式。

☆名称文本框：设置多线的名字。

☆说明文本框：对所定义多线进行说明，所用字符不能超过 255 个。

☆加载按钮：从多线文件(.MLN 文件)中加载已定义的多线。用户也可以创建自己的多线文件。

☆保存按钮：将当前的多线样式保存到多线文件中(文件扩展名为.MLN)。

☆添加按钮：添加新多线样式。在"名称"文本框中输入新多线样式的名称后，单击该按钮即可。

☆重命名按钮：对当前多线样式更名。

"元素特性"按钮：用于设置多线样式的元素特性，如多线中的线条数、每条线的颜色、线型等。

多线特性按钮：用于设置多线的特性，如封口、填充等。

三、编辑多线

选择"修改"|"对象"|"多线"命令，系统将打开"多线编辑工具"对话框，利用该对话框，用户可以编辑多线。

AutoCAD 弹出如图 4-52 所示的"多线编辑工具"对话框。对话框中的各个图像按钮形象地说明了各编辑功能，根据需要选择按钮，然后根据提示操作即可。

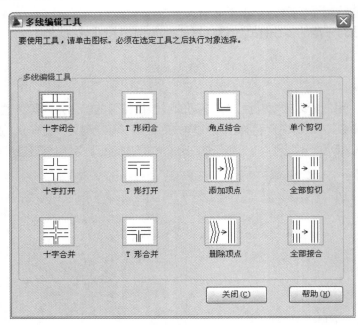

图 4-52 "多线编辑工具"对话框

1) 命令格式

(1) 下拉式菜单："绘图"|"多线"。

(2) 命令：Mline (也可输入简化命令"ML"，单击 Enter 键)。

2) 操作步骤

执行 Mline 命令后，命令行中将首先显示多线当前的设置并让操作者输入起点。

命令行提示："当前设置：对正=上，比例=20.00，样式=STANDARD"。

指定起点，或"对正(J)/比例(S)/样式(ST)"：此时可输入起点或输入一个选项。

一般在绘制多线以前，还需对对正方式和比例进行设置。

对正(J)：对正方式将决定所输入的各段起点和终点坐标连线与该段多线的中心线的偏移关系。多线(Mline)命令中提供 3 种对正方式，如图 4-53 所示。如按"上"对正方式，则多线中上侧的一条线段与输入的起点、终点重合；如按"下"对正方式，则多线中下侧的一条线段与输入的起点、终点重合；如按"无"对正方式，则多线的中心与输入的起点、终点重合，如图 4-54 所示。

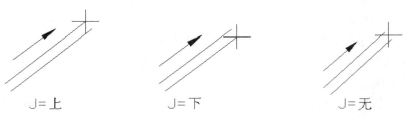

图 4-53 向右、向上绘制多线时，对正(J)的不同选项

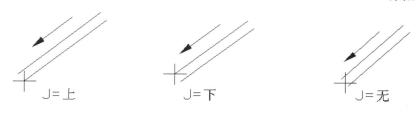

图 4-54 向左、向下绘制多线时，对正(J)的不同选项

注意：上述对正方式是以向右、向左画线为前提的。如果反方向画图时，则对正方式上下关系颠倒，中心对齐不变，如图 4-55 所示。

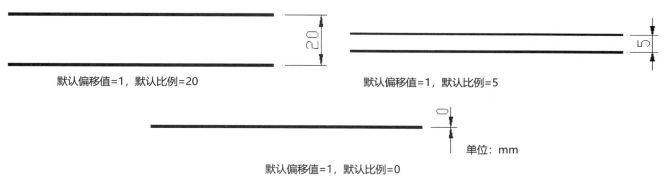

图 4-55 多线的设置

比例(S)：控制多线的全局宽度。这个比例不影响线型的比例。比例基于在多线样式"元素特性"中确定的偏移值。多线默认元素是两条平行线，在"元素特性"中确定的偏移值为 1，默认比例因子为 20，则画出的两条平行线之间的距离为 20。如果比例因子为 5，则绘制出的二条平行线之间的距离是 5。比例因子为 0 将使多线变为单一的线段。

设置完对正方式和比例后，命令提示：指定起点"对正(J)/比例(S)/样式(ST)"，输入起点后，就可以像画直线一样连续输入各段的终点绘制连续的多线，当有两段以上时，也可以输入"C"，使其首尾相连，成为闭合多线。

3）应用实例

创建封闭的多线，如图 4-56 所示。

命令：ML 或 Mline。

当前设置：对正=上，比例=20.00，样式=STANDARD。

指定起点或"对正(J)/比例(S)/样式(ST)"：S。

输入多线比例 20.00：10。

当前设置：对正=上，比例=10.00，样式= STANDARD。

指定起点或"对正(J)/比例(S)/样式(ST)"：60.25。

指定下一点：@0，250。

指定下一点或"放弃(U)"：@300，0。

指定下一点或"闭合(C)/放弃(U)"：@0，-150。

指定下一点或"闭合(C)/放弃(U)"：@-150，0。

指定下一点或"闭合(C)/放弃(U)"：@0，100。

指定下一点或"闭合(C)/放弃(U)"：C。

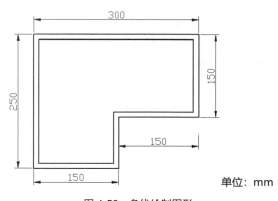

图 4-56 多线绘制图形

4）创建新的多线样式

采用默认的多线(两条平行线，线距为 20 mm)，显然不能满足工程中需要定义的多变的多线样式。多线可以有用户自定义样式，根据需要定义不同的线数、线型、封口和颜色等。自定义样式可以在绘图文中保存和使用。

(1) 命令格式。

① 下拉式菜单："格式"|"多线样式"。

② 命令：Mlstyle。

(2) 操作步骤。

执行该命令后，打开"多线样式"对话框，如图 4-57 所示。

图 4-57   "多线样式"对话框

在该对话框中不能修改图形中正在使用的任何多线样式的元素和多线特性。正在使用的多线样式对应的"修改"按钮呈灰色，不能修改。如果试图修改现有多线样式，必须在使用该样式绘制多线之前进行，或在屏幕上删除该样式再进行修改。

在"多线样式"对话框中可以看出初始状态下只有一个多线样式"STANDARD"，在对话框中点击"修改"按钮，打开如图 4-58 所示的对话框，对话框中显示了"STANDARD"样式的设置，如偏移(0.5   -0.5，两条平行线偏移距离等于 1)、颜色(Bylayer 随层)、线型(Bylayer 随层)等。一般不对"STANDARD"样式进行修改。

图 4-58   "修改多线样式：STANDARD"对话框

在"多线样式"对话框中可以命名新的多线样式并指定多线样式的元素特性。

在对话框中点击"新建"按钮,打开"创建新的多线样式"对话框。在该对话框中必须给新创建的多线一个名称,如"墙线",如图 4-59 所示。

图 4-59 "创建新的多线样式"对话框

点击"继续"按钮,出现"新建多线样式:墙线"对话框。在该对话框中可以编辑新的多线样式,如图 4-60 所示。

(3) 应用实例。

绘制如图 4-61 所示的宾馆标准房的平面图外墙线。

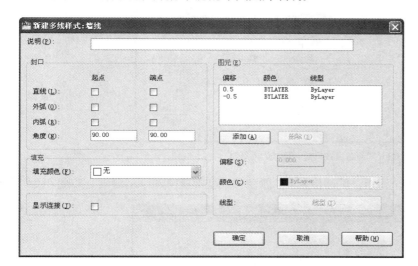

图 4-60 "新建多线样式:墙线"对话框

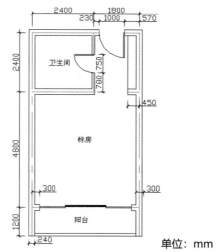

图 4-61 宾馆标准房平面图外墙线

① 设置绘图边界。

命令:Limits。

重新设置模型空间界限:指定左下角点或"开(ON)/关(OFF)"<0. 0000, 0.0000>:

指定右上角点<420. 0000, 297.0000>:10500, 14850。

命令:Z 或 Zoom。

指定窗口的角点,输入比例因子(nx 或 nxp),或者"全部(A)/中心(C)/动态(D)/范围(E)/上一个(P)/比例(S)/窗口(W)/对象(O)""实时":a。

② 建立新多线样式。

(a) 下拉菜单:"格式"|"多线样式",打开"创建新的多线样式"对话框,如图 4-62 所示。

(b) 在对话框中点击"新建"按钮,打开"创建新的多线样式"对话框。在该对话框中在"新样式名"栏中输入"墙线",如图 4-62 所示。

图 4-62　"创建新的多线样式"对话框

(c) 点击"继续"按钮，出现"新建多线样式：墙线"对话框，如图 4-63 所示。

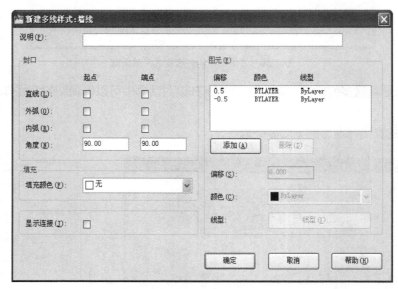

图 4-63　"新建多线样式：墙线"对话框

(d) 点击"添加"按钮，在图元栏内多出一个元素。偏移量为 0，颜色和线型都是(Bylayer)随层，如图 4-64 所示。

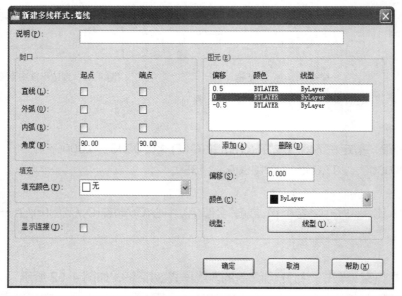

图 4-64　"添加"元素

(e) 选中新建的元素，在颜色栏中点击下拉列表，选中红色，如图 4-65 所示。

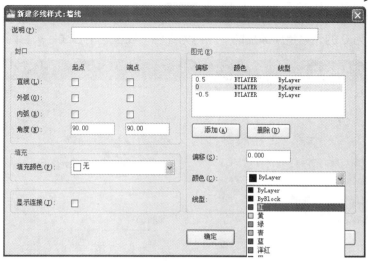

图 4-65　设置颜色

(f) 点击"加载(L)…"按钮，加载"CENTER"中心线，如图 4-66 所示。

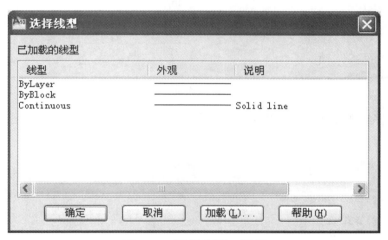

图 4-66　"选择线型"对话框

(g) 在图 4-67 的基础上按"确定"按钮，回到"选择线型"对话框，一定要选择了"CENTER"后再点击"确定"。

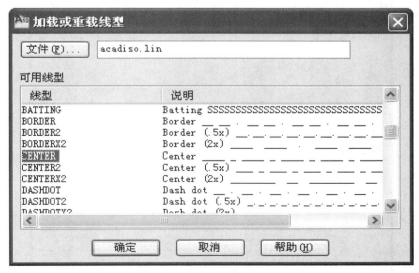

图 4-67　"加载或重载线型"对话框

(h) 回到"新建多线样式：墙线"对话框，点击"封口"栏内的直线"起点和端点"，如图 4-68 所示。从图中可看出多线由三元素组成，中间偏移为 0 的元素是新添加的，颜色为红色，线型是中心线，并且两端封口。

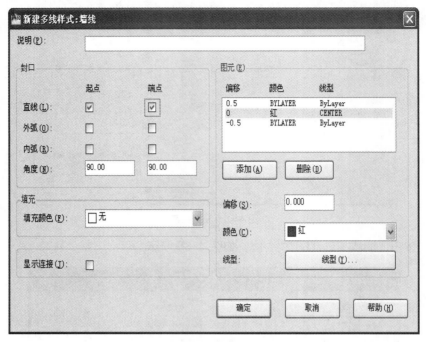

图 4-68 "新建多线样式：墙线"对话框

单击"确定"后，回到"多线样式"对话框，如图 4-69 所示。多了一个"墙线"多线样式，画图前要将"墙线"置为当前，点击"确定"。

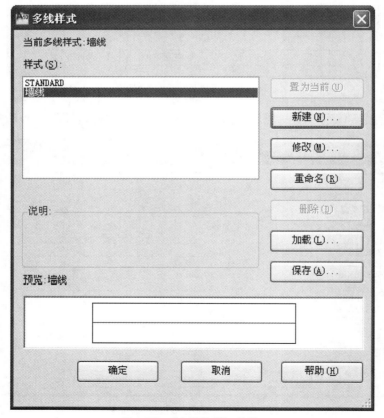

图 4-69 "多线样式"对话框

(4) 设置线型比例。

下拉菜单："格式"|"线型"，打开"线型管理器"对话框，设置全局比例因子为 30。

(a) 画外墙线。

命令：Mline。

当前设置：对正=上，比例=20.00，样式=墙线。

指定起点或"对正(J)/比例(S)/样式(ST)"：J。

输入对正类型"上(T)/无(Z)/下(B)"：Z(选择中点对齐)。

当前设置：对正=无，比例=20.00，样式=墙线。

指定起点或"对正(J)/比例(S)/样式(ST)"：S。

输入多线比例 20.00：240。

当前设置：对正=无，比例=240.00，样式=墙线。

指定起点或"对正(J)/比例(S)/样式(ST)"：3000，2000。

指定下一点：@0，1200。

指定下一点或"放弃(U)"：@0，4800。

指定下一点或"闭合(C)/放弃(U)"：@0，2400。

指定下一点或"闭合(C)/放弃(U)"：@2400，0。

指定下一点或"闭合(C)/放弃(U)"：@1800，0。

指定下一点或"闭合(C)/放弃(U)"：@0，-2400。

指定下一点或"闭合(C)/放弃(U)"：@0，-4800。

指定下一点或"闭合(C)/放弃(U)"：@0，-1200。

指定下一点或"闭合(C)/放弃(U)"：

(b) 画卫生间墙线。

命令：Mline。

当前设置：对正=无，比例=240.00，样式=墙线。

指定起点或"对正(J)/比例(S)/样式(ST)"：捕捉卫生间轴线左下角点。

指定下一点：@2600，0。

指定下一点或"放弃(U)"：

命令：Mline。

当前设置：对正=无，比例=240.00，样式=墙线。

指定起点或"对正(J)/比例(S)/样式(ST)"：捕捉卫生间轴线右上角点。

指定下一点：垂直向下任意长度(超过前一步画的水平线)。

指定下一点或"放弃(U)"：

(c) 画壁橱墙线。

命令：Mline。

当前设置：对正=无，比例=120.00，样式=墙线。

指定起点或"对正(J)/比例(S)/样式(ST)"：S。

输入多线比例 20.00：240。

当前设置：对正=无，比例=240.00，样式=墙线。

指定起点或"对正(J)/比例(S)/样式(ST)"：捕捉壁橱轴线右下角点。

指定下一点：@-450，0。

指定下一点或"放弃(U)"：

(d) 画房间和阳台隔墙线。

命令：Mline。

当前设置：对正=无，比例=120.00，样式=墙线。

指定起点或"对正(J)/比例(S)/样式(ST)"：捕捉左墙线上阳台隔墙线的起点。

指定下一点：捕捉右墙线上阳台隔墙线的终点。

指定下一点或"放弃(U)"：

(e) 画阳台线。

图 4-70 最下部的阳台线没有轴线，单墙(宽 120 mm)。

回到标准(STANDARD)样式。

指定起点或"对正(J)/比例(S)/样式(ST)"：J。

输入对正类型"上(T)/无(Z)/下(B)"：B。

当前设置：对正=下，比例=240.00，样式= STANDARD。

指定起点或"对正(J)/比例(S)/样式(ST)"：S。

输入多线比例 20.00＞：120。

当前设置：对正=下，比例=120.00，样式= STANDARD。

指定起点或"对正(J)/比例(S)/样式(ST)"：捕捉左墙线的右下角点。

指定下一点：捕捉右墙线的左下角点。

指定下一点或"放弃(U)"：

墙线轮廓草图完成如图 4-70 所示。

5) 修改多线

(1) 命令格式。

① 下拉式菜单："修改"|"对象"|"多线"。

② 命令 Mledit。

(2) 操作步骤。

执行该命令后，打开"多线编辑工具"对话框，如图 4-71 所示。

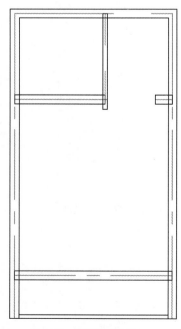

图 4-70　墙线轮廓草图

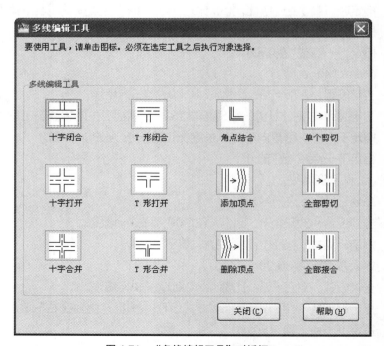

图 4-71　"多线编辑工具"对话框

编辑图 4-70，使之成为图 4-74。

(a) 使用"多线编辑工具"。直角处使用"角点结合"，T 形连接处使用"T 形合并"，注意"T 形合并"时要先选 T 形的一竖，再选一横。

(b) 使用 Xline 命令开门洞。

命令：xl。

Xline 指定点或"水平(H)/垂直(V)/角度(A)/二等分(B)/偏移(O)"：O。

指定偏移距离或"通过(T)""通过"：780。

选择直线对象：选中卫生间下墙的中心轴线。

指定向内偏移：在卫生间中间点击。

选择直线对象：

命令：Xline。

指定点或"水平(H)/垂直(V)/角度(A)/二等分(B)/偏移(O)"：O。

指定偏移距离或"通过(T)"<780.0000>：750。

选择直线对象：单击刚建立构造线。

指定向内偏移：在它上面空白处单击，建立第二条构造线。

选择直线对象：

结果如图 4-72 所示。

(c) 使用"修剪"工具，修剪墙线和构造线，开出卫生间的门洞，如图 4-72 所示。

(d) 使用类似或其他方法，开出客房入口门洞以及客房与阳台之间的落地门窗的洞口。入口门洞与右侧墙中心线的间距为 570 mm，门洞宽为 1000 mm。阳台落地门窗洞口与左、右墙中心线的间距为 300 mm。开好门窗洞口的结果如图 4-73 所示。

修剪客房入口门洞及客房与阳台之间的落地门窗的洞口如图 4-74 所示。

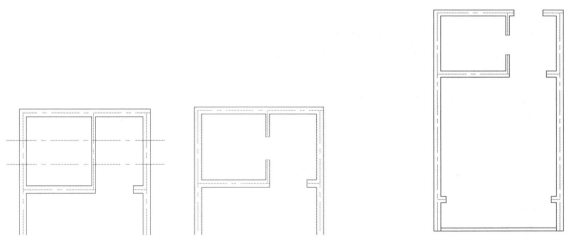

图 4-72　偏移轴线　　　　　　图 4-73　修剪卫生间门洞　　　　　图 4-74　修剪客房入口门洞及客房与阳台之间的落地门窗的洞口

第五节　绘制与编辑多段线

多段线是一种非常有用的线段，它是由多段直线或圆弧组成的一个组合体，这些直线和曲线可以一起编辑，也可以分别编辑，还可以具有不同的宽度。掌握多段线的绘制方法，可以得到一个由若干直线和圆弧连接而成的折线或曲线。同时无论这条多段线中包含多少条直线或弧线，整条多段线就是一个独立的对象，可以统一对其进行编辑。另外，对多段线中每根线段都可以设置不同的线宽。

一、绘制多段线

选择"绘图"|"多段线"命令，或在命令行中输入 Pline 命令，或在绘图工具栏中单击多段线按钮，可以绘制多段线(见图 4-75)。操作时出现提示信息如下。

指定下一点或"圆弧(A)/闭合(C)/半宽(H)/长度(L)/放弃(U)/宽度(W)"：

其中各选项意义如下。

☆ 指定下一个点：确定多段线另一端点的位置，为默认项。

☆ 圆弧(A)：选择该选项，则由绘制直线方式改为绘制圆弧方式。

☆ 闭合(C)：执行该选项，系统从当前点向多段线的起始点以当前宽度绘制多段线，即封闭所绘制的多段线，然后结束命令的执行。

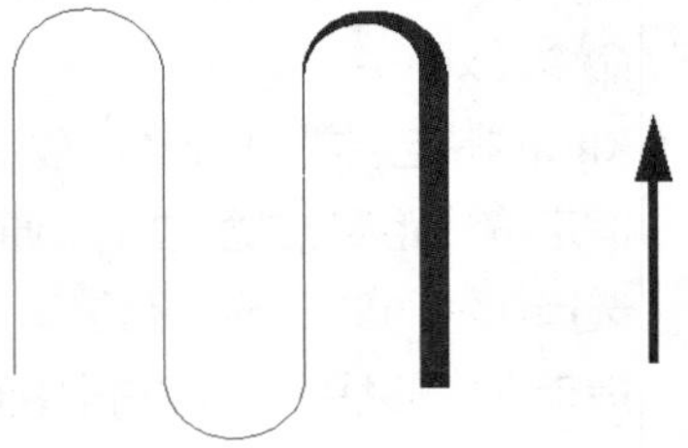

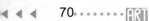

图 4-75　绘制多段线

☆ 半宽(H)：确定所绘多段线的半宽度，即所设值是多段线宽度的一半。

☆ 长度(L)：从当前点绘指定长度的多段线。指定直线的长度，AutoCAD 会以该长度沿着上一次所绘直线方向绘直线。

☆ 放弃(U)：删除最后绘制的直线或圆弧段，利用该选项可以及时修改在绘多段线过程中出现的错误。

☆ 宽度(W)：确定多段线的宽度。执行该选项，AutoCAD 依次提示，指定起点宽度，指定端点宽度，可利用此方法绘制自定箭头。

通过多段线命令可以方便的绘制出如图 4-75 所示的图形，而且是一个整体。

二、编辑多段线

选择"修改"|"对象"|"多段线"，在"修改"工具栏中单击编辑多段线按钮，或在命令行输入 Pedit 命令，即可编辑多段线。AutoCAD 提示如下。

输入选项"闭合(C)/合并(J)/宽度(W)/编辑顶点(E)/拟合(F)/样条曲线(S)/非曲线化(D)/线型生成(L)/放弃(U)"：

各选项含义如下。

☆　闭合(C)：执行该选项，AutoCAD 会封闭所编辑的多段线，然后会出现新的提示"打开(O)"。

☆　合并(J)：将线段、圆弧或多段线连接到指定的非闭合多段线上。

☆　宽度(W)：编辑多段线的新宽度。

☆　编辑顶点(E)：编辑多段线的顶点。执行该选项，AutoCAD 提示为"输入顶点编辑选项"：

"下一个(N)/上一个(P)/打断(B)/插入(I)/移动(M)/重生成(R)/拉直(S)/切向(T)/宽度(W)/退出(X)""N"。该提示中各选项的意义如下。

· 下一个(N)/上一个(P)：执行编辑顶点(E)选项进入编辑多段线顶点操作。

· 打断(B)：删除多段线上指定两顶点之间的线段。

· 插入(I)：在当前编辑的顶点后面插入一个新顶点。

· 移动(M)：将当前的编辑顶点移动到新位置。

· 重生成(R)：该选项用来重新生成多段线。

· 拉直(S)：拉直多段线中位于指定两顶点之间的线段，即用连接这两点的直线代替原来的折线。

· 切向(T)：改变当前所编辑顶点的切线方向，该功能主要用于确定对多段线进行曲线拟合时的拟合方向。

· 宽度(W)：改变多段线中位于当前编辑顶点之后的那一条线段的起始宽度和终止宽度。

· 退出(X)：退出操作。

☆拟合(F)：用于创建平滑曲线，它由连接各对顶点的弧线段组成，且曲线通过多段线的所有顶点并适用指定的切线方向。

☆样条曲线(s)：用样条曲线拟合多段线。

☆非曲线化(D)：对多段线进行反拟合，恢复原来线的形状。

☆线型生成(L)：规定非连续线型多段线在各顶点处的绘制方式。执行该选项，AutoCAD 提示：当选择"开(ON)"选项时，多段线在各顶点处自动按折线处理，即不考虑在转折处是否有断点；当选择"关(OFF)"选项时，多段线在各顶点的绘图方式由原型线控制。

☆放弃(U)：取消 Pedit 命令的上一次操作。

命令功能说明如下。

命令：Pedit。

选择多段线或"多条(M)"：选取直线(LINE)、圆弧(ARC)、多段线(PLINE)。

当对象不是多段线时会出现下列信息。

选定的对象不是多段线。

是否将其转换为多段线？"Y"：如果要编辑，请直接输入"Enter"。

输入选项如下。

"闭合(C)/合并(J)/宽度(W)/编辑顶点(E)/拟合(F)/样条曲线(S)/非曲线化(D)/线型生成(L)/放弃(U)"：

1. 输入选项 O，打开多段线

打开多段线如图 4-76 所示。

2. 输入选项 C，闭合多段线

闭合多段线如图 4-77 所示。

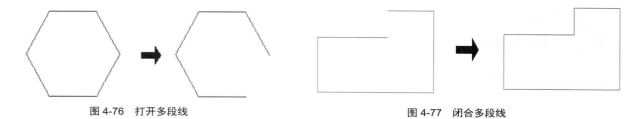

图 4-76 打开多段线　　　　　　　　　　图 4-77 闭合多段线

3. 输入选项 J 合并多段线

选择对象：框选要合并的线段(2 和 3)。

选择对象：单击 Enter 键离开。

4 条线段已添加到多段线：回应几条线段被合并，如图 4-78 所示。

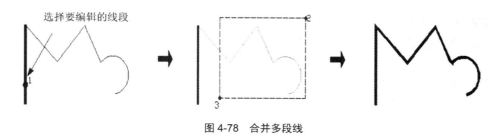

选择要编辑的线段

图 4-78 合并多段线

4. 输入选项 W，修改宽度

指定所有线段的新宽度：输入新宽度，如图 4-79 所示。

5. 输入选项 F，多段线进行拟合：曲线将通过各端点

输入选项 F，多段线进行拟合：曲线将通过各端点，如图 4-80 所示。

6. 输入选项 S，多段线样条曲线化：曲线以切线方式产生各种平滑曲线

输入选项 S，多段线样条曲线化：曲线以切线方式产生各种平滑曲线，如图 4-81 所示。

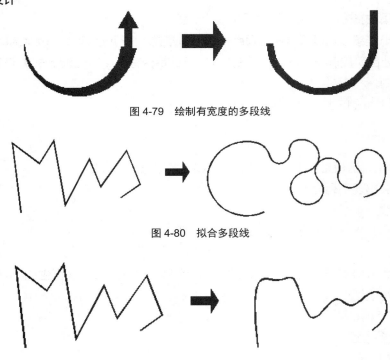

图 4-79 绘制有宽度的多段线

图 4-80 拟合多段线

图 4-81 多段线样条曲线化

7. 输入选项 D，还原圆弧或样条曲线为直线

输入选项 D，还原圆弧或样条曲线为直线，如图 4-82 所示。

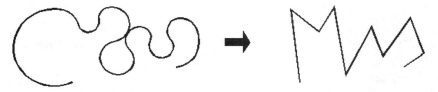

图 4-82 还原多段线为直线

练习

1. 绘制如图所示的指北针

(1) 绘制一个直径为 100 mm 的圆。

(2) 启动多段线命令，起点为圆的下象限点，宽度为 12.5 mm；终点为圆的上象限点，宽度为 0，如图 4-83(a) 所示。

(3) 以圆心为旋转的基点，将多段线旋转 15°。完成后如图 4-83(b) 所示。

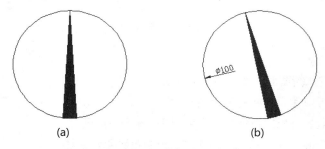

(a)   (b)

图 4-83 多段线绘制指北针

2. 绘制如图 4-84 所示的应力图

(1) 用直线绘制如图 4-85(a)所示的多边形。

(2) 设置点的样式，将水平线七等分，如图 4-85(b)所示。

(3) 用多段线命令画箭头，起点在水平线上第一个等分点处，宽度为 0，长度为 7 mm，终点为 3。箭头后画一超出上边界的直线，如图 4-85(c)所示。

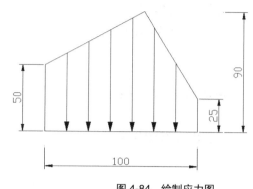

单位：mm

图 4-84　绘制应力图

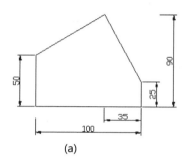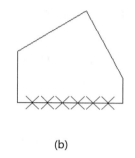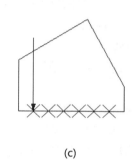

(a)　　　　　　　　　　　　　(b)　　　　　　　　　　　　　(c)

图 4-85　绘制应力图的步骤一

(4) 以等分点为基点，复制另 5 个箭头，如图 4-86(a)所示。

(5) 用修剪命令，将上两条边界作为修剪边界，然后对第一、第二两条直线进行修剪，如图 4-86(b)所示。这时不要退出修剪命令，按住 Shift 键，对第三、第四、第五三条直线进行延伸，放开 Shift 键，对第六条直线进行修剪。完成后，擦去点标记，如图 4-86(c)所示。

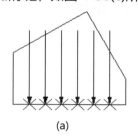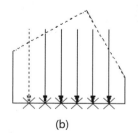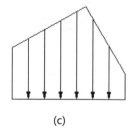

(a)　　　　　　　　　　　　　(b)　　　　　　　　　　　　　(c)

图 4-86　绘制应力图步骤二

3. 绘制如图 4-87 所示的工具条中"缩放上一个"图标。

(1) 画一个圆环，内径为 43 mm，外径为 47 mm，如图 4-87(a)所示。

(2) 启动多段线，起点在圆环的下象限点处，宽为 8 mm，长为 30 mm，如图 4-87(b)所示。

(3) 旋转多段线，旋转中心在圆的中心，将多段线旋转 45°，如图 4-87(c)所示。

(4) 绘制箭头如图 4-87(d)所示。

命令：Pline。

指定起点：Shift+鼠标右键。选自 From 基点：捕捉圆心"对象捕捉 开""偏移"：@10<210。

当前线宽为 0.0000。

指定下一个点或"圆弧(A)/半宽(H)/长度(L)/放弃(U)/宽度(W)"：W。

指定起点宽度"0.0000"：0。

指定端点宽度"0.0000"：30。

指定下一个点或"圆弧(A)/半宽(H)/长度(L)/放弃(U)/宽度(W)"：@20"30。

指定下一个点或"圆弧(A)/闭合(C)/半宽(H)/长度(L)/放弃(U)/宽度(W)"：W。

指定起点宽度"30.0000"：15。

指定端点宽度"15.0000"：10。

指定下一个点或"圆弧(A)/闭合(C)/半宽(H)/长度(L)/放弃(U)/宽度(W)"：I。

指定直线的长度：18。

指定下一个点或"圆弧(A)/闭合(C)/半宽(H)/长度(L)/放弃(U)/宽度(W)"：W。

指定起点宽度"10.0000"：

指定端点宽度"10.0000"：6。

指定下一个点或"圆弧(A)/闭合(C)/半宽(H)/长度(L)/放弃(U)/宽度(W)"：A。

指定圆弧的端点或"角度(A)/圆心(CE)/闭合(CL)/方向(D)/半宽(H)/直线(L)/半径(R)/第二个点(S)/放弃(U)/宽度(W)"：@15 -50。

指定圆弧的端点或"角度(A)/圆心(CE)/闭合(CL)/方向(D)/半宽(H)/直线(L)/半径(R)/第二个点(S)/放弃(U)/宽度(W)"：W。

指定起点宽度"6.0000"：

指定端点宽度"6.0000"：2。

指定圆弧的端点或"角度(A)/圆心(CE)/闭合(CL)/方向(D)/半宽(H)/直线(L)/半径(R)/第二个点(S)/放弃(U)/宽度(W)"：I。

指定下一个点或"圆弧(A)/闭合(C)/半宽(H)/长度(L)/放弃(U)/宽度(W)"：I。

指定直线的长度：5。

指定下一个点或"圆弧(A)/闭合(C)/半宽(H)/长度(L)/放弃(U)/宽度(W)"：

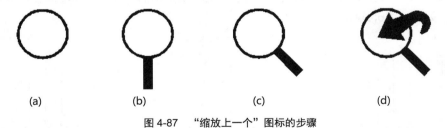

(a)　　　　　　(b)　　　　　　(c)　　　　　　(d)

图 4-87　"缩放上一个"图标的步骤

第六节　绘制与编辑样条曲线

样条曲线是一种通过或接近指定点的拟合曲线。这种类型的曲线适宜于表达具有不规则变化曲率半径的曲线，例如，机械图形的断切面、地形外貌轮廓线等。

一、绘制样条曲线

选择"绘图"|"样条曲线"命令，或在命令行中输入 Spline 命令，或在绘图工具栏中单击样条曲线按钮，可以绘制样条曲线。出现提示信息：略。绘制样条曲线如图 4-88 所示。

提示中各选项的意义如下。

☆指定起点切线：该提示要求用户确定样条曲线在起始点处的切线方向，且在起始点与当前光标点之间出现一根橡皮筋线来表示样条曲线在起始点处的切线方向。

☆指定端点切线：确定样条曲线终点处的切线方向。

☆拟合公差(F)：根据给定的拟合公差绘制样条曲线。拟合公差指样条曲线与输入点之间所允许偏移距离的最大值。如果拟合公差为 0，则给出的样条曲线均通过各个输入点；如果给出了拟合公差。则给出的样条曲线不通过各个输入点(但总是过起始点与终止点)。这种方法特别适用于拟合点较多的情况。

☆对象(O)：将二维二次或三次样条拟合多段线转换成等价的样条曲线并删除多段线。

命令功能说明如下。

命令：Spline。

指定第一个点或"对象(O)"：选择第一个点。

指定下一点：选择第二个点。

指定第一点或"闭合(C) / 拟合公差(F)""起点切向"：选择下一点或输入选项。

指定第一点或"闭合(C) / 拟合公差(F)""起点切向"：点击鼠标右键出现菜单，选择"确认"。

指定起点切向：输入终止切线点。

图 4-88　绘制样条曲线

二、编辑样条曲线

选择"修改"|"对象"|"样条曲线"命令，或在命令行中输入 Splinedit 命令，或在"修改Ⅱ"工具栏中单击编辑样条曲线按钮，可以绘制编辑样条曲线。选择需要编辑的样条曲线后，在样条曲线周围将显示控制点，同时命令行显示如下提示信息。

输入选项"拟合数据(F)/闭合(C)/移动顶点(M)/精度(R)/反转(E)/放弃(U)"：

下面分别介绍该提示中各选项的意义。

☆拟合数据(F)：修改样条曲线所通过的某些控制点。执行该选项，样条曲线上各控制点位置均出现小方格，AutoCAD 提示如下。

输入拟合数据选项"添加(A)/闭合(C)/删除(D)/移动(D)/清理(P)/相切(T)/公差(L)/退出(X)""退出"：

其中各选项的意义如下。

• 添加(A)：允许用户为样条曲线的控制点集添加新的控制点。

• 闭合(C)：封闭样条曲线。

• 删除(D)：删除样条曲线控制点集中的点。

• 移动(M)：移动控制点集中的点位置。

• 清理(P)：从图形数据库中删除拟合曲线的拟合数据。

• 相切(T)：改变样条曲线在起始点和终止点的切线方向。

• 公差(L)：修改拟合当前样条曲线时的公差。如果将公差设置为 0，样条曲线会通过各控制点。输入大于 0 的公差值，则会使得样条曲线在指定的公差范围内靠近控制点。

• 退出(X)：退出当前的"拟合数据(F)"操作，返回到上一级提示。

☆闭合(C)：封闭当前所编辑的样条曲线。

☆移动顶点(M)：移动样条曲线上的当前点。

☆精度(R)：对样条曲线的控制点进行细化操作。执行该选项后，AutoCAD 提示如下。

输入精度(R)选项"添加控制点(A)/提高阶数(E)/权值(W)/退出(X)""退出"。

该提示中各选项意义如下。

‣ 添加控制点(A)：增加样条曲线的控制点。

‣ 提高阶数(E)：控制样条曲线的阶数，阶数越高，控制点就越多。

‣ 权值(W)：该选项用于改变控制点的权值。较大的权值会把样条曲线拉近。

‣ 退出(X)：退出当前的精度(R)操作，返回到上一级提示。

☆反转(E)：该选项用于反转样条曲线的方向，主要由应用程序使用。

☆放弃(U)：取消上一次的修改操作。

☆退出(X)：结束当前命令的执行。

命令功能说明如下。

命令：Splnedit。

输入选项"拟合数据(F)/闭合(C)/移动顶点(M)/精度(R)/反转(E)/放弃(U)"：选择样条曲线。

编辑样条曲线如图 4-89 所示。

☆ 闭合样条曲线及细化效果。

输入选项"拟合数据(F)/闭合(C)/移动顶点(M)/精度(R)/反转(E)/放弃(U)"：C。

输入选项"打开(O) /移动顶点(M)/精度(R)/反转(E)/放弃(U)/退出(X)"：R。

输入精度(R)选项"添加控制点(A)/提高阶数(E)/权值(W)/退出(X)""退出"：E。

输入新阶数"4"：输入阶数 20。

输入精度(R)选项"添加控制点(A)/提高阶数(E)/权值(W)/退出(X)""退出"：输入 X。

输入选项"打开(O)/移动顶点(M)/精度(R)/反转(E)/放弃(U)""退出"。

闭合样条曲线如图 4-90 所示。

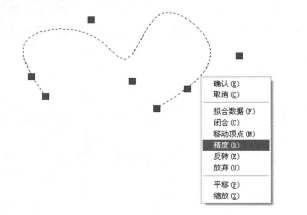

图 4-89　编辑样条曲线

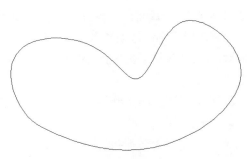

图 4-90　闭合样条曲线

第七节　绘制面域与图案填充

在 AutoCAD 中，面域指的是有边界的平面区域，它是一个面对象，内部可以包含孔。从外观来看，面域和一般的封闭线框没有区别，但实际上面域就像是一张没有厚度的纸，除了包括边界外，还包括边界内的平面。

图案填充则是一种使用指定线条图案来充满指定区域的图形对象，常常用于表达剖切面和不同类型物体对象的外观纹理等，被广泛应用在绘制机械图、建筑图及地质构造图等各类图形中。

一、将图形转换为面域

在 AutoCAD 中，用户可以将由某些对象围成的封闭区域转换为面域，这些封闭的区域可以是圆、椭圆、封闭的二维多段线或封闭的样条曲线等对象，也可以是各种线型构成的封闭区域。

二、创建面域

选择"绘图"|"面域"命令、在命令行中输入 Region 命令或在绘图工具栏中单击面域按钮，可将图形转化为面域。执行 Region 命令后，AutoCAD 提示：选择对象。

用户在选择要将其转换为面域的对象后，单击 Enter 键即可将该图形转换为面域。

此外，用户还可以选择"绘图"|"边界"命令，使用打开的如图 4-91 所示的边界创建对话框来定义面域。此时，若在该对话框的对象类型下拉列表框中选择面域选项，那么创建的图形将是一个面域，而不是边界。

在 AutoCAD 中创建面域时，应注意以下几点。

☆面域总是以线框的形式显示，用户可以对面域进行复制、移动等编辑操作。

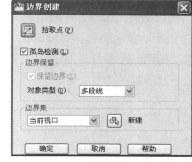

图 4-91 "边界创建"对话框

☆在创建面域时，如果系统变量 Delobj 的值为 1，AutoCAD 在定义了面域后将删除原始对象；如果 Delobj 的值为 0，则在定义面域后不删除原始对象。

☆如果要分解面域，可以选择"修改"|"分解"命令，将面域的各个环转换成相应的线、圆等对象。

三、对面域进行布尔运算

布尔运算是数学上的一种逻辑运算。在 AutoCAD 中绘图时使用布尔运算，可以大大提高绘图效率，尤其是绘制比较复杂的图形时。布尔运算的对象只包括实体和共面的面域，对普通的线条图形对象，则无法使用。

AutoCAD 中，用户可以执行并集、差集及交集 3 种布尔运算，如图 4-92 所示。

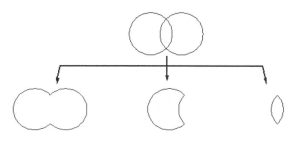

图 4-92 布尔运算

☆并集运算：选择"修改"|"实体编辑"|"并集"命令，或在命令行输入 Union 命令，可以执行面域的并集运算。执行命令后，选择对象需要合并的面域即可。

☆差集运算：选择"修改"|"实体编辑"|"差集"命令，或在命令行输入 Subtract 命令，可以执行面域的差集运算，即用一个面域减去另一个面域。执行命令后，选择对象需要差集的面域，AutoCAD 将从第一个选择的面域中减去第二次选择的面域。

☆交集运算：选择"修改"|"实体编辑"|"交集"命令，或在命令行输入 Ntersect 命令，可以创建多个面域的交集，即各个面域的公共部分。只需在执行 Ntersect 命令后，选择要执行交集运算的面域，然后单击 Enter 键即可。

第五章

编辑图形对象 ◀◀◀◀

在绘图时，单纯地使用绘图命令或绘图工具，只能绘制一些基本的图形。为了绘制复杂图形，很多情况下都必须借助于图形编辑命令。AutoCAD 提供了众多的图形编辑命令，如复制、移动、旋转、镜像、偏移、阵列、拉伸和修剪等。利用这些命令，用户可以修改已有图形或通过已有图形构造新的复杂图形。 AutoCAD 中的大部分图形编辑命令位于修改菜单中。

第一节　选　择　对　象

选择某一编辑命令后，命令行中一般会出现"选择对象："提示信息。此时要求用户选择将要进行操作的对象，并把十字光标变成小方框(拾取框)。AutoCAD2010 提供了多种选择对象的方法，下面介绍其中的一些常用方法。

(1) 直接拾取：一种默认的对象拾取方式。使用该方式时，只需将拾取框移动到希望选择的对象上，并单击鼠标即可。对象被选择后，会以虚线形式显示。

(2) 选择全部对象：在"选择对象："提示下输入"All"后单击 Enter 键，AutoCAD 将自动选中屏幕上的所有对象。

(3) 默认矩形窗口拾取方式：当 AutoCAD 提示选择对象时，如果矩形窗口是从左向右定义的，那么窗口内部的对象均被选中(实窗口)，如果窗口是从右向左定义的，那么不仅窗口内部的对象被选中，而且与窗口边界相交的那些对象也均被选中(虚窗口)。

(4) 不规则窗口拾取方式和不规则交叉窗口拾取方式。

在"选择对象："提示下输入"WP"或"CP"，单击 Enter 键，AutoCAD 提示。

第一圈围点：确定不规则拾取窗口的第一个顶点位置。

指定直线的端点或"放弃(U)："。

(5) 前一个方式：在"选择对象："提示下输入"P"(即 Previous)后，单击 Enter 键，AutoCAD 会选中在当前操作之前所进行的操作中——在"选择对象："提示下所选择的对象。

(6) 最后一个方式：在"选择对象："提示下输入" L "(即 Last)后，单击 Enter 键，AutoCAD 会选中最后绘制的对象。

(7) 拦选方式：在"选择对象："提示下输入" F "(即 Fence)后，单击 Enter 键，AutoCAD 提示"略"。

(8) 扣除模式：AutoCAD 的构造选择集操作有以下两种模式。

☆加入模式：该模式可将选中的对象均加入到选择集中。前面介绍的各选择方式均为加入模式。

☆扣除模式：该模式可将选中的对象移出选择集。在画面上体现为：以虚线形式显示的被选中对象又恢复成正常显示方式，即退出了选择集。此模式的操作方法如下。

在"选择对象："提示下输入"R"(即 Remove)，并单击 Enter 键，此时 AutoCAD 提示"删除对象"。

在该提示下，可以用前面介绍的各种方式来选择欲扣除的对象，选择后，被选中的对象就会退出选择集。

用户还可在"删除对象："提示下输入"A"(即 Add)后，单击 Enter 键，从扣除模式切换到加入模式。此时，AutoCAD 会再提示"选择对象："。

第二节 删 除 对 象

1. 命令执行方式

命令：Erase。

快捷形式：E。

下拉菜单："修改"|"删除"。

工具栏："修改"|✎。

2. 相关说明如下

(1)"Erase"命令的作用是删除对象。命令执行时，在"选择对象"提示下，选择需删除的对象，然后单击 Enter 键或空格键，就可删除对象。

(2) 用"Erase"命令删除的对象，可以用"Oops"命令来恢复最后一次删除的对象。

(3) 执行"U"命令(或下拉菜单："编辑"|"放弃"，工具栏："标准"|↶)，可取消已执行的操作。

(4) 执行"Redo"命令(或下拉菜单："编辑"|"重做"，工具栏："标准"|↷)，可恢复刚刚取消的操作。

命令功能说明

命令：Erase。

选择对象：点选对象 1。

选择对象：点选对象 2。

选择对象：单击 Enter 键退出选择。

删除图形如图 5-1 所示。

图 5-1 删除图形

第三节 复 制 对 象

利用 AutoCAD2010，用户可以方便地复制所绘制的对象，如直接复制、镜像复制、偏移复制及阵列复制等。

一、直接复制对象

选择"修改"|"复制"命令、在命令行中输入 Copy 命令或单击修改工具栏中的复制对象按钮，均可复制图形。执行 Copy 命令后，AutoCAD 提示如下。

选择对象：选择要复制的对象。

指定基点或位移，或者"重复(M)"。

1) 命令执行方式

命令：Copy。

快捷形式：Co。

下拉菜单："修改"|"复制"。

工具栏："修改"| ❀。

2) 相关说明

"Copy"命令的作用是将对象复制一次或多次，其操作类似于移动对象。

在不需要精确定位的情况下，也可以这样操作：不执行任何命令时，直接在绘图区选择要复制的对象，按住右键，当光标变为一个箭头加一个小方框时，移动鼠标到所要的位置再松开右键，在弹出的快捷菜单中选择"复制到此处"。

命令功能说明如下。

命令：Copy。

选择对象：选择对象。

选择对象：单击 Enter 键退出选择。

指定基点或"位移(D)""位移"：选择基点 3。

指定第二个点或"使用第一个点作为位移"：选择位移点 4。

指定第二个点或"退出(E)/放弃(U)"：选择位移点 5。

指定第二个点或"退出(E)/放弃(U)"：选择位移点 6。

指定第二个点或"退出(E)/放弃(U)"：输入 E 或直接单击 Enter 退出。

直接复制图形如图 5-2 所示。

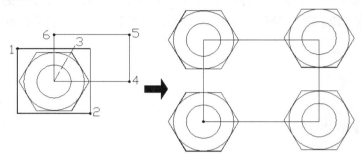

图 5-2　直接复制图形

二、镜像复制对象

选择"修改"|"镜像"命令，或在命令行中输入 Mirror 命令或单击修改工具栏中的镜像按钮，均可复制图形。执行 Mirror 命令后，AutoCAD 提示如下。

选择对象：选择要镜像的对象。

指定镜像线的第一点：确定镜像线上的一点。

指定镜像线的第二点：确定镜像线上的另一点。

是否删除源对象？"是(Y)，否(N)""N"。

1）命令执行方式

命令：Mirror。

快捷形式：Mi。

下拉菜单："修改"|"镜像"。

工具栏："修改"| ⚟ 。

2）相关说明

"Mirror"命令的作用是将对象按给定的对称轴作反向复制，对称轴称为镜像线。执行命令时命令行提示如下。

选择对象：选择需镜像操作的对象。

指定镜像线的第一点：确定镜像线上的一点。

指定镜像线的第二点：确定镜像线上的另一点。

要删除源对象吗？"是(Y)/否(N)""N"：确定源对象是否删除。

镜像操作适用于对称图形，但用"Text"或"Mtext"命令创建的文本和用"Attdef"命令创建的属性文字镜像时，需将 Mirrtext 系统变量的值由 1 改为 0。但若这些文字是作为块的一部分，则不管 Mirrtext 的值如何，都按一般图形镜像规则来处理。

命令功能说明如下。

命令：Mirror。

选择对象：框选对象 1 和 2。

选择对象：单击 Enter 键退出选择。

指定镜像线的第一点：选取镜像点 3。

指定镜像线的第二点：选取镜像点 4。

要删除源对象吗？输入是否删除源对象。

(1) 不删除源对象。

"镜像复制"|"不删除源对象"，如图 5-3 所示。

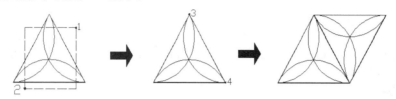

图 5-3　"镜像复制"|"不删除源对象"

(2) 删除源对象。

"镜像复制"|"删除源对象"，如图 5-4 所示。

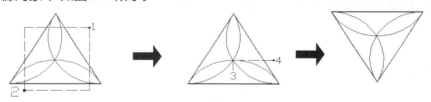

图 5-4　"镜像复制"|"删除源对象"

练习

1. 运用该命令绘制如图 5-5 所示的图形

操作方法：单击修改工具栏中"镜像"功能键。

选择对象：指定对角点：找到 5 个(选取将要镜射的实体)。

选择对象：(选定完毕后)单击鼠标右键或 Enter 键。

指定镜像线的第一点：选取 A 后。

指定镜像线的第二点：选取 B 后。

是否要删除源对象？"是(Y)/否(N)""N"：单击 Enter 键。

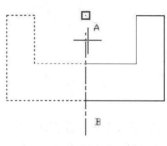

图 5-5　镜像复制图形

2. 绘制如图 5-10(b)所示的楼梯

① 绘制如图 5-6(a)所示的一级台阶。

② 如图 5-6(b)所示，用复制命令复制 8 级台阶。基点为第一级的左下端点，位移的第二个点为前一级台阶水平线的右侧端点。

③ 如图 5-6(c)所示，画出下侧斜线后，用偏移复制的"通过"选项，复制一条斜线，使其经过左侧竖线的上方端点，再以"10"为间距向下复制一条。

④ 如图 5-7(a)所示，使用修剪命令，以下方斜线为边界将竖线伸出部分修剪掉。

⑤ 打开"正交"方式，将图 5-7(a)以右侧任意一条竖线为对称线进行镜像复制，可得图 5-7(b)所示的图形。

⑥ 如图 5-8(a)所示，将复制出来的图形移动到原来图形的一侧，将两段楼梯连接起来。

⑦ 使用倒角命令，设置倒角距离为 0。对扶手的两对边进行倒角处理，使之延长相交，如图 5-8(b)所示。

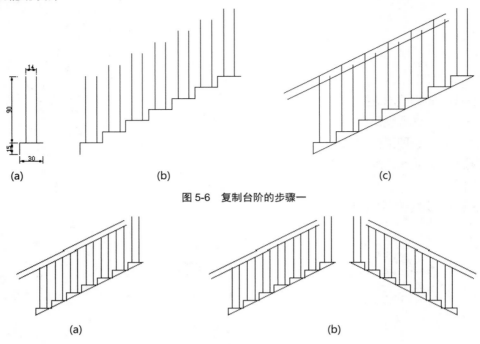

图 5-6　复制台阶的步骤一

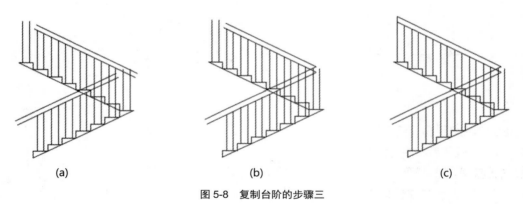

图 5-7　复制台阶的步骤二

⑧ 使用倒角命令，对最上斜线和最左竖线倒角处理，延伸两条斜线到最左竖线，修剪掉多余竖线，如图 5-8(c) 所示。

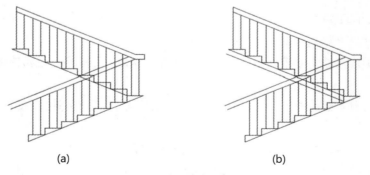

图 5-8　复制台阶的步骤三

⑨ 用直线命令画出右侧转角部分，用修剪编辑，如图 5-9(a)所示。

⑩ 如图 5-9(b)所示，以 11 mm 为间距，对上方楼梯的下侧斜线进行偏移复制。

图 5-9　复制台阶的步骤四

⑪ 删除原有斜线，并用直线命令画出中间平台的下侧部分，使其下方水平线与左侧的一级台阶相平，得到如图5-10(a)所示的结果。

⑫ 最后用修剪命令修剪掉多余的线条，得到图5-10(b)。

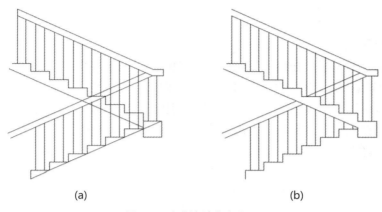

(a)   (b)

图 5-10　复制台阶的步骤五

三、偏移复制对象

偏移复制是指对指定的线、圆弧、圆等同心复制，对线段进行平行复制。选择"修改"|"偏移"命令，或在命令行中输入 Offset 命令或单击修改工具栏中的偏移按钮，均可偏移图形。执行 Offset 命令后，AutoCAD 提示如下。

指定偏移距离或"通过(T)"：

选择要偏移的对象。

指定点以确定偏移所在一侧。

"通过(T)"是偏移后的物体通过指定的点。

1) 命令执行方式

命令：Offset。

快捷形式：O。

下拉菜单："修改"|"偏移"。

工具栏："修改"| 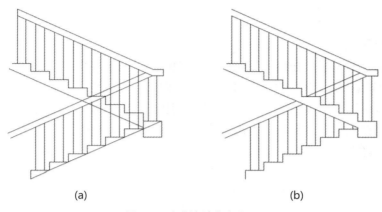 。

2) 相关说明

"Offset"命令的作用是根据确定的距离和方向，创建与选定对象相似的新对象，如同心圆、平行线等。执行命令时命令行提示如下。

当前设置：删除源 = 否，图层 = 源，OFFSETGAPTYPE = 0。

指定偏移距离或"通过(T)/删除(E)/图层(L)""通过"：

选择要偏移的对象，或"退出(E)/放弃(U)""退出"：

"通过(T)"选项的作用是将偏移的对象通过指定的一点。

"删除(E)"选项的作用是确定执行偏移后是否将源对象删除，默认情况下为不删除。

"图层(L)"选项的作用是设置将偏移对象创建在当前图层上还是源对象所在的图层上，默认情况下是源对象所在的图层。

在偏移复制对象时，需注意下述几点。

☆只能以直接拾取的方式选择对象。

☆如果用给定偏移距离的方式复制对象，距离值必须大于零。

☆如果给定的距离值或要通过的点的位置不合适、或指定的对象不能由偏移命令确认，AutoCAD 会给出相应提示。

☆对不同的对象执行"偏移"命令后有不同的结果。

命令功能说明如下。

命令：Offset。

(1) 已知距离偏移复制对象。

指定偏移距离或"通过(T)/删除(E)/图层(L)""通过"：输入偏移距离(例如 10)。

选择要偏移的对象，或"退出(E)/放弃(U)""退出"：选择对象 1。

选择要偏移的那一侧的点或"退出(E)/多个(M)/放弃(U)""退出"：选择复制方向点 4。

选择要偏移的对象，或"退出(E)/放弃(U)""退出"：单击 Enter 键退出选择。

① 绘制图 5-11 由直线(Line)和圆弧(Arc)构成。

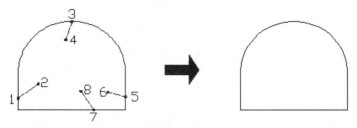

图 5-11　直线和圆弧

② 已知距离偏移复制对象由多段线一次构成，如图 5-12 所示。

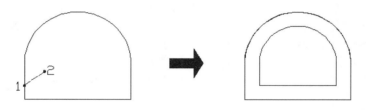

图 5-12　已知距离偏移复制对象

(2) 选择通过点偏移复制对象。

指定偏移距离或 "通过(T)/删除(E)/图层(L)""通过"：输入选项 T，或单击鼠标右键选择菜单中的"通过"。

选择要偏移的对象，或"退出(E)/放弃(U)""退出"：选择对象 1。

指定通过点或"退出(E)/多个(M)/放弃(U)""退出"：选择复制点 2。

选择要偏移的对象，或"退出(E)/放弃(U)""退出"：选择对象 1。

指定通过点或"退出(E)/多个(M)/放弃(U)""退出"：选择复制点 3。

选择要偏移的对象，或"退出(E)/放弃(U)""退出"：单击 Enter 键退出选择。

通过点偏移复制对象如图 5-13 所示。

(3) 偏移复制对象后删除源对象。

指定偏移距离或 "通过(T)/删除(E)/图层(L)""通过"：输入选项 E。

要在偏移后删除源对象吗？"是(Y)/否(N)""否："输入选项 Y。

指定偏移距离或 "通过(T)/删除(E)/图层(L)""通过"：输入选项 T。

选择要偏移的对象，或"退出(E)/放弃(U)""退出"：选择对象 1。

指定通过点或"退出(E)/多个(M)/放弃(U)""退出"：选择复制点 2。

选择要偏移的对象，或"退出(E)/放弃(U)""退出"：单击 Enter 键退出选择。

偏移复制对象后删除源对象如图 5-14 所示。

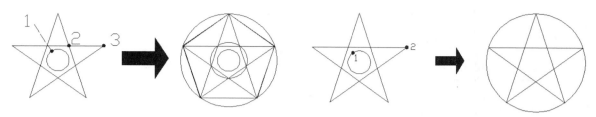

图 5-13 通过点偏移复制对象　　　　　图 5-14 偏移复制对象后删除源对象

(4) 指定复制对象图层或当前图层源对象。

指定偏移距离或"通过(T)/删除(E)/图层(L)""通过":输入选项 L。

输入偏移对象的图层选项"当前(C)/源(S)""当前:"输入选项 C。

指定偏移距离或"通过(T)/删除(E)/图层(L)""通过":输入选项 T。

选择要偏移的对象,或"退出(E)/放弃(U)""退出":选择对象 1。

指定通过点或"退出(E)/多个(M)/放弃(U)""退出":选择复制点 2。

选择要偏移的对象,或"退出(E)/放弃(U)""退出":单击 Enter 键退出选择。

复制对象图层或当前图层源对象如图 5-15 所示。

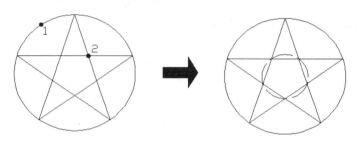

图 5-15 复制对象图层或当前图层源对象

四、阵列复制对象

阵列复制对象就是按矩形或环形方式多重复制对象。选择"修改"|"阵列"命令,或在命令行中输入 Array 命令或单击修改工具栏中的阵列按钮,均可阵列图形。

执行 Array 命令后,AutoCAD 将弹出阵列对话框。利用此对话框,用户可以形象、直观地进行矩形或环形阵列的设置。

1) 命令执行方式

命令:Array。

快捷形式:Ar。

下拉菜单:"修改"|"阵列"。

工具栏:"修改"| 品。

2) 相关说明

"Array"命令的作用是按环形或矩形形式复制对象。对于环形阵列,可以控制复制对象的数目和是否旋转对象;对于矩形阵列,可以控制行和列的数目以及它们之间的距离。执行命令时将弹出"阵列"对话框,如图 5-16 所示。通过"阵列"对话框用户可对阵列类型及相关的各项进行设置。

可利用此对话框形象、直观地进行矩形或环形阵列的相关设置,并实施阵列。

(1) 矩形阵列。

前面的图为矩形阵列对话框(即选中了对话框中的"矩形阵列"单选按钮)。利用其选择阵列对象,并设置阵列行数、列数、行间距、列间距等参数后，即可实现阵列。

图 5-16 "阵列"对话框

(2) 环形阵列。

下面是环形阵列对话框(即选中了对话框中的"环形阵列"单选按钮)。利用其选择阵列对象，并设置了阵列中心点、填充角度等参数后，即可实现阵列。"阵列"对话框如图 5-17 所示。

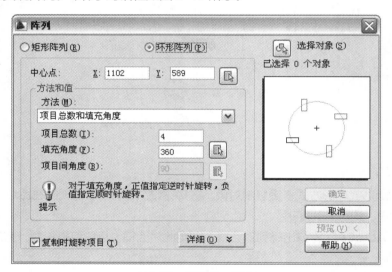

图 5-17 "阵列"对话框

命令功能说明如下。

命令：Array。

① 矩形阵列。

(a) 切换至矩形阵列。

(b) 修改行数(例如 3)和列数(例如 4)。

(c) 输入行距(例如 15)和列距(例如 20)。

(d) 单击"选择对象"按钮。

选择对象：选择要阵列的对象，框选 1 和 2。

单击 Enter 键退出选择，回到 Array 对话框。

(e) 可单击"预览"看一下效果，确认无误后，再单击"接受"，完成阵列。阵列复制对象如图 5-18 所示。

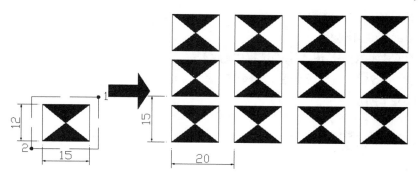

图 5-18　阵列复制对象一

　　再例如，在行中输入 2，列中输入 5，行偏移中输入 60，列偏移中输入 10，(行、列偏移中可以用鼠标进行输入)(在选定对象后再单击鼠标右键或 Enter 键后会返阵列对话框)再单击选择对象左边的图案选定想要选取的对象，再选定"矩形阵列"，最后再单击"确定"即可，如图 5-19 所示。

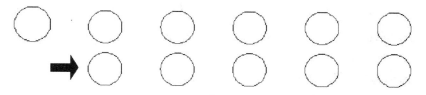

图 5-19　阵列复制对象二

②　旋转角度的矩形阵列：图面上圆半径=10。

(a)　切换至矩形阵列。

(b)　修改行数(例如 1)和列数(例如 5)。

(c)　输入列距(例如 20)。

(d)　输入阵列角度(例如 60)。

(e)　单击"选择对象"按钮。

选择对象：选择要阵列的对象，框选 1 和 2。

单击 Enter 键退出选择，回到 Array 对话框。

(f)　可单击"预览"看一下效果，确认无误后，再单击"接受"，完成阵列。

旋转角度阵列图形如图 5-20 所示。

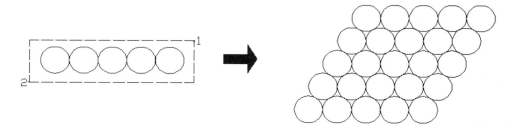

图 5-20　旋转角度阵列图形

③　已知总夹角环形阵列。

(a)　切换至环形阵列。

(b)　将方法切换至"项目总数和填充角度"。

(c)　输入项目总数(例如 8)与填充角度(例如 360°或 150°)。

(d)　单击"选择对象"按钮。

选择对象：选择要阵列的对象，框选 1 和 2。

选择对象：单击 Enter 键退出选择。

(e) 选择环形阵列拾取中心按钮，进入图面选择中心点 3。

(f) 可单击"预览"看一下效果，确认无误后，再单击"接受"，完成阵列。

环形阵列图形如图 5-21 所示。

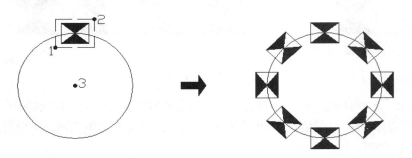

图 5-21　环形阵列图形一

④ 已知单一夹角环形阵列。

(a) 切换至环形阵列。

(b) 将方法切换至"项目总数和填充角度"。

(c) 输入项目总数(例如 8)与填充角度(例如 360°或 150°)。

(d) 单击"选择对象"按钮。

选择对象：选择要阵列的对象，框选 1 和 2。

选择对象：单击 Enter 键退出选择。

(e) 选择环形阵列拾取中心按钮，进入图面选择中心点 3。

(f) 可单击"预览"看一下效果，确认无误后，再单击"接受"，完成阵列。

环形阵列图形如图 5-22 所示。

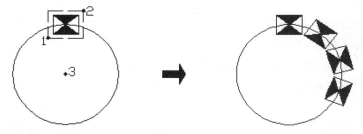

图 5-22　环形阵列图形二

第四节　改变对象位置

在 AutoCAD2010 中，用户可以通过移动、旋转、比例缩放等方式，方便地改变所绘对象的位置。

一、移动对象

选择"修改"|"移动"命令，在命令行中输入 Move 命令或单击修改工具栏中的移动按钮，可以在指定方向上按指定距离移动对象。执行 Move 命令后，AutoCAD 提示如下。

选择对象：选择要移动的对象。

指定基点域位移如下。

1）命令执行方式

命令：Move。

快捷形式：M。

下拉菜单：“修改”|“移动”。

工具栏："修改"| ✛。

2）相关说明

"Move"命令的作用是移动对象位置。执行命令时命令行提示如下。

选择对象：选择需移动的对象。

指定基点或"位移(D)""位移："确定对象位移的基点，如圆心、中点、图线的交点等。

指定第二个点或"使用第一个点作为位移"：指定第二位移点，系统默认基点为第一位移点。

(1) 指定基点。

确定移动基点，为默认项。执行该默认项，即指定移动基点后，AutoCAD 提示如下。

指定第二个点或"使用第一个点作为位移"：

在此提示下指定一点作为位移第二点，或直接单击 Enter 键或 Back Space 键，将第一点的各坐标分量(也可以看成为位移量)作为移动位移量移动对象。

(2) 位移。

根据位移量移动对象。执行该选项，AutoCAD 提示如下。

指定位移：如果在此提示下输入坐标值(直角坐标或极坐标)，AutoCAD 将所选择对象按与各坐标值对应的坐标分量作为移动位移量移动对象。

命令功能说明如下。

命令：Move。

选择对象：框选对象 1 和 2。

选择对象：单击 Enter 键退出选择。

指定基点或"位移(D)""位移："选择基点 3。

指定第二个点或"使用第一个点作为位移"：选择位移点 4。

移动图形如图 5-23 所示。

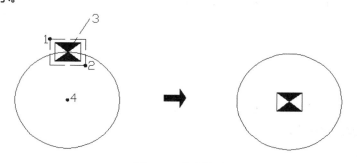

图 5-23　移动图形

二、旋转对象

选择"修改"|"旋转"命令，或在命令行中输入 Rotate 命令或单击修改工具栏中的转动按钮，可以将对象绕基点旋转指定的角度。执行 Rotate 命令后，AutoCAD 提示如下。

UCS 当前正角方向：Angdir = 逆时针，Angbase=0

选择对象：

指定基点：

指定旋转角度或"参照(R)"。

1) 命令执行方式

命令：Rotate。

快捷形式：Ro。

下拉菜单："修改"|"旋转"。

工具栏："修改"| ⟳ 。

2) 相关说明

"Rotate"命令的作用是围绕基点旋转对象。执行命令时命令行提示如下。

选择对象：选择需旋转的对象。

指定基点：确定对象旋转的基点，如：圆心、中点、图线的交点等。

指定旋转角度或"复制(C)/参照(R)""O"：指定对象绕基点旋转的角度。

"参照(R)"选项的作用是将对象从指定的角度旋转到新的绝对角度。

"复制(C)"选项的作用是创建旋转对象的副本，如图 5-24 所示。

创建旋转对象的副本如图 5-24 所示。

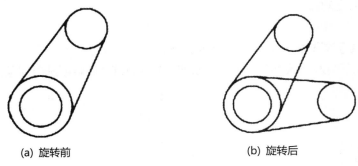

(a) 旋转前　　　　　　　　　　　(b) 旋转后

图 5-24　创建旋转对象的副本

注释：用户可以用拖动的方式确定旋转角度。具体方法为在"指定旋转角度或'参照(R)'："提示下拖动鼠标，AutoCAD 会从基点向光标处引出一条橡皮筋线。该橡皮筋线方向与零角度方向的夹角即为要转动的角度，同时所选对象会按此角度动态地转动。通过拖动鼠标使对象转到所需位置后，单击空格键或 Enter 键，即可实现旋转，并结束命令的执行。

命令功能说明如下。

命令：Rotate。

(1) 输入角度值模式。

选择对象：选择对象(如图 5-25 框选 1 和 2)。

选择对象：单击 Enter 键退出选择。

指定基点：选择基点 3。

输入角度值模式如图 5-25 所示。

指定旋转角度或指定旋转角度或"复制(C)/参照(R)""O"：输入角度值。

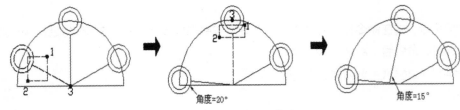

图 5-25　输入角度值模式

(2) 已知新旧角度计算相对角度值模式。

选择对象：选择对象(如图 5-26 框选 1 和 2)。

选择对象：单击 Enter 键退出选择。

指定基点：选择基点 3。

指定旋转角度或指定旋转角度或"复制(C)/参照(R)""O"：输入选项 R。

指定参照角"0"：输入旧角度值，或选取参照角度点 3 和 4。

指定新角度或"点(P)""0"：输入新角度值，或选取新角度点 5(第一点同旧角度点 3)。

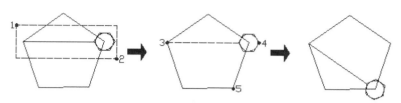

图 5-26　已知新旧角度计算相对角度值模式

(3) 复制新角度值对象。

选择对象：选择对象(如图 5-27 框选 1 和 2)。

选择对象：单击 Enter 键退出选择。

指定基点：选择基点 3。

指定旋转角度或指定旋转角度或"复制(C)/参照(R)""O"：输入选项 C。

指定旋转角度或指定旋转角度或"复制(C)/参照(R)""O"：输入角度值-50。

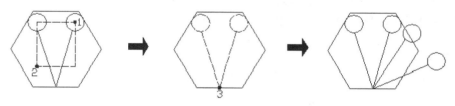

图 5-27　复制新角度值对象

三、比例缩放对象

选择"修改"|"缩放"命令，或在命令行中输入 Scale 命令或单击修改工具栏中的缩放按钮，可以将对象按指定的比例因子相对于基点放大或缩小。执行 Scale 命令后，AutoCAD 提示。

选择对象：

指定基点：

指定比例因子或"参照(R)"：

最后一行提示中各选项的意义如下。

☆指定比例因子：确定缩放的比例因子，为默认项。输入比例因子后，AutoCAD 将根据该比例因子并相对于基点缩放对象。在 0>比例因子<1 时，缩小对象，比例因子>1 时，放大对象。

☆参照(R)：将对象按参考的方式缩放。执行该选项后，AutoCAD 提示如下。

指定参照长度"1"：(输入参考长度的值)。

指定新长度：(输入新的长度值)，按提示指定参照长度和新长度的值后，AutoCAD 根据这两个值自动计算比例因子(比例因子二新长度值/参考长度值)，然后对对象进行相应的缩放。

命令功能说明如下。

命令：Scale。

1）输入比例值模式

选择对象：选择对象(如图 5-30 框选对象 1、2)。

选择对象：单击 Enter 键退出选择。

指定基点：选择基点 3。

指定比例因子或"复制(C)/参照(R)""1.0000"：输入比例值，如图 5-28 所示。

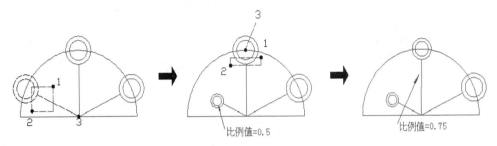

图 5-28　比例缩放一

2）已知新旧长度，计算长度相对比例值模式

选择对象：选择对象(如图 5-29 框选对象 1、2)。

选择对象：单击 Enter 键退出选择。

指定基点：选择基点 3。

指定比例因子或"参照(R)"：输入选项 R。

指定参照长度"1.0000"：输入旧长度值，或选取参照长度点 3 和 4。

指定新的长度或"点(P)""1.0000"：输入新长度值，或选取参照长度点 5，如图 5-29 所示。

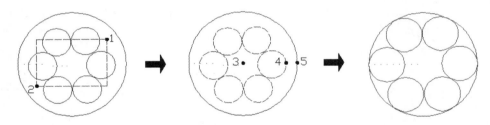

图 5-29　比例缩放二

3）复制新比例对象

选择对象：选择对象(如图 5-30 框选对象 1、2)。

选择对象：单击 Enter 键退出选择。

指定基点：选择基点 3。

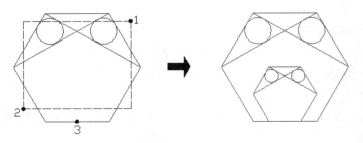

图 5-30　比例缩放三

指定比例因子或"复制(C)/参照(R)""1.0000："输入选项 C。

缩放一组选定对象。

指定比例因子或"复制(C)/参照(R)""1.0000："输入比例值(如 0.5)，如图 5-30 所示。

四、拉伸对象

选择"修改"|"拉伸"命令，或在命令行中输入 Stretch 命令或单击修改工具栏中的拉伸按钮，可以移动或拉伸对象。Stretch 命令与 Move 命令类似，它可以移动部分图形。但用 Stretch 命令移动图形时，所移动图形与其他图形的连接元素有可能受到拉伸或压缩。执行 Stretch 命令后，AutoCAD 提示：以交叉窗口或交叉多边形选择要拉伸的对象。

选择对象为"指定基点域位移：(确定位移基点域位移量)"。

选择时，只用窗口框住不要变形的一部分图形，则遵循以下拉伸规则如下。

☆直线：位于窗口外的端点不动、而位于窗口内的端点移动，直线由此而改变。

☆圆弧：与直线类似，但在圆弧改变的过程中，圆弧的弦高保持不变，同时由此来调整圆心的位置和圆弧起始角、终止角的值。

☆区域填充：位于窗口外的端点不动，位于窗口内的端点移动，由此来改变图形。

☆多段线：与直线或圆弧相似，但多段线两端的宽度、切线方向以及曲线拟合信息均不变。

☆其他对象：如果其定义点位于选择窗口内，则对象发生移动，否则不发生移动。其中圆的定义点为圆心，形和块的定义点为插入点，文字和属性定义的定义点为字符串基线的左端点。

命令功能说明如下。

命令：Stretch。

以交叉窗口或交叉多边形选取要拉伸的对象。

选择对象：框选 1 和 2。

选择对象：单击 Enter 键退出选择。

指定基点或"位移(D)""位移："选择基点 3。

指定第二点或"使用第一个点作为位移"：选择位移点。

打开"F8"或极轴"F10"，将光标往右移动(0 度方向)，输入长度 16。

拉伸图形如图 5-31 所示。

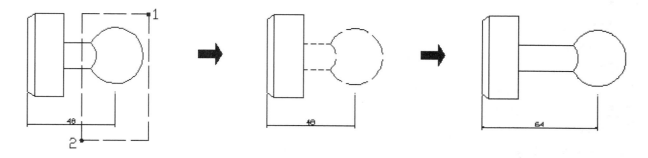

图 5-31　拉伸图形

第五节　修改对象

利用 AutoCAD2010，用户可以方便地修改已有对象，如改变线段或圆弧的长度，将对象进行修剪、延伸、断开、倒角和倒圆角等。

一、拉长对象

选择"修改"|"拉长"命令，或在命令行中输入 Lengthen 命令可以改变线段或圆弧的长度。执行 Lengthen 命令后，AutoCAD 提示如下。

选择对象或"增量(DE)/百分数(P)/全部(T)/动态(DY)"：

该提示中各选项意义如下。

选择对象：选择线段或圆弧，为默认项。用户选择后，AutoCAD 会显示出所选对象的当前长度和包含角(对于圆弧而言)，并继续出现提示。

☆增量(DE)：通过设定长度或角度增量来改变对象的长度。执行该选项，AutoCAD 提示如下。

输入长度增量或"角度(A)"。

输入要改变的长度增量或根据圆弧的包含角增量改变弧长。

☆百分数(P)：输入新长度是原长的百分数，使直线或圆弧按此百分数改变长度。执行该选项后，AutoCAD 提示：按提示执行操作后，所选对象在离拾取点近的一端按指定的百分数值变长或变短。

☆全部(T)：通过输入直线或圆弧的新长度或圆弧的新包含角改变直线或圆弧的长度。执行该选项后，AutoCAD 提示如下。

指定总长度或确度(A)"1.0000"。

指定直线或圆弧的新长度，确定圆弧的新包含角度(该选项只适用于圆弧)。

☆动态(DY)：动态地改变圆弧或直线的长度。执行该选项后，AutoCAD 提示如下。

选择要修改的对象或"放弃 U"。

二、修剪对象

修剪图形是指用剪切边修剪对象(被剪边)，即将修剪对象沿事先确定的修剪边界(剪切边)断开，并删除位于剪切边一侧的部分。另外，执行修剪操作时，如果修剪对象没有与剪切边交叉，还可以延伸修剪对象，使其与剪切边相交。

选择"修改"|"修剪"命令，或在命令行中输入 Trim 命令或单击修改工具栏中的修剪按钮，可以修剪对象。执行 Trim 命令后，AutoCAD 提示：略。

注意：该项操作是先选择修剪对象(即剪刀刃)，单击 Enter 键后再选择需要被剪掉的部分。可以互为剪切对象和被剪切对象。

1) 命令执行方式

命令：Trim。

快捷形式：Tr。

下拉菜单："修改"|"修剪"。

工具栏："修改"| ⊬ 。

2) 相关说明

"Trim"命令的作用是用指定的边界修剪所选择的对象。如使用隐含边界，在选择要修剪的对象前，应选择"边(E)"选项，设置为"延伸"。执行命令时命令行提示如下。

当前设置：投影 = UCS，边 = 无。

选择剪切边……

选择对象或"全部选择"：选择延伸对象所要延伸到的边界。

选择要修剪的对象，或按住 Shift 键选择要延伸的对象，或"栏选(F)/窗交(C)/投影(P)/边(E)/放弃(U)"：在绘图区域直接选择要修剪的部分，则被选择的部分被切掉。若需要修剪的部分没有和所选边界相交，此时若要将其延伸到边界，则可以在此提示下，按住 Shift 键，选择该部分，则所选部分的端点将延伸到最近的边界。

"栏选(F)"等相关选项的作用与执行 Extend 命令中的选项相同。

命令功能说明如下。

命令：Trim。

(1) 逐一修剪对象。

当前设置：投影=UCS，边=无。

选择剪切边。

选择对象或"全部选择"：选择要修剪的对象(如对象 1 和 2)。

选择对象：单击 Enter 键退出选择。

选择要修剪的对象或按住 Shift 键选择要延伸的对象，或"栏选(F)/窗交(C)/投影(P)/边(E)/删除(R)/放弃(U)"：选择裁切端 3。

选择要修剪的对象或按住 Shift 键选择要延伸的对象，或"栏选(F)/窗交(C)/投影(P)/边(E)/删除(R)/放弃(U)"：选择裁切端 4。

选择要修剪的对象或按住 Shift 键选择要延伸的对象，或"栏选(F)/窗交(C)/投影(P)/边(E)/删除(R)/放弃(U)"：选择裁切端 5。

选择要修剪的对象或按住 Shift 键选择要延伸的对象，或"栏选(F)/窗交(C)/投影(P)/边(E)/删除(R)/放弃(U)"：选择裁切端 6。

选择要修剪的对象或按住 Shift 键选择要延伸的对象，或"栏选(F)/窗交(C)/投影(P)/边(E)/删除(R)/放弃(U)"：单击 Enter 键退出选择。

逐一修剪图形如图 5-32 所示。

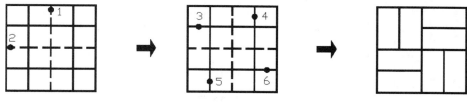

图 5-32　逐一修剪图形

(2) 窗交修剪对象。

当前设置：投影=UCS，边=无。

选择剪切边。

选择对象或"全部选择"：单击 Enter 键全部选择。

选择要修剪的对象或按住 Shift 键选择要延伸的对象，或"栏选(F)/窗交(C)/投影(P)/边(E)/删除(R)/放弃(U)"：框选点 1。

选择要修剪的对象或按住 Shift 键选择要延伸的对象，或"栏选(F)/窗交(C)/投影(P)/边(E)/删除(R)/放弃(U)"：框选点 2。

选择要修剪的对象或按住 Shift 键选择要延伸的对象，或"栏选(F)/窗交(C)/投影(P)/边(E)/删除(R)/放弃(U)"：单击 Enter 键退出选择。

窗交修剪图形如图 5-33 所示。

(3) 栏选修剪对象。

当前设置：投影=UCS，边=无：提示当前设置状态。

选择剪切边如下。

选择对象或"全部选择"：选择要修剪的对象(如对象 1)。

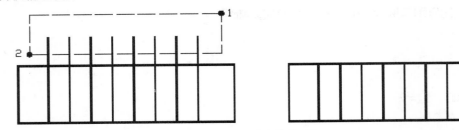

图 5-33　窗交修剪图形

选择对象：单击 Enter 键退出选择。

选择要修剪的对象或按住 Shift 键选择要延伸的对象，或"栏选(F)/窗交(C)/投影(P)/边(E)/删除(R)/放弃(U)"：输入选项 F。

指定第一栏选点"全对象捕捉　开"：输入栏选点 2。

指定下一个栏选点或"放弃(U)"：输入栏选点 3。

指定下一个栏选点或"放弃(U)"：输入栏选点 4。

指定下一个栏选点或"放弃(U)"：单击 Enter 键退出选择。

选择要修剪的对象或按住 Shift 键选择要延伸的对象，或"栏选(F)/窗交(C)/投影(P)/边(E)/删除(R)/放弃(U)"：单击 Enter 键退出选择。

栏选修剪图形如图 5-34 所示。

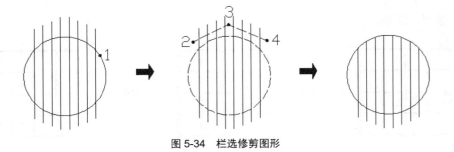

图 5-34　栏选修剪图形

(4) 延伸裁切线模式设置。

当前设置：投影=UCS，边=无：提示当前设置状态。

选择剪切边：注意边要延伸。

选择剪切边……

选择对象或"全部选择"：选择要修剪的对象(如对象 1、2)。

选择对象：单击 Enter 键退出选择。

选择要修剪的对象或按住 Shift 键选择要延伸的对象，或"栏选(F)/窗交(C)/投影(P)/边(E)/删除(R)/放弃(U)"：输入选项 E。

输入隐含边延伸模式"延伸(E)/不延伸(N)""不延伸"：输入选项 E。

选择要修剪的对象或按住 Shift 键选择要延伸的对象，或"栏选(F)/窗交(C)/投影(P)/边(E)/删除(R)/放弃(U)"：输入选项 F。

指定第一栏选点：输入栏选点 3。

指定下一个栏选点或"放弃(U)"：输入栏选点 4。

指定下一个栏选点或"放弃(U)"：单击 Enter 键退出选择。

选择要修剪的对象或按住 Shift 键选择要延伸的对象，或"栏选(F)/窗交(C)/投影(P)/边(E)/删除(R)/放弃(U)"：输入选项 F。

指定第一栏选点：输入栏选点 5。

指定下一个栏选点或"放弃(U)"：输入栏选点 6。

指定下一个栏选点或"放弃(U)"：单击 Enter 键退出选择。

选择要修剪的对象或按住 Shift 键选择要延伸的对象，或"栏选(F)/窗交(C)/投影(P)/边(E)/删除(R)/放弃(U)"：单击 Enter 键退出选择。

延伸裁切线修剪图形如图 5-35 所示。

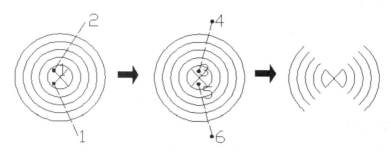

图 5-35　延伸裁切线修剪图形

(5) 修剪填充对象。

当前设置：投影=UCS，边=无。

选择剪切边……

选择对象或"全部选择"：选择要修剪的对象(如对象 1)。

选择对象：单击 Enter 键退出选择。

选择要修剪的对象或按住 Shift 键选择要延伸的对象，或"栏选(F)/窗交(C)/投影(P)/边(E)/删除(R)/放弃(U)"：选择裁切端 2。

选择要修剪的对象或按住 Shift 键选择要延伸的对象，或"栏选(F)/窗交(C)/投影(P)/边(E)/删除(R)/放弃(U)"：单击 Enter 键退出选择。

延伸裁切线修剪图形如图 5-36 所示。

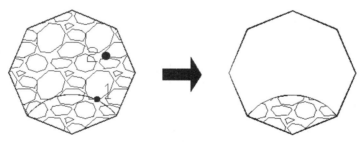

图 5-36　延伸裁切线修剪图形

(6) 修剪裁切和延伸同步进行。

当前设置：投影=UCS，边=延伸，注意边要延伸。

选择剪切边如下。

选择对象或"全部选择"：框选对象点 1。

指定对角点：框选对象点 2。

选择对象：单击 Enter 键退出选择。

选择要修剪的对象或按住 Shift 键选择要延伸的对象，或"栏选(F)/窗交(C)/投影(P)/边(E)/删除(R)/放弃(U)"：分别选择边 3、4、5、6。

选择要修剪的对象或按住 Shift 键选择要延伸的对象，或"栏选(F)/窗交(C)/投影(P)/边(E)/删除(R)/放弃(U)"：按住

Shift 键不放分别选择边 7、8。

选择要修剪的对象或按住 Shift 键选择要延伸的对象，或"栏选(F)/窗交(C)/投影(P)/边(E)/删除(R)/放弃(U)"：单击 Enter 键退出选择。

修剪裁切和延伸图形如图 5-37 所示。

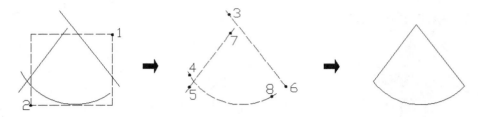

图 5-37　修剪裁切和延伸图形

(7) 修剪裁切时同步删除对象。

当前设置：投影=UCS，边=延伸：注意边要延伸。

选择剪切边如下。

选择对象或"全部选择"：单击 Enter 键全部选择。

选择要修剪的对象或按住 Shift 键选择要延伸的对象，或"栏选(F)/窗交(C)/投影(P)/边(E)/删除(R)/放弃(U)"：分别选择边 1、2、3、4、5。

选择要修剪的对象或按住 Shift 键选择要延伸的对象，或"栏选(F)/窗交(C)/投影(P)/边(E)/删除(R)/放弃(U)"：单击 Enter 键退出选择。

选择要修剪的对象或按住 Shift 键选择要延伸的对象，或"栏选(F)/窗交(C)/投影(P)/边(E)/删除(R)/放弃(U)"：输入选项 R。

选择要删除的对象或"退出"：分别选择边 6、7。

选择要删除的对象或"退出"：单击 Enter 键退出选择。

选择要修剪的对象或按住 Shift 键选择要延伸的对象，或"栏选(F)/窗交(C)/投影(P)/边(E)/删除(R)/放弃(U)"：单击 Enter 键退出选择。

修剪裁切和删除图形如图 5-38 所示。

修剪图形如图 5-39 所示。

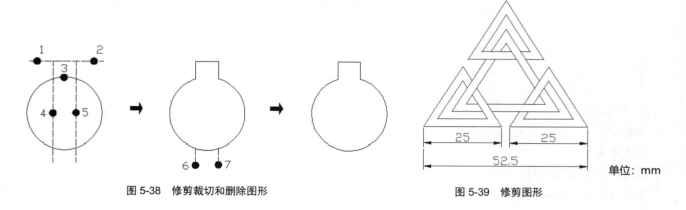

图 5-38　修剪裁切和删除图形　　　　　图 5-39　修剪图形

三、延伸

选择"修改"|"延伸"命令，在命令行中输入 Extend 命令或单击修改工具栏中的延伸按钮，可以延长指定的对象到

指定的边界(边界边)。执行延伸操作时，如果对象与边界边交叉，还可以对其进行修剪。

执行 Extend 命令后，AutoCAD 提示：略。

注意：☆该项操作是先选择延伸边界，再选择要延伸的物体。

☆AutoCAD 允许用线、圆弧、圆、椭圆或椭圆弧、多段线、样条曲线、构造线、射线以及文字等对象作为边界边。

1）命令执行方式

命令：Extend。

快捷形式：Ex。

下拉菜单："修改"|"延伸"。

工具栏："修改"| －／。

2）相关说明

"Extend"命令的作用是将对象延伸到所定义的边界。如使用隐含边界，在选择要延伸的对象前，应先选择"边(E)"选项，设置为"延伸"。执行命令时，命令行提示如下。

当前设置：投影 = UCS，边 = 无

选择边界的边……

选择对象或"全部选择"：选择延伸对象所要延伸到的边界。

选择要延伸的对象，或按住 Shift 键选择要修剪的对象，或"栏选(F)/窗交(C)/投影(P)/边(E)/放弃(U)"：在绘图区直接选择要延伸的对象，则被选择的部分将延伸到与最近的边界相接。若此时要修剪与边界相交的部分，则可以在此提示下，按住 Shift 键，选择要修剪的部分，就可将所选对象伸出边界的部分剪切掉。

"栏选(F)"选项用来选择与选择栏相交的所有对象。

"窗交(C)"选项用来选择由两点所定义的矩形区域内部或与之相交的对象。

"投影(P)"选项用来确定执行延伸的投影空间。

"边(E)"选项用来设置延伸边界属性，即延伸边界是否可以无限延长。

命令功能说明如下。

命令：Extend。

(1) 逐一延伸对象。

当前设置：投影=UCS，边=无：提示当前设置状态。

选择边界的边如下。

选择对象或"全部选择"：输入边界对象 1。

选择对象：单击 Enter 键退出选择。

选择要延伸的对象或按住 Shift 键选择要修剪的对象，或"栏选(F)/窗交(C)/投影(P)/边(E)/删除(R)/放弃(U)"：选择延伸端 2。

选择要延伸的对象或按住 Shift 键选择要修剪的对象，或"栏选(F)/窗交(C)/投影(P)/边(E)/删除(R)/放弃(U)"：选择延伸端 3。

选择要延伸的对象或按住 Shift 键选择要修剪的对象，或"栏选(F)/窗交(C)/投影(P)/边(E)/删除(R)/放弃(U)"：选择延伸端 4。

选择要延伸的对象或按住 Shift 键选择要修剪的对象，或"栏选(F)/窗交(C)/投影(P)/边(E)/删除(R)/放弃(U)"：单击 Enter 键退出选择。

逐一延伸图形如图 5-40 所示。

(2) 栏选延伸对象。

当前设置：投影=UCS，边=无：提示当前设置状态。

选择边界的边如下。

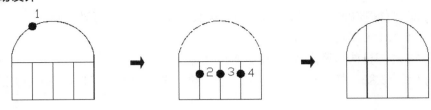

图 5-40 逐一延伸图形

选择对象或"全部选择"：输入边界对象 1。

选择对象：单击 Enter 键退出选择。

选择要延伸的对象或按住 Shift 键选择要修剪的对象，或"栏选(F)/窗交(C)/投影(P)/边(E)/删除(R)/放弃(U)"：F。

指定第一栏选点：输入栏选点 2。

指定下一个栏选点或"放弃(U)"：输入栏选点 3。

指定下一个栏选点或"放弃(U)"：单击 Enter 键退出选择。

选择要修剪的对象或按住 Shift 键选择要延伸的对象，或"栏选(F)/窗交(C)/投影(P)/边(E)/删除(R)/放弃(U)"：单击 Enter 键退出选择。

栏选延伸对象如图 5-41 所示。

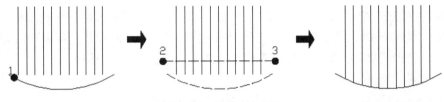

图 5-41 栏选延伸对象

(3) 延伸裁切线模式设置。

当前设置：投影=UCS，边=无：边=无，表示不延伸。

选择边界如下。

选择对象或"全部选择"：输入边界对象 1、2。

选择对象：单击 Enter 键退出选择。

选择要延伸的对象或按住 Shift 键选择要修剪的对象，或"栏选(F)/窗交(C)/投影(P)/边(E)/删除(R)/放弃(U)"：输入选项 E。

输入隐含边延伸模式"延伸(E)/不延伸(N)""不延伸"：输入选项 E。

选择要延伸的对象或按住 Shift 键选择要修剪的对象，或"栏选(F)/窗交(C)/投影(P)/边(E)/删除(R)/放弃(U)"：分别选择延伸端 4、5、6、7、8、9。

选择要修剪的对象或按住 Shift 键选择要延伸的对象，或"栏选(F)/窗交(C)/投影(P)/边(E)/删除(R)/放弃(U)"：单击 Enter 键退出选择。

延伸裁切线如图 5-42 所示。

(4) 裁切与延伸同步进行。

当前设置：投影=UCS，边=延伸：注意边要延伸。

选择边界如下。

选择对象或"全部选择"：框选对象点 1。

指定对角点：框选对象点 2。

选择对象：单击 Enter 键退出选择。

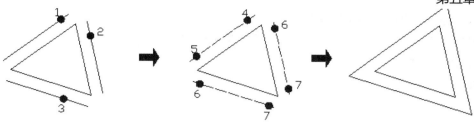

图 5-42　延伸裁切线

选择要延伸的对象或按住 Shift 键选择要修剪的对象，或"栏选(F)/窗交(C)/投影(P)/边(E)/删除(R)/放弃(U)"：分别选择边 7、8。

选择要延伸的对象或按住 Shift 键选择要修剪的对象，或"栏选(F)/窗交(C)/投影(P)/边(E)/删除(R)/放弃(U)"：按住 Shift 键不放，分别选择边 3、4、5、6。

选择要修剪的对象或按住 Shift 键选择要延伸的对象，或"栏选(F)/窗交(C)/投影(P)/边(E)/删除(R)/放弃(U)"：单击 Enter 键退出选择。

裁切与延伸图形如图 5-43 所示。

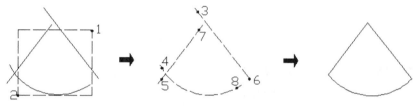

图 5-43　裁切与延伸图形

练习：裁切图形如图 5-44 所示。

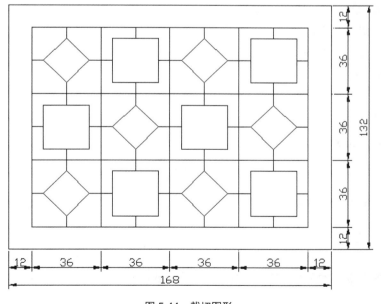

图 5-44　裁切图形

四、打断对象

选择"修改"|"打断"命令，或在命令行中输入 Break 命令或单击修改工具栏中的打断按钮，可以删除对象上的某一

部分或把对象分成两部分。执行 Break 命令后，AutoCAD 提示如下。

选择对象：选择对象，注意：此时只能用直接拾取方式选择一次对象。

指定第二个打断点或"第一点(F)"。

1）命令执行方式

命令：Break。

快捷形式：Br。

下拉菜单："修改"|"打断"。

工具栏："修改"| 🖻。

2）相关说明

Break 命令的作用是通过指定点删除对象的一部分，或将对象打断，主要用于不能由 Erase 和 Trim 命令来完成的删除操作，执行命令时命令行提示如下。

选择对象或选择要打断的对象，此时默认选择对象的点为对象被删除部分的第一点。

指定第二个打断点或"第一点(F)"：选取要删除部分的第二点或重新选择第一点。

若第一点与第 2 点选择同一个点，则将这个对象从这点处断开，成为两个对象。

命令功能说明如下。

命令：Break。

(1) 打断对象一部分。

选择对象：选择要打断的对象，同时也是打断点 1。

指定第二个打断的点或"第一点(F)"：选择打断点 2。

打断对象一部分如图 5-45 所示。

(2) 重新定义第一个打断点。

选择对象：选择要打断的对象 1。

指定第二个打断的点或"第一点(F)"：输入选项 F。

指定第一个打断的点：选择打断点 2。

指定第一个打断的点：选择打断点 3。

打断对象如图 5-46 所示。

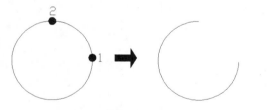

图 5-45　打断对象一部分

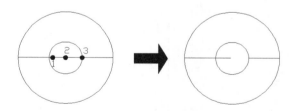

图 5-46　打断对象

五、给对象倒角

选择"修改"|"倒角"命令，或在命令行中输入 Chamfer 命令或单击修改工具栏中的倒角按钮，可以给对象加倒角。执行 Chamfer 命令后，AutoCAD 提示：略。

命令：Chamfer。

1）命令执行方式

命令：Chamfer。

快捷形式：Cha。

下拉菜单："修改"|"倒角"。

工具栏："修改"| 。

2）相关说明

"Chamfer"命令的作用是给对象加倒角，使 2 个非平行的直线类对象以平角或倒角相接。执行命令时命令行提示如下。

"修剪"模式：当前倒角距离 1 = 10.0000，距离 2 = 15.0000。

选择第一条直线或 "放弃(U)/多段线(P)/距离(D)/角度(A)/修剪(T)/方式(E)/多个(M)"：

选择第二条直线，或按住 Shift 键选择要应用角点的直线：

"放弃(U)"选项用于恢复在命令中执行的上一个操作。

"多段线(P)"选项用于对多段线的每个拐角进行倒角。对于以"闭合(C)"方式进行封闭的多段线，则执行该命令会将多段线的各拐角进行倒角；若是以目标捕捉功能封闭的多段线，则在封闭角处不倒角。

对多段线进行倒角如图 5-47 所示。

(a)以目标捕捉方式首尾相连　　　　　　　(b)以"闭合(C)"方式进行封闭

图 5-47　对多段线进行倒角

"距离(D)"选项用于设置倒角距离。当两个倒角距离均为 0 时，执行该命令，则使两条被选择直线相交于一点，不生成倒角。当按住 Shift 键同时选择第二条直线时，其结果也是相交于一点。

"角度(A)"选项用于设置一个倒角距离和一个角度来进行倒角。

对多段线进行倒角如图 5-48 所示。

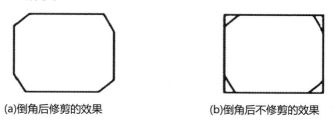

(a)倒角后修剪的效果　　　　　　　(b)倒角后不修剪的效果

图 5-48　对多段线进行倒角

"修剪(T)"选项用于设置倒角后是否对倒角边进行修剪。

"方式(E)"选项用于确定按什么方式进行倒角，即是用两个倒角距离还是一个距离一个角度来创建倒角。

"多个(M)"选项用于一次创建多个倒角，直到单击 Enter 键结束命令为止。

六、给对象倒圆角

选择"修改"|"圆角"命令，或在命令行中输入 Fillet 命令或单击修改工具栏中的圆角按钮，可以给对象到圆角。执行 Fillet 命令后，AutoCAD 提示：略。

选择第一个对象或"多段线(P)/半径(R)/修剪(T)/多个(U)"。

1）命令执行方式

命令：Fillet。

快捷形式：F。

下拉菜单："修改"|"倒圆角"。

工具栏："修改"| 。

2) 相关说明

Fillet 命令的作用是给对象加圆角，即用一个指定半径的圆弧光滑地连接两个对象。执行命令时命令行提示如下。

"修剪"模式：半径 = 10.0000。

选择第一条直线或"放弃(U)/多段线(P)/半径(R)/修剪(T)/多个(M)"：

选择第二条直线，或按住 Shift 键选择要应用角点的直线："半径(R)"用于设置圆角半径。当圆角半径为 0 时，执行该命令，则使两条被选择直线相交于一点，不生成圆角。当按住 Shift 键同时选择第二条直线时，其结果也是相交于一点。

其他选项的功能与执行 Chamfer 命令中的选项的功能相同。

命令功能说明如下。

命令：Fillet。

(1) 一般对象倒圆角。

当前设置：模式=修剪，半径=5.0000：当前的设置状态。

选择第一个对象或"放弃(U)/多段线(P)/半径(R)/修剪(T)/多个(M)"：选择对象 1。

选择第二个对象或按住 Shift 键选择要应用角点的对象：选择对象 2。

一般对象倒圆角如图 5-49 所示。

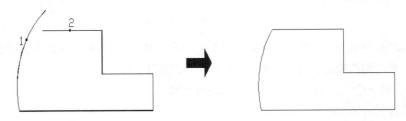

图 5-49　一般对象倒圆角

(2) 多段线倒圆角。

当前设置：模式=修剪，半径=10.0000。

选择第一个对象或"放弃(U)/多段线(P)/半径(R)/修剪(T)/多个(M)"：输入选项 1。

选择二维多段线：选择对象 1。

多段线倒圆角如图 5-50 所示。

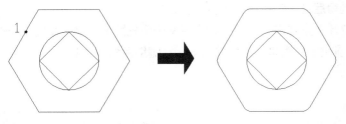

图 5-50　多段线倒圆角

(3) 修剪对象交角。

当前设置：模式=修剪，半径=20.0000。

选择第一个对象或"放弃(U)/多段线(P)/半径(R)/修剪(T)/多个(M)"：选择对象 1。

选择第二个对象或按住 Shift 键选择要应用角点的对象：按住 Shift 键选择对象 2。

修剪对象交角如图 5-51 所示。

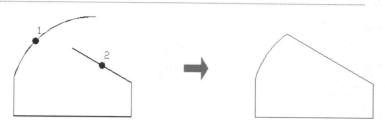

图 5-51　修剪对象交角

(4) 不修剪对象倒圆角。

当前设置：模式=修剪，半径=10.0000。

选择第一个对象或"放弃(U)/多段线(P)/半径(R)/修剪(T)/多个(M)"：输入选项 T。

输入修剪模式选项"修剪(T)/不修剪(N)""修剪"：输入选项 N。

选择第一个对象或"放弃(U)/多段线(P)/半径(R)/修剪(T)/多个(M)"：选择对象 1。

选择第二个对象或按住 Shift 键选择要应用角点的对象：选择对象 2。

不修剪对象倒圆角如图 5-52 所示。

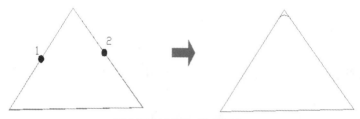

图 5-52　不修剪对象倒圆角

(5) 连续倒圆角和放弃上一个圆角。

当前设置：模式=修剪，半径=10.0000。

选择第一个对象或"放弃(U)/多段线(P)/半径(R)/修剪(T)/多个(M)"：输入选项 M。

选择第一个对象或"放弃(U)/多段线(P)/半径(R)/修剪(T)/多个(M)"：选择对象 1。

选择第二个对象或按住 Shift 键选择要应用角点的对象：选择对象 2。

选择第一个对象或"放弃(U)/多段线(P)/半径(R)/修剪(T)/多个(M)"：选择对象 3。

选择第二个对象或按住 Shift 键选择要应用角点的对象：选择对象 4。

选择第一个对象或"放弃(U)/多段线(P)/半径(R)/修剪(T)/多个(M)"：选择对象 5。

选择第二个对象或按住 Shift 键选择要应用角点的对象：选择对象 6。

选择第一个对象或"放弃(U)/多段线(P)/半径(R)/修剪(T)/多个(M)"：输入 U 放弃对象 5 和 6 的圆角。

选择第一个对象或"放弃(U)/多段线(P)/半径(R)/修剪(T)/多个(M)"：选择对象 7。

选择第二个对象或按住 Shift 键选择要应用角点的对象：选择对象 8。

选择第一个对象或"放弃(U)/多段线(P)/半径(R)/修剪(T)/多个(M)"：单击 Enter 键退出选择。

连续倒圆角和放弃上一个圆角如图 5-53 所示。

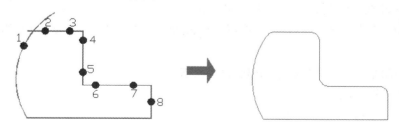

图 5-53　连续倒圆角和放弃上一个圆角

练习：绘制如图 5-55 所示的图形。

(1) 用直线命令绘制一个长为 120 mm、高为 50 mm 的矩形。

(2) 对矩形下侧的两个角进行倒圆角，圆弧半径为 10 mm，如图 5-54(a)所示。

(3) 在矩形下方 32 个单位处画一个长轴为 96，短轴为 76 的椭圆；椭圆上侧轴端点处可用"自"方式捕捉，也可画好后移动，如图 5-54(b)所示。

(4) 对椭圆向外侧偏移复制，间距为 12，如图 5-54(c)所示。

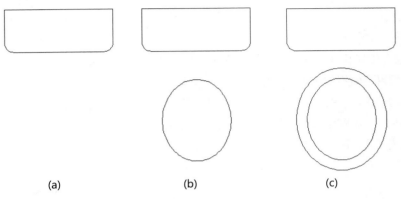

(a)　　　　　　　　　(b)　　　　　　　　　(c)

图 5-54　倒圆角绘制图形一

(5) 矩形的中点到大椭圆的上端点画一条直线，两边偏移复制 30 个单位，再连接左右两条直线的下端点，如图 5-55(a)所示。

(6) 擦去中间的直线，左右再画两条垂直线，起点是水平线的左、右端点，向下超过大的椭圆，如图 5-55(b)所示。

(7) 进行倒圆角，R=5，倒好圆角后要补充好缺少的线条，完成后如图 5-55(c)所示。

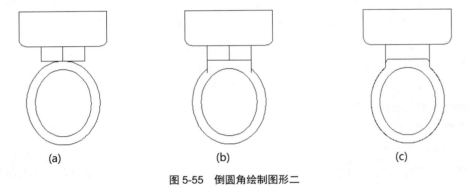

(a)　　　　　　　　　(b)　　　　　　　　　(c)

图 5-55　倒圆角绘制图形二

七、使用夹点编辑对象

使用夹点编辑对象是一种非常快捷的方法。选中要编辑的对象，在选择的对象上就会出现若干个小正方形，这些小正方形称为夹点，这是对象上特殊位置的点，标记对象上的控制位置。此时选择一个夹点作为基点(红色显示)，并选择相应的编辑模式(拉伸、移动、旋转、比例)，执行对应的操作。可以用空格键或 Enter 键循环切换这些模式。

命令功能说明如下。

命令：不需要下任何命令，直接选择对象即出现夹点状态。

1. 配合编辑命令，做预选功能

命令：框选对象 1、2，对象即出现夹点。

命令：Erase|执行删除(或其他编辑命令，如 COPY、TRIM......)。

使用夹点编辑对象如图 5-56 所示。

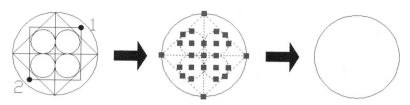

图 5-56　使用夹点编辑对象一

2. 指定一个基点，配合 5 大编辑命令的循环功能编辑对象

命令：框选对象 1、2，对象即出现夹点。

使用夹点编辑对象如图 5-57 所示。

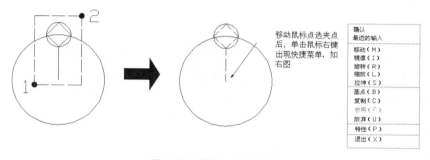

图 5-57　使用夹点编辑对象二

第六章

块和图层 ◄◄◄◄

第一节　块　的　应　用

一、什么是块

块是一个或多个对象的集合，一个块可以由多个对象构成。在块中，每个图形可以有其独立的图层、颜色、线型或线宽，块可以插入到同一图形或其他图形中指定的任意位置，并可重复使用。虽然可以使用复制的方法创建大量相同的图形，但大量的图形会占用较大的磁盘空间，如果把相同的图形定义为一个块分别插入图形中，系统就不必重复储存，可以节省磁盘空间，也可以提高绘图效率。

二、创建和插入块

通过定义块的名称，选择一个或多个对象，指定基点坐标值和所有相关的属性数据即可创建块，将图形定义成块之后，可以将块插入到图形中的任意位置，并设置块的比例、角度。

在"常用"选项卡"块"面板中单击"创建块"按钮，打开"块定义"对话框，进行块定义。"块定义"对话框如图 6-1 所示。

图 6-1　"块定义"对话框

在"块"面板中单击"插入"按钮，或者选择菜单命令"插入/块"。打开"插入"对话框，单击名称右侧的下拉按钮，在下拉列表中选择块名称"xxx"。单击"确定"按钮，命令行提示"指定插入点"，在视图中单击一点作为插入点，块对象即可被放置在该点位置即块对象设置的基点位置。"插入"对话框如图 6-2 所示。

将一组经常重复绘制的实体定义成块，具有非常明显的优越性。

（1）减少重复操作。如建筑图上需要经常绘制某种规格的门或窗，使用块后，可只绘制出一个，将其定义成块，然后插入图中各指定位置。

（2）便于建立用户图形库。

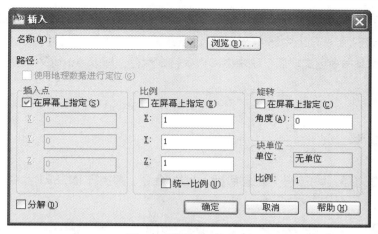

图 6-2　"插入"对话框一

(3) 易于修改。块定义被修改后，按原定绘制的图形能自动按新定义重新绘制。

(4) 节约存储空间。使用复制、镜像命令复制图形，其信息量随重复目标个数增加，只能节约作图时间。而块兼有复制、镜像命令的复制功能，插入一个块只不过是对块定义的一次调用，不仅节约作图时间，而且节约存储空间。

块命令从现有图中选择某一部分或整个图形建立图形块，并赋予块名。这个块可以用文件形式保存在磁盘里。

(1) 为了定义块，首先要画出被定义的图形。

① 绘制窗的图形，运用"直线"和"偏移"命令绘制如图 6-3 所示的图形。

② 绘制门的图形，运用"矩形"和"圆弧"命令绘制如图 6-4 所示的图形。

图 6-3　窗的图形

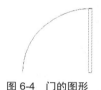

图 6-4　门的图形

(2) 把门窗图形定义成块。

单击 图标，出现"块定义对话框"。用户通过它可完成块的定义过程。

对话框中，"名称"文本框用于确定块的名称。"基点"选项组用于确定块的插入基点位置。"对象"选项组用于确定组成块的对象。"设置"选项组用于进行相应设置。通过"块定义"对话框完成对应的设置后，单击"确定"按钮，即可完成块的创建。

① 在"名称"栏内输入块名(门或窗)。

② 单击"基点"按钮，拾取门或窗的基点。

③ 单击"对象"按钮，选择门或窗的图形。

三、定义外部块

将块以单独的文件保存。

命令：Wblock。

执行 Wblock 该命令，AutoCAD 弹出图 6-5 所示的"写块"对话框。

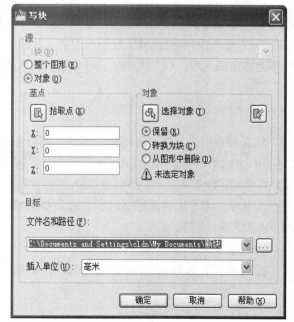

图 6-5　"写块"对话框

对话框中，"源"选项组用于确定组成块的对象来源。"基点"、选项组用于确定块的插入基点位置；"对象"选项组用于确定组成块的对象。只有在"源"选项组中选中"对象"单选按钮后，这两个选项组才有效。"目标"选项组确定块的保存名称、保存位置。用 Wblock 命令创建块后，该块以.DWG 格式保存，即以 AutoCAD 图形文件格式保存。

四、块插入

为当前图形插入块或图形。

命令：Insert。

单击"绘图"工具栏上的🔲(插入块)按钮，或选择"插入"|"块"命令，即执行 INSERT 命令，AutoCAD 弹出图 6-6 所示的"插入"对话框。

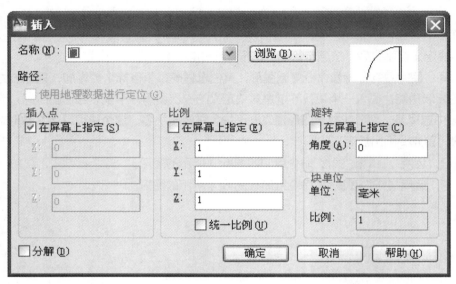

图 6-6 "插入"对话框二

对话框中，"名称"下拉列表框确定要插入块或图形的名称。"插入点"选项组确定块在图形中的插入位置。"比例"选项组确定块的插入比例。"旋转"选项组确定块插入时的旋转角度。"块单位"文本框显示有关块单位的信息。

通过"插入"对话框设置了要插入的块以及插入参数后，单击"确定"按钮，即可将块插入到当前图形(如果选择了在屏幕上指定插入点、插入比例或旋转角度，插入块时还应根据提示指定插入点、插入比例等)。

五、设置插入基点

前面曾介绍过，用 Wblock 命令创建的外部块以 AutoCAD 图形文件格式(即.DWG 格式)保存。实际上，用户可以用 Insert 命令将任一个 AutoCAD 图形文件插入到当前图形。但是，当将某一图形文件以块的形式插入时，AutoCAD 默认将图形的坐标原点作为块上的插入基点，这样往往会给绘图带来不便。为此，AutoCAD 允许用户为图形重新指定插入基点。用于设置图形插入基点的命令是 Base，利用"绘图"|"块"|"基点"命令可启动该命令。执行 Base 命令，AutoCAD 提示如下。

输入基点：

在此提示下指定一点，即可为图形指定新基点。

六、编辑块(动态块)

在块编辑器中打开块定义，以对其进行修改。

命令：Bedit。

单击"标准"工具栏上的 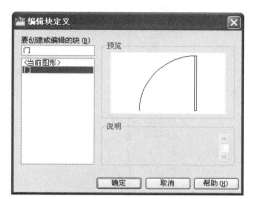(块编辑器)按钮，或选择"工具"|"块编辑器"命令，即执行 Bedit 命令，AutoCAD 弹出图 6-7 所示的"编辑块定义"对话框。

从对话框左侧的列表中选择要编辑的块，然后单击"确定"按钮，AutoCAD 进入块编辑模式，如图 6-8 所示。

图 6-7　"编辑块定义"对话框

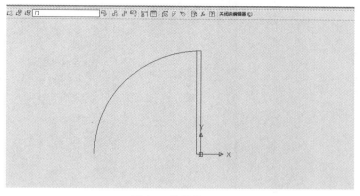

图 6-8　编辑块

此时显示出要编辑的块，用户可直接对其进行编辑。编辑块后，单击对应工具栏上的"关闭块编辑器"按钮，AutoCAD 显示下图所示的提示窗口，如果用"是"响应，则会关闭块编辑器，并确认对块定义的修改。一旦利用块编辑器修改了块，当前图形中插入的对应块均自动进行对应的修改。"块-未保存更改"对话框如图 6-9 所示。

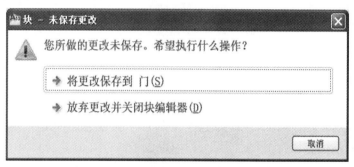

图 6-9　"块-未保存更改"对话框

第二节　属　　性

属性是从属于块的文字信息，是块的组成部分。

一、定义属性

命令：Attdef。

选择"绘图"|"块"|"定义属性"命令，即执行 Attdef 命令，AutoCAD 弹出图 6-10 所示的"属性定义"对话框。

对话框中，"模式"选项组用于设置属性的模式。

"属性"选项组中，"标记"文本框用于确定属性的标记(用户必须指定标记)；"提示"文本框用于确定插入块时 AutoCAD 提示用户输入属性值的提示信息；"默认"文本框用于设置属性的默认值，用户在各对应文本框中输入具体内容即可。"插入点"选项组确定属性值的插入点，即属性文字排列的参考点。"文字设置"选项组确定属性文字的格式。

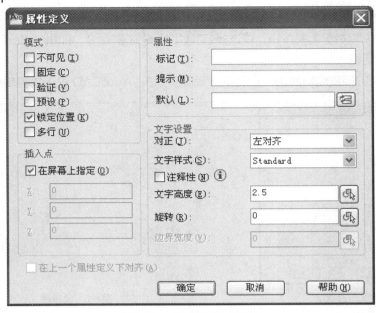

图 6-10   "属性定义"对话框

确定了"属性定义"对话框中的各项内容后，单击对话框中的"确定"按钮，AutoCAD 完成一次属性定义，并在图形中按指定的文字样式、对齐方式显示出属性标记。用户可以用上述方法为块定义多个属性。

二、修改属性定义

命令：Ddedit。

执行 Ddedit 命令，AutoCAD 提示如下。

选择注释对象或"放弃(U)"。

在该提示下选择属性定义标记后，AutoCAD 弹出图 6-11 所示的"编辑属性定义"对话框，可通过此对话框修改属性定义的属性标记、提示和默认值等。

图 6-11   "编辑属性定义"对话框

三、属性显示控制

命令：Attdisp。

选择"视图"|"显示"|"属性显示"对应的子菜单可实现此操作。执行 Attdisp 命令，AutoCAD 提示如下。

输入属性的可见性设置"普通(N)/开(ON)/关(OFF)""普通"。

其中，"普通(N)"选项表示将按定义属性时规定的可见性模式显示各属性值；"开(ON)"选项将会显示出所有属性值，与定义属性时规定的属性可见性无关；"关(OFF)"选项则不显示所有属性值，与定义属性时规定的属性可见性无关。

四、利用对话框编辑属性

命令：Eattedit。

执行 Eattedit 命令，AutoCAD 提示如下。

选择块：在此提示下选择块后，AutoCAD 弹出"增强属性编辑器"对话框，如图 6-12 所示(在绘图窗口双击有属性的块，也会弹出此对话框)。对话框中有"属性""文字选项"和"特性"三个选项卡和其他一些项。"属性"选项卡可显示每个属性的标记、提示和值，并允许用户修改值。"文字选项"选项卡用于修改属性文字的格式。"特性"选项卡用于修改属性文字的图层以及它的线宽、线型、颜色及打印样式等。

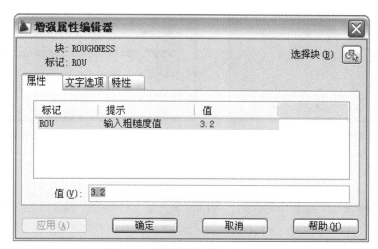

图 6-12　"增强属性编辑器"对话框

五、保存块

在图形文件中创建的块对象只能在该图形文件中使用，不能在其他的图形文件中插入这个块，为了使这个块能够被其他文件调用，AutoCAD 提供了块保存命令，将块单独的保存为图形文件。

六、清理(删除)块

清理命令可以删除许多当前文件中没有使用的定义设置，包括块、图层、文字样式、线型、形、多线样式、打印样式、表格样式、标注样式等项目。

"清理"对话框如图 6-13 所示。

(1) 选择菜单命令"文件/图形实用工具/清理"。

(2) 打开"清理"对话框，选择"确认要清理的每个项目"，在列表中双击"块"名称，展开块的名称列表，列表中显示的块名称都是可以清理的。

(3) 单击一个块名称，单击"清理"按钮，打开提示对话框，提示将要清理某个块，单击"清理此项目"按钮，即可清理选择的项目。

"写块"对话框如图 6-14 所示。

(1) 在命令行输入"wblok"，或输入"w"，并单击 Enter 键，打开的"写块"对话框，选择"源"项目下的"块"，单击右侧的下拉按钮，在下拉列表中选择块名称"xxx"。

(2) 在文件名和路径下，单击"浏览"按钮，在打开的对话框中选择保存的位置，输入保存的文件名，单击"保存"按钮。

(3) 在"写块"对话框中，单击"确定"按钮，选择的块被单独保存为另一个图形文件，以便今后随时调用。

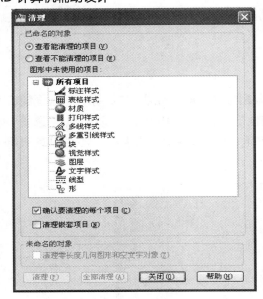

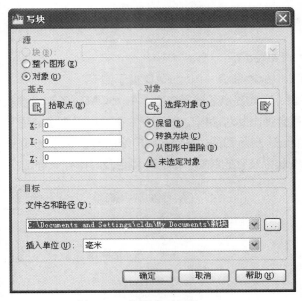

图 6-13   "清理"对话框   图 6-14   "写块"对话框

七、分解块

当需要在一个块中单独修改一个或多个对象时，可以将块分解，使其每个组件成为独立的对象，这样就可以单独选择一个对象进行修改。

分解块的方法如下。

方法一：在"块"面板中单击"插入"按钮，在"插入"对话框中勾选"分解"复选框，这样在插入块之后，块会自动分解成多个对象。

方法二：单击"常用"选项卡，在"修改"面板中单击"分解"按钮 ，或者选择菜单命令"修改/分解"。

第三节 图 层

一、什么是图层

图层是管理图形对象的工具，可以将图形、文字、标注和标题栏等对象分别放置在不同的图层中，并根据每个图层中图形的类别设置不同的线型、颜色及其他属性，还可以设置每个图层的可见性、冻结、锁定和是否打印等。

图层是绘图时使用的主要组织工具，相当于图纸绘图中使用的透明重叠图纸，将每张图纸看作一个图层，在每张图纸上分别绘制图形，就是将类型相似的对象放置在同一个图层中，最后全部的图纸重叠在一起就是一个完整的图形。

二、图层的作用

一张图纸有直线、圆、圆弧等图形实体。这些图形的位置和大小是依靠它们的集合数据信息来确定的，这些信息包括直线的端点坐标、圆的圆心和半径、圆弧的圆心和半径以及起始角和终止角等。图形实体又根据不同需要以不同的形式表现出来。线型、颜色、线宽等信息称为实体的属性信息。存放属性信息要占用一些存储空间，而在一张图上具有相同线型、颜色、线宽和状态的实体就放在相应的图层上。这样，在确定每一实体时，只需确定它的几何数据和所在涂层就可以了，从而节省了存储空间。

三、图层的特点

(1) 图层可以想象为没有厚度的透明薄片，实体就画在它的上面。

(2) 每个图层都有一个名字，其中名字称"0"的图层是 AutoCAD 自动定义的，其余的图层需要由用户来定义名字。

(3) 每个图层所容纳的具体数量不受限制。

(4) 每个作业中，用户所使用的图层数量不受限制。

(5) 同一图层上的实体处于同一种状态，例如可见或不可见。

(6) 可以用图层命令改变各图层的线型、颜色和状态。

(7) 各图层由相同的坐标系、绘图区域和显示时的缩放倍数，因此各图层是精确的相互对齐的。

四、图层的设置

设置图层的方法很简单，单击图层设置对话框右上角的"新建"按钮，在"0"层名的下方出现新的图层名"图层 1"，用户可按需要将它改为另一个名字。但新层的其他各项特性仍然与"0"层相同，所以还要做如下的设置。

1. 图层的颜色

图层的颜色指的是该图层上实体的颜色。图层的颜色有 255 种。不同的图层可设置不同的颜色。放在上面的八种颜色应优先使用，它们是红色、黄色、绿色、青色、蓝色、紫色、黑色或白色、灰色。其他颜色均用色号表示。

单击新建层的"颜色"小方块，出现如下图所示的"选择图层颜色对话框"，拾取该对话框内任何一种颜色，单击"确定"键，则完成该层颜色的设置。

"选择颜色"对话框如图 6-15 所示。

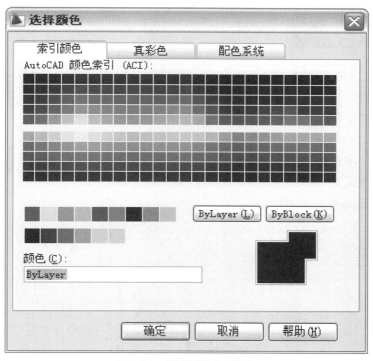

图 6-15 "选择颜色"对话框

2. 图层的线型

每个图层可以设置一个具体的线型，不同的图层可以设置不同的线型。每个线型都有名字，各种线型放在标准线型文件中。

单击新建层的"线型"名称，出现图所示的"选择线型对话框"，如果它的线型不够用，可双击其"加载"按钮，出现"加载线型对话框"，这里存放各式线型，选择另一种虚线，单击"确定"则完成加载操作。"选择线型对话框"增加了该线型，这时单击该线型，并按"确定"按钮，完成该层新线型的设置。

　　"选择线型"对话框如图 6-16 所示，"加载或重载线型"对话框如图 6-17 所示。

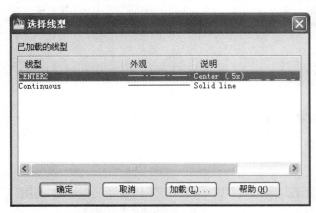

图 6-16　"选择线型"对话框

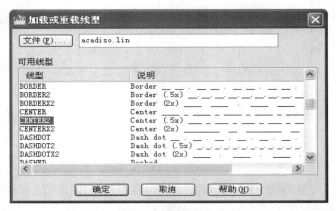

图 6-17　"加载或重载线型"对话框

3. 图层的线宽

图层可以设置一个线宽，不同的图层可以设置相同的线宽。

　　如要显示"柱子"层的细节，先在"图层特性管理器"中单击该层，再单击管理器右上角"显示细节"按钮，在对话框下方出现显示该层的细节，包括层名、层颜色、线宽和线型等。如果要设置线宽，可单击显示细节"线宽"按钮，出现下拉"选线宽对话框"，用户可单击其中一种线宽，即可完成线宽的设置操作。同样，可单击显示细节"线型"按钮，出现下拉"选线型对话框"。如图 6-18 所示，用户可单击其中一种线宽，即可完成线宽的设置操作。

五、图层的管理

　　前面讲述有关图层的性质、基本结构及其建立方式。下面进一步指出关于图层的应用和图层的管理问题。

　　单击"图层"工具栏上的🔲(图层特性管理器)按钮，或选择"格式"|"图层"命令，即执行 Layer 命令，AutoCAD 弹出如下图所示的图层特性管理器。

　　"图层特性管理器"对话框如图 6-19 所示。

图 6-18　"线宽"选项

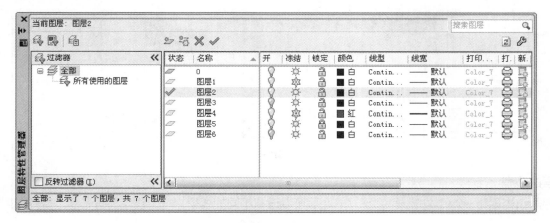

图 6-19　"图层特性管理器"对话框

六、创建新图层

默认情况下，AutoCAD 只能自动创建一个图层，即图层 0。如果用户要使用图层来组织自己的图形，就需要先创建新图层。

选择"格式"|"图层"命令，系统将打开"图层特性管理器"对话框，单击其中的新建按钮即可创建一个新图层，而且图层名称会出现在图层列表中。默认情况下，新建图层与当前图层的状态、颜色、线性及线宽等设置相同。

注释：创建图层时，可以在图层列表中名称处，输入新的图层名，如基线层。以表示将要绘制的图形元素的特性。

在图层特性管理器对话框中，单击显示细节按钮可显示详细信息选项区域。利用该选项区域设置所选图层的特性。

七、保存与恢复图层状态

在图层特性管理器对话框中，通过单击保存状态和状态管理器按钮，可以保存或恢复图层状态。

1. 保存图层状态

单击图层特性管理器对话框中的保存状态按钮，系统将打开保存图层状态对话框，用户可在新图层状态名文本框中输入图层状态的名称；在图层状态选项区域和图层特性选项区域中，通过选择相应的复选框，设置图层状态和特性。设置完成后，单击确定按钮即可保存图层状态。

2. 恢复图层状态

单击图层特性管理器对话框中的状态管理器按钮，系统将打开图层状态管理器对话框。利用该对话框，用户可恢复图层状态。该对话框中各选项的含义如下。

• 图层状态列表框：用于显示当前图层已保存下来的图层状态名称，以及从外部输入进来的图层状态名称。

• 恢复按钮：单击该按钮，可以将选中的图层状态恢复到当前图形中，且只有那些保存的特性和状态才能够恢复到图层中。

• 编辑按钮：单击该按钮，可打开编辑图层状态对话框。利用该对话框，可重新编辑图层状态和图层特性。

• 重命名按钮：单击该按钮，可修改图层状态的名称。

• 删除按钮：单击该按钮，可删除选中的图层状态。

• 输入按钮：单击该按钮，可打开输入图层状态对话框。利用该对话框，可以将外部图层状态输入到当前图层中。

• 输出按钮：单击该按钮，可打开输出图层状态对话框。利用该对话框，可以将当前图形已保存下来的图层状态输出到一个 LAS 文件中。

八、转换图层

利用 AutoCAD 提供的图层转换器可以对图层进行转换，以实现图形的标准化和规范化。图层转换器能够转换当前图形的图层，便之与其他图形的图层结构或 AutoCAD 标准文件相匹配。例如，如果用户打开一个与本企业图层结构不一致的图形时，可以使用图层转换器转换它的图层名称和属性，以符合本企业的图形标准。

选择"工具"|"AutoCAD 标准"|"图层转换器"命令，或在 AutoCAD 标准工具栏中单击图层转换器按钮，即可打开图层转换器对话框。

该对话框中各选项的意义如下。

☆转换自列表框：用于显示当前图形中即将被转换的图层结构，用户可以在列表框中选择，也可以通过"选择过滤器"选择。

☆转换为列表框：用于显示可以将当前图形的图层转换成的图层名称。单击加载按钮，可打开选择图形文件对话框，在该对话框中可以选择作为图层标准的图形文件，并将该图层结构显示在转换为列表框中；单击新建按钮可打开新建图层对话框。在该对话框中可创建新的图层作为转换匹配图层，新建的图层也会显示在转换为列表框中。

☆映射按钮：单击该按钮，可以将在转换自列表框中选中的图层映射到转换为列表框中，并且当图层被映射后，它将从转换为列表框中删除。Map same(映射相同)按钮：单击该按钮，可以将转换自列表和转换为列表框中名称相同的图层进行转换映射。

提示：只有在转换自列表框和转换为列表框中都选择了对应的转换图层后，映射按钮才可以使用。

☆图层转换映射选项区域：该选项区域的列表框用于显示已经映射的图层名称及图层的相关特性值。当选中一个图层后，单击编辑按钮，将打开编辑图层对话框，利用该对话框可以修改转换后的图层特性；单击删除按钮，可以取消该图层的转换映射，该图层将重新显示在转换自列表框中；单击保存按钮，将打开保存图层映射对话框，可以将图层转换关系保存到一个标准配置文件(*.DWS)中。

☆设置按钮：单击该按钮，可打开"设置"对话框，利用该对话框可以设置转换规则。

☆转换按钮：单击该按钮，开始转换图层，并关闭图层转换器对话框。

第四节　特性工具栏

一、特性面板

利用特性工具栏，快速、方便地设置绘图颜色、线型以及线宽。图 6-20 是"特性"工具栏。

图 6-20　"特性"工具栏

特性工具栏的主要功能如下。

1."颜色控制"列表框

该列表框用于设置绘图颜色。单击此列表框，AutoCAD 弹出下拉列表，如图 6-21 所示。用户可通过该列表设置绘图颜色(一般应选择"随层")，或修改当前图形的颜色。

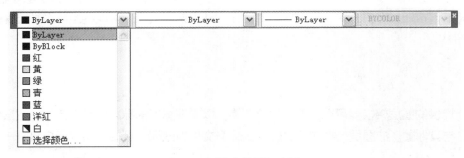

图 6-21　"颜色控制"列表框

修改图形对象颜色的方法：首先选择图形，然后在如图 6-21 所示的颜色控制列表中选择对应的颜色。如果单击列表中的"选择颜色"项，AutoCAD 会弹出"选择颜色"对话框，供用户选择。

2."线型控制"下拉列表框

该列表框用于设置绘图线型。单击此列表框，AutoCAD 弹出下拉列表，如图 6-22 所示。用户可通过该列表设置绘图线型(一般应选择"随层")，或修改当前图形的线型。

修改图形对象线型的方法：选择对应的图形，然后在线型控制列表中选择对应的线型。如果单击列表中的"其他"选项，AutoCAD 会弹出"线型管理器"对话框，供用户选择。

图 6-22　"线型控制"下拉列表框

3."线宽控制"列表框

该列表框用于设置绘图线宽。单击此列表框，AutoCAD 弹出下拉列表，如图 6-23 所示。用户可通过该列表设置绘图线宽(一般应选择"随层")，或修改当前图形的线宽。

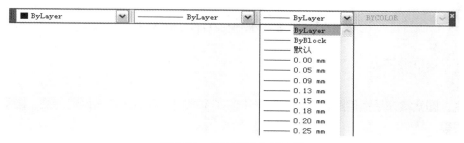

图 6-23　"线宽控制"列表框

修改图形对象线宽的方法是：选择对应的图形，然后在线宽控制列表中选择对应的线宽。

二、"特性"选项板

双击选择对象，弹出"特性"选项板。

特性选项板可列出某个选定对象或一组对象的特性，用于修改所选对象的特性。

特性选项板如图 6-24 所示。

三、特性匹配

特性匹配就是将一个对象的特性赋予另一个对象，使目标对象的特性与源对象的特性相同，提取特性的对象称为源对象，要赋予特性的对象称为目标对象。

利用"特性匹配"调整图形中文字的大小和颜色如图 6-25 所示。

图 6-24　"特性"选项板

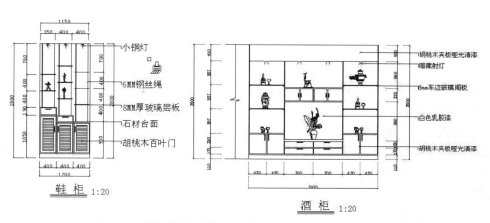

图 6-25　利用"特性匹配"调整图形中文字的大小和颜色

第七章

注释图形 ≪≪≪

第一节　图案填充和渐变填充

一、使用图案填充和渐变色

在 AutoCAD 中，图案填充是指用图案去填充图形中的某个区域，以表达该区域的特征。图案填充的应用非常广泛，例如表达剖面图等。

选择"绘图"|"图案填充"命令，在命令行中输入 Bhatch 命令或在绘图工具栏中单击图案填充按钮，即执行 Bhatch 命令，AutoCAD 弹出如图 7-1 所示的"图案填充和渐变色"对话框。

图 7-1　"图案填充和渐变色"对话框一

对话框中有"图案填充"和"渐变色"两个选项卡。

1. "图案填充"选项卡

此选项卡用于设置填充图案以及相关的填充参数。其中，"类型和图案"选项组用于设置填充图案以及相关的填充参数。可通过"类型和图案"选项组确定填充类型与图案，通过"角度和比例"选项组设置填充图案时的图案旋转角度和缩放比例，"图案填充原点"选项组控制生成填充图案时的起始位置，"添加：拾取点"按钮和"添加：选择对象"用于确定填充区域。

2. "渐变色"选项卡

单击"图案填充和渐变色"对话框中的"渐变色"标签，AutoCAD 切换到"渐变色"选项卡，如图 7-2 所示。

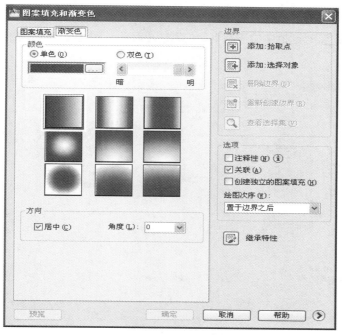

图 7-2　"渐变色"选项卡

该选项卡用于以渐变方式实现填充。其中，"单色"和"双色"两个单选按钮用于确定是以一种颜色填充，还是以两种颜色填充。当以一种颜色填充时，可利用位于"双色"单选按钮下方的滑块调整所填充颜色的浓淡。当以两种颜色填充时(选中"双色"单选按钮)，位于"双色"单选按钮下方的滑块变成与其左侧相同的颜色框和按钮，用于确定另一种颜色。位于选项卡中间位置的 9 个图像按钮用于确定填充方式。

此外，还可以通过"角度"下拉列表框确定以渐变方式填充时的旋转角度，通过"居中"复选框指定对称的渐变配置。如果没有选定此选项，渐变填充将朝左上方变化，可创建光源在对象左边的图案。

其中，"孤岛检测"复选框确定是否进行孤岛检测及孤岛检测的方式。"边界保留"选项组选项组用于指定是否将填充边界保留为对象，并确定其对象类型。

AutoCAD 2010 允许将实际上并没有完全封闭的边界用作填充边界。如果在"允许的间隙"文本框中指定了值，该值就是 AutoCAD 确定填充边界时可以忽略的最大间隙，即如果边界有间隙，且各间隙均小于或等于设置的允许值，那么这些间隙均会被忽略，AutoCAD 将对应的边界视为封闭边界。

如果在"允许的间隙"编辑框中指定了值，当通过"拾取点"按钮指定的填充边界为非封闭边界、且边界间隙小于或等于设定的值时，AutoCAD 会打开如图 7-3 所示的"图案填充-开放边界警告"窗口，如果单击"继续填充此区域"行，AutoCAD 将对非封闭图形进行图案填充。

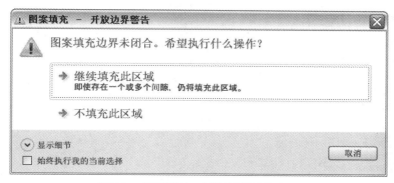

图 7-3　"图案填充－开放边界警告"窗口

3. 其他选项

如果单击"图案填充和渐变色"对话框中位于右下角位置的小箭头，对话框则为如图 7-4 所示形式，通过其可进行对应的设置。

图 7-4　"图案填充和渐变色"对话框

二、编辑图案

1. 利用对话框编辑图案

命令：Pedit。

单击"修改 II"工具栏上的　(编辑图案填充)按钮，或选择"修改"|"对象"|"图案填充"命令，即执行 Hatchedit 命令，AutoCAD 显示提示框。

选择关联填充对象：在该提示下选择已有的填充图案，AutoCAD 弹出如图 7-5 所示的"图案填充编辑"对话框。

图 7-5　"图案填充编辑"对话框

对话框中只有以正常颜色显示的选项用户才可以操作。该对话框中各选项的含义与"图案填充和渐变色"对话框中各对应项的含义相同。利用此对话框，用户就可以对已填充的图案进行诸如更改填充图案、填充比例、旋转角度等操作。

2. 利用夹点功能编辑填充图案

利用夹点功能也可以编辑填充的图案。当填充的图案是关联填充时，通过夹点功能改变填充边界后，AutoCAD会根据边界的新位置重新生成填充图案。

命令功能说明如下。

命令：Hatch。

(1) 输入选项 P 定义特性，输入 U 或 U，I；U，O 用户定义，绘制图案填充。

输入图案名或"？/ 实体(S) / 用户定义(U)"：U，O。

指定十字光标线的角度为 45°：输入图案填充角度。

指定行距：输入图案填充间距。

是否双向填充区域？"是(Y) / 否(N)""N"：输入是否双向填充。

当前填充图案：USER，O 显示当前定义完成状态。

指定内部点或"特征(P) / 选择对象(S) / 绘图边界(W) / 删除边界(B) / 高级(A)绘图次序(DR) / 原点(O)"：指定内部点，例如输入选项，选择对象。

选择对象：选择要填充的对象(1 和 2)。

选择对象：单击 Enter 键离开选取。

选择填充对象如图 7-6 所示，填充图形如图 7-7 和图 7-8 所示。

模式 = U，模式 = U，O。

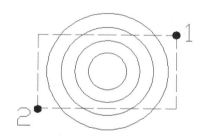

图 7-6　选择填充对象

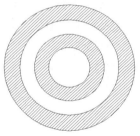

图 7-7　填充图形

模式 = U，I。模式 = U，双向填充。

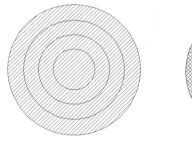

图 7-8　填充图形

(2) 输入选项 P 定义特性 P，输入图案名称，绘制图案填充。

输入图案名或"？/ 实体(S) / 用户定义(U)"：输入图案名称。

指定图案缩放比例"1.0000"：输入图形比例值。

指定图案角度"45°"：输入旋转角。

选择对象：选取对象 1。

当前填充图案：Stars 显示当前定义完成状态。

指定内部点或"特性(P) / 选择对象(S) / 绘图边界(W) / 删除边界(B) / 高级(A) / 绘图次序(DR)原点(O)"：点选内部。

填充图形如图 7-9 和图 7-10 所示。

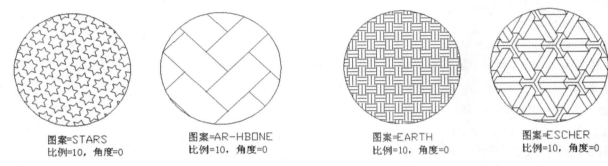

图案=STARS
比例=10，角度=0

图案=AR-HBONE
比例=10，角度=0

图案=EARTH
比例=10，角度=0

图案=ESCHER
比例=10，角度=0

图 7-9　填充图形一　　　　　　　　　　　　　　图 7-10　填充图形二

(3) 输入选项 W 定义绘图边界定义填充图案，可输入用户定义的 U 或图案名称，输入相关的旋转角度、比例或距离，进入选取对象。

是否保留多段线边界？"是(Y) / 否(N)""N"：输入是否保留多段线。

指定起点：选取起点 1。

指定下一个点或"圆弧(A) / 长度(L) / 放弃(U)"：选取起点 2。

指定下一个点或"圆弧(A) / 闭合(C) / 长度(L) / 放弃(U)"：选取起点 3。

指定下一个点或"圆弧(A) / 闭合(C) / 长度(L) / 放弃(U)"：选取起点 4。

指定下一个点或"圆弧(A) / 闭合(C) / 长度(L) / 放弃(U)"：输入 C 封闭边界。

指定新边界的起点或"接受"：单击 Enter 键完成选取。

当前填充图案：Stars 显示当前定义完成状态。

指定内部点或"特性(P) / 选择对象(S) / 绘图边界(W) / 删除边界(B) / 高级(A) / 绘图次序(DR)原点(O)"：单击 Enter 键退出。

填充步骤如图 7-11 所示。

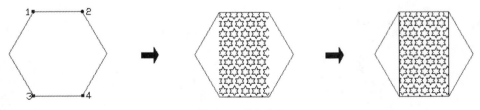

图 7-11　填充步骤

命令：Bhatch(出现对话框)。

填充对话框如图 7-12 所示。

① 选用 ACADISO.PAT 所定义的填充图案。

(a) 先将"类型"切换至"预定义"。

选择填充类型如图 7-13 所示。

(b) 点击"图案"出现图案名称列表，直接选取要填充的图案。

(c) 点击"图案"或填充样例出现图案列表，直接选取要填充的图案。

图 7-12　填充对话框

图 7-13　选择填充类型

选择要填充的图案如图 7-14 所示。

(d) 选用"用户定义"定义图案。

选用"用户定义"如图 7-15 所示。

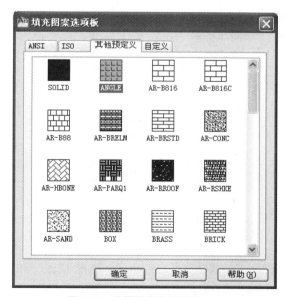

图 7-14　选择要填充的图案

图 7-15　选用"用户定义"

② 设置图案填充的各种性质。

第一，选取"预定义"图案填充时具有下列选项。

a."图案"：填充图案名称选取，或由对话框切换以及"样例"列表中选取。

b."比例"：填充图案比例设置。

c."角度"：填充图案角度设置。

第二，选取"用户定义"则具有下列选项。

a."角度"：填充图案角度设置。

b."间距"：填充图案间距设置。

c."双向"：双向图案填充，反向垂直角度再填充开或关。

"添加：拾取点"进入绘图区，选取要填充的内部点。

选取要填充的内部点如图 7-16 所示。

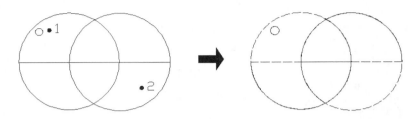

图 7-16　选取要填充的内部点

③ 选完后，单击鼠标右键弹出快捷菜单。

"确认"：确认选取回到主对话框画面。

"放弃上一次的选择/拾取/绘图"：回到刚才的拾取内部点，继续选取。

"全部清除"：将刚才拾取的范围全部清除。

"选择对象"：切换拾取的功能为选择状态。

"预览"：预览填充图案图形。

④ 单击 Esc 键回到主对话框后，可删除图案填充中的孤岛对象。

选择对象或"添加边界(A)"：选择孤岛对象 3。

选择对象或"添加边界(A)/放弃(U)"：单击 Enter 键离开。

⑤ 执行"确定"绘制填充图形。

填充图形如图 7-17 所示。

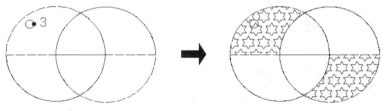

图 7-17　填充图形

(4) 编辑图案填充。

创建图案填充后，用户可以根据需要修改填充图案或修改图案区域的边界。选择"修改"|"对象"|"图案填充"命令、在命令行输入 Hatchedit 命令或单击"修改Ⅱ"工具栏中的编辑图案填充按钮，可实现此功能。

在"图案填充编辑"对话框中，可以对填充的图案，修改比例、旋转角度进行修改。

(5) 控制图案填充的可见性。

图案填充的可见性是可以控制的，有两种方法来控制图案填充的可见性，一种是用命令 Fill 或系统变量 Fillmode 来实现，另一种是利用图层来实现。

☆使用命令 Fill 或 Fillmode 系统变量

输入命令 Fill 后，AutoCAD 提示如下。

输入模式"开(ON)/关(OFF)""开"：

此时，如果将模式设置为开，则可以显示图案填充；如果将模式设置为关，则不显示图案填充。

用户也可以使用系统变量 Fillmode 来控制图案填充的可见性。在命令行输入 Fillmode 时，此时命令行显示如下提示信息如下。

输入 Fillmode 的新值"1"：1 表示显示图案，0 表示隐藏图案。

使用图层控制如下。

利用图层功能，可将图案填充单独放在一个图层上。当不需要显示该图案填充时，将图案所在层关闭或者冻结即可。使用图层控制图案填充的可见性时，不同的控制方式会使图案填充与其边界的关联关系发生变化。

当图案填充所在的图层被关闭后，图案与其边界仍保持着关联关系。即修改边界后，填充图案会根据新的边界自动调整位置。

当图案填充所在的图层被冻结或被锁定后，图案与其边界脱离关联关系。即边界修改后，填充图案不会根据新的边界自动调整位置。

(6) 分解图案。

图案实际上是一种特殊的块，这种块被称为匿名块。因此，无论其形状有多复杂，它都是一个单独的对象。但是，用户可使用"修改"|"分解"命令来分解一个已存在的关联图案。

图案被分解后，它将不再是一个单一对象，而是一组组成图案的线条。同时，分解后的图案也就失去了与图形的关联性，因此，用户将无法使用"修改—对象—图案填充"命令来编辑了。

三、图案填充住宅平面设计图形

选择菜单命令"绘图/图案填充"，打开"图案填充和渐变色"对话框，设置填充图案。"图案填充和渐变色"对话框如图 7-18 所示。

图 7-18   "图案填充和渐变色"对话框一

填充地面材质如图 7-19 所示。

单击"图案填充"按钮，打开"图案填充和渐变色"对话框，"图案"选择实体颜色填充图案的名字 SOLID，在"样例"右侧会显示颜色，单击下拉按钮，选择颜色。单击"添加：拾取点"按钮，依次在墙体多边形内部单击，最后单击 Enter 键，单击"确定"按钮，实体颜色填充完成。选择填充的样例和颜色如图 7-20 所示。

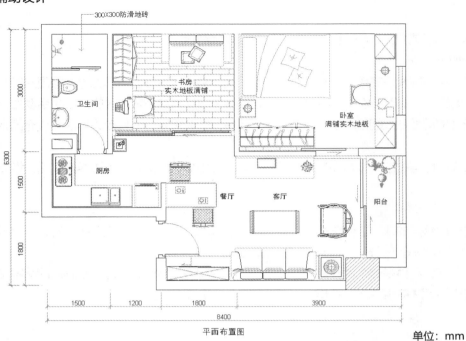

图 7-19　填充地面材质

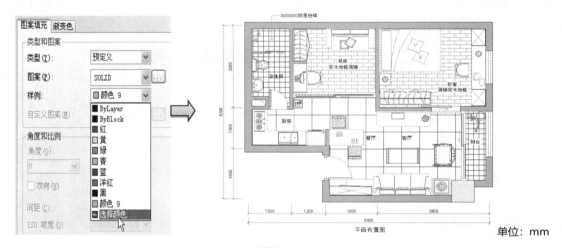

图 7-20　选择填充的样例和颜色

第 二 节　文 字 注 释

AutoCAD 图形中的文字是根据当前文字样式标注的。文字样式说明所标注文字使用的字体以及其他设置，如字高、字颜色、文字标注方向等。AutoCAD 2010 为用户提供了默认文字样式 STANDARD。当在 AutoCAD 中标注文字时，如果系统提供的文字样式不能满足国家制图标准或用户的要求，则应首先定义文字样式。

一、文字样式

(1) 单击"常用"选项卡，单击"注释"面板名称，展开面板，显示隐藏的按钮，"文字样式"按钮右侧显示的是当前使用的文字样式名称。

(2) 单击文字样式名称，在弹出的列表中可以选择其他的文字样式，如图 7-21 所示。

图 7-21　文字样式

选择菜单命令"格式/文字样式"，打开"文字样式"对话框。"文字样式"对话框如图 7-22 所示。

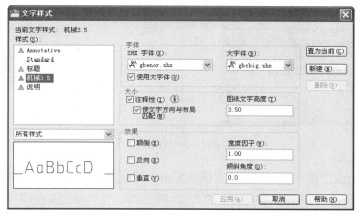

图 7-22　"文字样式"对话框

二、创建单行文字

单击"常用"选项卡，在"注释"面板中单击"单行文字"按钮，单击一点，确定起点的位置。

命令行提示"指定高度'2.5000'"，输入高度值，单击 Enter 键。

命令行提示"指定文字的旋转角度'O'"，单击 Enter 键，确定默认的角度为 0。

输入文字"更衣间"，单击 Enter 键，光标移到下一行首，继续输入文字，单击 Enter 键，再次输入文字，单击 Enter 键。

根据需要继续输入其他文字，最后再次单击 Enter 键，结束单行文字命令。此时，每行文字都是一个独立的文字对象，即每次单击 Enter 键都创建了新的文字对象。

创建单行文字如图 7-23 所示。

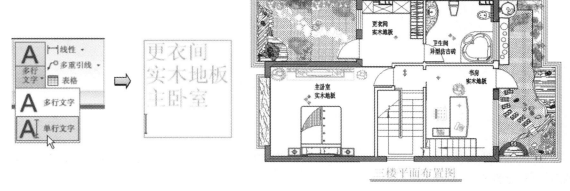

图 7-23　创建单行文字

三、创建多行文字

(1) 单击"常用"选项卡，在"注释"面板中单击"多行文字"按钮。

(2) 命令行提示"指定第一角点"，单击一点，确定第一角点的位置。

(3) 命令行提示"指定对角点或'高度(H)/对正(J)/行距(L)/旋转(R)/样式(S)/宽度(W)/栏(C)'"，移动鼠标，拖出一个矩形文本输入框。

创建多行文字如图 7-24 所示。

图 7-24　创建多行文字

(4) 单击一点，指定对角点位置，确定文本输入框的大小，并显示出"多行文字"选项卡，用于设置文字的格式。在"样式"面板中可以选择样式名称，设置文字高度，输入或粘贴文字。文字编辑如图 7-25 所示。

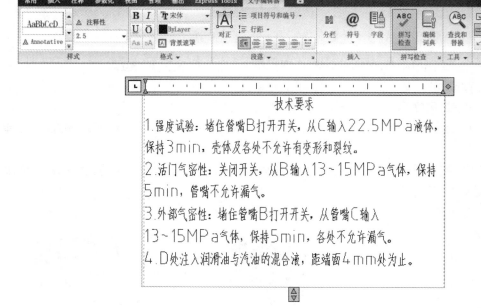

图 7-25　文字编辑

四、创建特殊字符或符号

单击"符号"按钮，弹出常用符号列表及其控制代码或 Unicode 字符串，选择"度数"，该符号即可添加在文本框中。创建特殊字符或符号如图 7-26 所示。

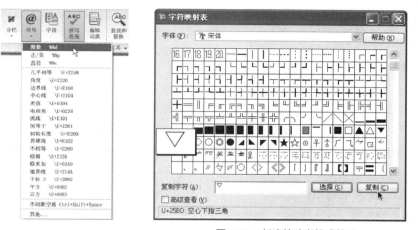

图 7-26　创建特殊字符或符号

五、创建堆叠文字(分数和公差)

堆叠文字如图 7-27 所示。

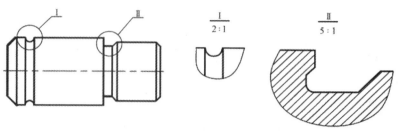

图 7-27　堆叠文字

(1) 单击"常用"选项卡，在"注释"面板中单击"多行文字"按钮，单击两点确定文本输入框的尺寸。在文本输入框中输入"I/2:1"，并选择文字，使其反黑显示。

(2) 右击，弹出菜单、选择"堆叠"，选择的文字由水平线分隔。

设置堆叠文字如图 7-28 所示。

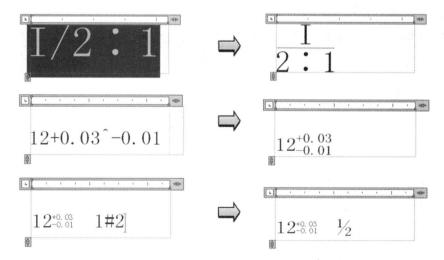

图 7-28　设置堆叠文字

第三节　表　　格

一、表格样式

表格的外观由表格样式控制，通常应首先创建或选择表格样式，然后再创建表格。

(1) 选择菜单命令"格式/表格样式"，或者单击"注释"选项卡，在"表格"面板中单击"表格样式"按钮。

(2) 打开"表格样式"对话框，单击"新建"按钮，打开"创建新的表格样式"对话框，输入名称"插座高度位置"，单击"继续"按钮。

(3) 打开"新建表格样式：插座高度位置"对话框进行设置。

"新建表格样式：插座高度位置"对话框如图 7-29 所示。

图 7-29　"新建表格样式：插座高度位置"对话框

二、创建产品目录表格

选择菜单命令"绘图/表格"，打开"插入表格"对话框，进行设置。"插入表格"对话框如图 7-30 所示。

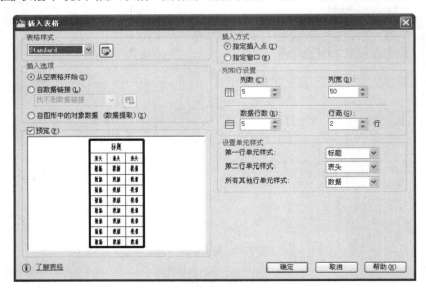

图 7-30　"插入表格"对话框

单击"确定"按钮，在命令行中提示"指定插入点"，在视图中单击，创建出表格，并显示"多行文字"选项卡，单元格A1 处于文字输入状态。创建表格如图 7-31 所示。

图 7-31 创建表格

三、修改表格为标题栏

创建表格之后，当表格不符合要求时，还可以增加或删除列、行及文字等。下面将产品目录列表改为标题栏。

单击表格中的标题单元格，该单元格周围显示出黄色的粗线，表示这个单元格被选中，并且显示"表格单元"选项卡。"表格单元"选项卡如图 7-32 所示。

图 7-32 "表格单元"选项卡

单击表格中任意一个单元格，按住 Shift 键，并选择表格左侧行编号 1 至 5，选中全部单元格，在"单元样式"面板中单击"编辑边框"按钮，打开"单元边框特性"对话框，选择线宽为"0.35"，单击"外边框"，将表格的外边框宽度设置为"0.35"，单击"确定"按钮。"单元边框特性"对话框如图 7-33 所示。

在"单元样式"面板中单击"对齐"按钮，在弹出的列表中选择"正中"。"对齐"按钮如图 7-34 所示。

单击单元格 F3，右击，在弹出的菜单中选择"特性"，弹出"特性"选项板，将当前选择的单元格的单元宽度值改为"70"，单击 Enter 键。

关闭"特性"选项板，修改单元格 F3 中文字之间的空格距离，单击 Esc 键，取消表格选择状态，标题栏完成。"特性"选项板如图 7-35 所示，标题栏如图7-36 所示。

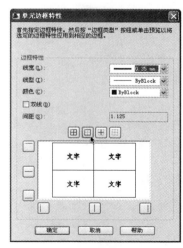

图 7-33 "单元边框特性"对话框

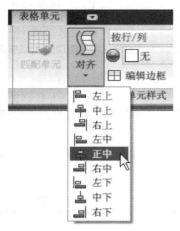

图 7-34　"对齐"按钮

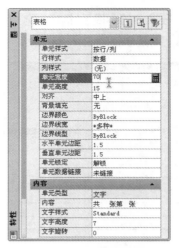

图 7-35　"特性"选项板

零件名称			比例				
			件数				
制图			重量			共　张第　张	
描图					设计单位		
审核							

图 7-36　标题栏

第八章

标注尺寸 ◀◀◀

第一节 基本概念

AutoCAD 中，一个完整的尺寸一般由尺寸线、延伸线(尺寸界线)、尺寸文字(尺寸数字)和尺寸箭头 4 部分组成，如图 8-1 所示。注意：这里的"箭头"是一个广义的概念，也可以用短画线、点或其他标记代替尺寸箭头。

文字和尺寸线是影响图形外观的重要图形要素。特别是简单明了地显示图形的正确尺寸可以说是尺寸线的精华。绘制用于置为尺寸线的辅助线。需要注意的是布置尺寸线时，一般离中心线有 10 mm 左右的间隔较为合适。

AutoCAD 2010 将尺寸标注分为线性标注、对齐标注、半径标注、直径标注、弧长标注、折弯标注、角度标注、引线标注、基线标注、连续标注等多种类型，而线性标注又分水平标注、垂直标注和旋转标注。

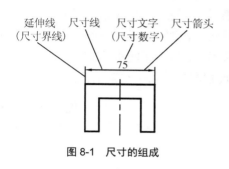

图 8-1 尺寸的组成

第二节 尺寸标注样式

尺寸标注样式(简称标注样式)用于设置尺寸标注的具体格式，如尺寸文字采用的样式；尺寸线、尺寸界线以及尺寸箭头的标注设置等，以满足不同行业或不同国家的尺寸标注要求。

定义、管理标注样式的命令是 Dimstyle。执行 Dimstyle 命令，AutoCAD 弹出如图 8-2 所示的"标注样式管理器"对话框。

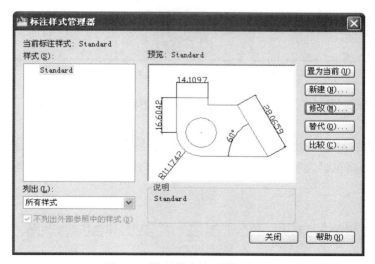

图 8-2 "标注样式管理器"对话框

其中，"当前标注样式"标签显示出当前标注样式的名称。"样式"列表框用于列出已有标注样式的名称。"列出"下拉列表框确定要在"样式"列表框中列出哪些标注样式。"预览"图片框用于预览在"样式"列表框中所选中标注样式的标注效果。"说明"标签框用于显示在"样式"列表框中所选定标注样式的说明。"置为当前"按钮把指定的标注样式置为当前样式。"新建"按钮用于创建新标注样式。"修改"按钮则用于修改已有标注样式。"替代"按钮用于设置当前样式的替代样式。"比较"按钮用于对两个标注样式进行比较，或了解某一样式的全部特性。

下面介绍如何新建标注样式。

在"标注样式管理器"对话框中单击"新建"按钮，AutoCAD 弹出如图 8-3 所示"创建新标注样式"对话框。

可通过该对话框中的"新样式名"文本框指定新样式的名称；通过"基础样式"下拉列表框确定用来创建新样式的基础样式；通过"用于"下拉列表框，可确定新建标注样式的适用范围。下拉列表中有"所有标注""线性标注""角度标注""半径标注""直径标注""坐标标注"和"引线和公差"等选择项，分别用于使新样式适于对应的标注。确定新样式的名称和有关设置后，单击"继续"按钮，AutoCAD 弹出"修改标注样式：ISO-25"对话框，如图 8-4 所示。

图 8-3 "创建新标注样式"对话框

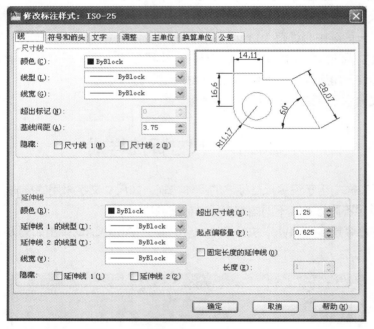

图 8-4 "修改标注样式：ISO-25"对话框

对话框中有"线""符号和箭头""文字""调整""主单位""换算单位"和"公差"7 个选项卡，下面分别介绍。

1. "线"选项卡

设置尺寸线和尺寸界线的格式与属性。前面给出的图为与"直线"选项卡对应的对话框。选项卡中，"尺寸线"选项组用于设置尺寸线的样式。"延伸线"选项组用于设置尺寸界线的样式。预览窗口可根据当前的样式设置显示出对应的标注效果示例。

2. "符号和箭头"选项卡

"符号和箭头"选项卡用于设置尺寸箭头、圆心标记、弧长符号以及半径折弯标注等方面的格式。图 8-5 为对应的对话框。

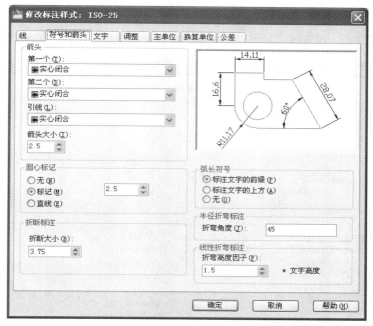

图 8-5 "符号和箭头"选项卡的设置

"符号和箭头"选项卡中，"箭头"选项组用于确定尺寸线两端的箭头样式。"圆心标记"选项组用于确定当对圆或圆弧执行标注圆心标记操作时，圆心标记的类型与大小。"折断标注"选项确定在尺寸线或延伸线与其他线重叠处打断尺寸线或延伸线时的尺寸。 "弧长符号"选项组用于为圆弧标注长度尺寸时的设置。"半径折弯标注"选项设置通常用于标注尺寸的圆弧的中心点位于较远位置时。"线性折弯标注"选项用于线性折弯标注设置。

3. "文字"选项卡

此选项卡用于设置尺寸文字的外观、位置及对齐方式等，图 8-6 为对应的对话框。

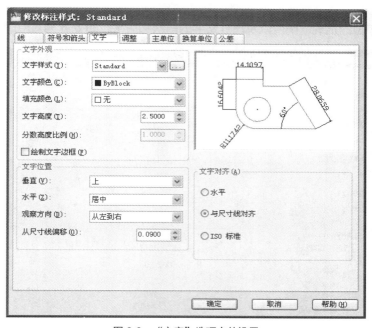

图 8-6 "文字"选项卡的设置

"文字"选项卡中，"文字外观"选项组用于设置尺寸文字的样式等。"文字位置"选项组用于设置尺寸文字的位置。"文字对齐"选项组则用于确定尺寸文字的对齐方式。

4．"调整"选项卡

此选项卡用于控制尺寸文字、尺寸线以及尺寸箭头等的位置和其他一些特征。图 8-7 是对应的对话框。

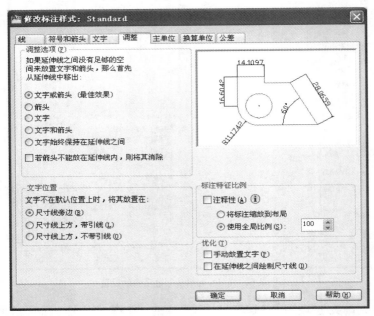

图 8-7　"调整"选项卡的设置

"调整"选项卡中，"调整选项"选项组确定当尺寸界线之间没有足够的空间同时放置尺寸文字和箭头时，应首先从尺寸界线之间移出尺寸文字和箭头的哪一部分，用户可通过该选项组中的各单选按钮进行选择。"文字位置"选项组确定当尺寸文字不在默认位置时，应将其放在何处。"标注特征比例"选项组用于设置所标注尺寸的缩放关系。"优化"选项组用于设置标注尺寸时是否进行附加调整。

5．"主单位"选项卡

此选项卡用于设置主单位的格式、精度以及尺寸文字的前缀和后缀。图 8-8 为对应的对话框。

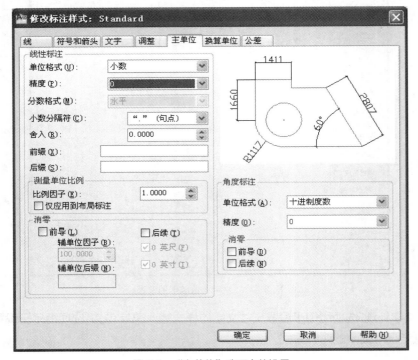

图 8-8　"主单位"选项卡的设置

　　"主单位"选项卡中，"线性标注"选项组用于设置线性标注的格式与精度。"角度标注"选项组确定标注角度尺寸时的单位、精度以及消零否。

　　6. "换算单位"选项卡

　　"换算单位"选项卡用于确定是否使用换算单位以及换算单位的格式，对应的选项卡如图 8-9 所示。

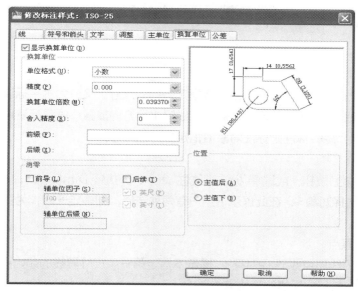

图 8-9　"换算单位"选项卡

　　"替换单位"选项卡中，"显示换算单位"复选框用于确定是否在标注的尺寸中显示换算单位。"换算单位"选项组确定换算单位的单位格式、精度等设置。"消零"选项组确定是否消除换算单位的前导或后续零。"位置"选项组则用于确定换算单位的位置。用户可在"主值后"与"主值下"之间选择。

　　7. "公差"选项卡

　　"公差"选项卡用于确定是否标注公差，如果标注公差的话，以何种方式进行标注，如图 8-10 为对应的选项卡。

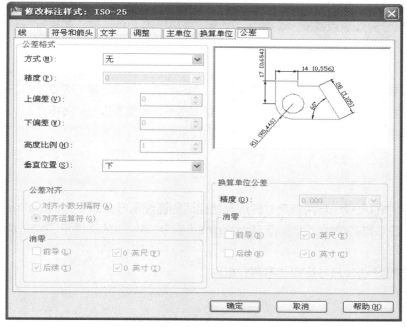

图 8-10　"公差"选项卡

　　"公差"选项卡中，"公差格式"选项组用于确定公差的标注格式。"换算单位公差"选项组确定当标注换算单位时换算单位公差的精度与消零否。

利用"修改标注样式"对话框设置样式后，单击对话框中的"确定"按钮，完成样式的设置，AutoCAD 返回到"标注样式管理器"对话框，单击对话框中的"关闭"按钮关闭对话框，完成尺寸标注样式的设置。

第三节　标注尺寸

一、线性标注

线性标注指标注图形对象在水平方向、垂直方向或指定方向的尺寸，又分为水平标注、垂直标注和旋转标注三种类型。水平标注用于标注对象在水平方向的尺寸，即尺寸线沿水平方向放置；垂直标注用于标注对象在垂直方向的尺寸，即尺寸线沿垂直方向放置；旋转标注则标注对象沿指定方向的尺寸。

命令：Dimlinear。

单击"标注"工具栏上的(线性)按钮，或选择"标注"|"线性"命令，即执行 Dimlinear 命令，AutoCAD 提示如下。指定第一条尺寸界线原点或 <选择对象>：在此提示下用户有两种选择，即确定一点作为第一条尺寸界线的起始点或直接单击 Enter 键选择对象。

1) 指定第一条尺寸界线原点

如果在"指定第一条尺寸界线原点或'选择对象'："提示下指定第一条尺寸界线的起始点，AutoCAD 提示为"指定第二条尺寸界线原点：(确定另一条尺寸界线的起始点位置)"。

指定尺寸线位置或"多行文字(M)/文字(T)/角度(A)/水平(H)/垂直(V)/旋转(R)"：其中，"指定尺寸线位置"选项用于确定尺寸线的位置。通过拖动鼠标的方式确定尺寸线的位置后，单击拾取键，AutoCAD 根据自动测量出的两尺寸界线起始点间的对应距离值标注出尺寸。

"多行文字"选项用于根据文字编辑器输入尺寸文字。"文字"选项用于输入尺寸文字。"角度"选项用于确定尺寸文字的旋转角度。"水平"选项用于标注水平尺寸，即沿水平方向的尺寸。"垂直"选项用于标注垂直尺寸，即沿垂直方向的尺寸。"旋转"选项用于旋转标注，即标注沿指定方向的尺寸。

2) 选择对象

如果在"指定第一条尺寸界线原点或'选择对象'："提示下直接单击 Enter 键，即执行"'选择对象'"选项，AutoCAD 提示如下。

选择标注对象：

此提示要求用户选择要标注尺寸的对象。用户选择后，AutoCAD 将该对象的两端点作为两条尺寸界线的起始点，并提示："指定尺寸线位置"或"多行文字(M)/文字(T)/角度(A)/水平(H)/垂直(V)/旋转(R)"。

对此提示的操作与前面介绍的操作相同，用户响应即可。

二、对齐标注

对齐标注指所标注尺寸的尺寸线与两条尺寸界线起始点间的连线平行。命令：Dimaligned 单击"标注"工具栏上的(对齐)按钮，或选择"标注"|"对齐"命令，即执行 Dimaligned 命令，AutoCAD 提示：指定第一条尺寸界线原点或 "选择对象"。

在此提示下的操作与标注线性尺寸类似，不再介绍。

三、角度标注

标注角度尺寸。命令：Dimangular。

单击"标注"工具栏上的(角度)按钮，或选择"标注"|"角度"命令，即执行 Dimangular 命令，AutoCAD 提示如下。"选择圆弧、圆、直线"或"<指定顶点>："。

其中，"标注圆弧的包含角"选项用于标注圆弧的包含角尺寸。"标注圆上某段圆弧的包含角"选项标注圆上某段圆弧的包含角。"标注两条不平行直线之间的夹角"选项标注两条直线之间的夹角。"根据三个点标注角度"选项则根据给定的三点标注出角度。

四、直径标注

为圆或圆弧标注直径尺寸。

命令：Dimdiameter。

单击"标注"工具栏上的(直径)按钮，或选择"标注"|"直径"命令，即执行 Dimdiameter，AutoCAD 提示如下。

选择圆弧或圆：选择要标注直径的圆或圆弧。

指定尺寸线位置或"多行文字(M)/文字(T)/角度(A)"。

如果在该提示下直接确定尺寸线的位置，AutoCAD 按实际测量值标注出圆或圆弧的直径，也可以通过"多行文字(M)""文字(T)"和"角度(A)"选项确定尺寸文字和尺寸文字的旋转角度。

五、半径标注

为圆或圆弧标注半径尺寸。

命令：Dimradius。

单击"标注"工具栏上的(半径)按钮，或选择"标注"|"半径"命令，即执行 Dimradius 命令，AutoCAD 提示如下。选择圆弧或圆：选择要标注半径的圆弧或圆。

指定尺寸线位置或"多行文字(M)/文字(T)/角度(A)"。

根据需要响应即可。

六、弧长标注

为圆弧标注长度尺寸。

命令：Dimarc。

单击"标注"工具栏上的(弧长)按钮，或选择"标注"|"弧长"命令，即执行 Dimarc 命令，AutoCAD 提示为"选择弧线段或多段弧线段：(选择圆弧段)"。

指定弧长标注位置或 "多行文字(M)/文字(T)/角度(A)/部分(P)/引线(L)"：根据需要响应即可。

七、折弯标注

为圆或圆弧创建折弯标注。

命令：Dimjogged。

单击"标注"工具栏上的(折弯)按钮，或选择"标注"|"折弯"命令，即执行 Dimjogged 命令，AutoCAD 提示：选择圆弧或圆(选择要标注尺寸的圆弧或圆)。

指定中心位置替代(指定折弯半径标注的新中心点，以替代圆弧或圆的实际中心点)。

指定尺寸线位置或 "多行文字(M)/文字(T)/角度(A)"(确定尺寸线的位置，或进行其他设置)。

指定折弯位置(指定折弯位置)。

八、连续标注

连续标注指在标注出的尺寸中，相邻两尺寸线共用同一条尺寸界线(见图 8-11)命令：Dimcontinue

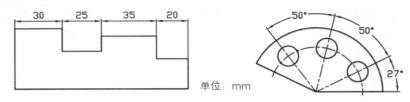

单位：mm

图 8-11　连续标注

单击"标注"工具栏上的(连续)按钮，或选择"标注"|"连续"命令，即执行 Dimcontinue 命令，AutoCAD 提示如下。

指定第二条尺寸界线原点或"放弃(U)/选择(S)""选择"。

1）指定第二条尺寸界线原点

确定下一个尺寸的第二条尺寸界线的起始点。用户响应后，AutoCAD 按连续标注方式标注出尺寸，即把上一个尺寸的第二条尺寸界线作为新尺寸标注的第一条尺寸界线标注尺寸，而后 AutoCAD 继续提示如下。

指定第二条尺寸界线原点或 "放弃(U)/选择(S)""选择"。

此时可再确定下一个尺寸的第二条尺寸界线的起点位置。当用此方式标注出全部尺寸后，在上述同样的提示下单击 Enter 键或 Space 键，结束命令的执行。

2）选择

该选项用于指定连续标注将从哪一个尺寸的尺寸界线引出。执行该选项，AutoCAD 提示如下。

选择连续标注：

在该提示下选择尺寸界线后，AutoCAD 会继续提示：指定第二条尺寸界线原点或 "放弃(U)/选择(S)""选择"；

在该提示下标注出的下一个尺寸会以指定的尺寸界线作为其第一条尺寸界线。执行连续尺寸标注时，有时须要先执行"选择(S)"选项来指定引出连续尺寸的尺寸界线。

九、基线标注

基线标注指各尺寸线从同一条尺寸界线处引出。

命令：Dimbaseline。

单击"标注"工具栏上的(基线)按钮，或选择"标注"|"基线"命令，即执行 Dimbaseline 命令，AutoCAD 提示：指定第二条尺寸界线原点或"放弃(U)/选择(S)""选择"。

1）指定第二条尺寸界线原点

确定下一个尺寸的第二条尺寸界线的起始点。确定后 AutoCAD 按基线标注方式标注出尺寸，而后继续提示如下。

指定第二条尺寸界线原点或"放弃(U)/选择(S)""选择"。

此时可再确定下一个尺寸的第二条尺寸界线起点位置。用此方式标注出全部尺寸后，在同样的提示下单击 Enter 键或 Space 键，结束命令的执行。

2）选择

该选项用于指定基线标注时作为基线的尺寸界线。执行该选项，AutoCAD 提示如下。

"选择基准标注："。

在该提示下选择尺寸界线后，AutoCAD 继续提示如下。

指定第二条尺寸界线原点或 "放弃(U)/选择(S)""选择"。

在该提示下标注出的各尺寸均从指定的基线引出。执行基线尺寸标注时，有时需要先执行"选择(S)"选项来指定引出基线尺寸的尺寸界线。

十、绘圆心标记

为圆或圆弧绘圆心标记或中心线。

命令：Dimcenter。

单击"标注"工具栏上的(圆心标记)按钮，或选择"标注"|"圆心标记"命令，即执行 Dimcenter 命令，AutoCAD 提示如下。

选择圆弧或圆：

在该提示下选择圆弧或圆即可。

第四节　多重引线标注

利用多重引线标注，用户可以标注(标记)注释、说明等。

一、多重引线样式

用户可以设置多重引线的样式。

命令：Mleaderstyle。

单击"多重引线"工具栏上的(多重引线样式)按钮，或执行 Mleaderstyle 命令，AutoCAD 打开"多重引线样式管理器"对话框，如图 8-12 所示。

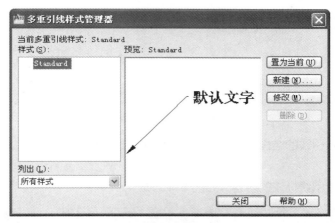

图 8-12　"多重引线样式管理器"对话框

对话框中，"当前多重引线样式"用于显示当前多重引线样式的名称。"样式"列表框用于列出已有的多重引线样式的名称。"列出"下拉列表框用于确定要在"样式"列表框中列出哪些多重引线样式。"预览"图像框用于预览在"样式"列表框中所选中的多重引线样式的标注效果。"置为当前"按钮用于将指定的多重引线样式设为当前样式。"新建"按钮用于创建新多重引线样式。单击"新建"按钮，AutoCAD 打开"创建新多重引线样式"对话框。用户可以通过对话框中的"新样式名"文本框指定新样式的名称；通过"基础样式"下拉列表框确定用于创建新样式的基础样式。确定新样式的名称和相关设置后，单击"继续"按钮，AutoCAD 打开对应的对话框，如图 8-13 所示。

对话框中有"引线格式""引线结构"和"内容"3 个选项卡，下面分别介绍这些选项卡。

"引线格式"选项卡用于设置引线的格式。"基本"选项组用于设置引线的外观。"箭头"选项组用于设置箭头的样式与大小。

"引线打断"选项用于设置引线打断时的距离值。预览框用于预览对应的引线样式。

"引线结构"选项卡用于设置引线的结构，如图 8-14 所示。

图 8-13   "创建新多重引线样式"对话框

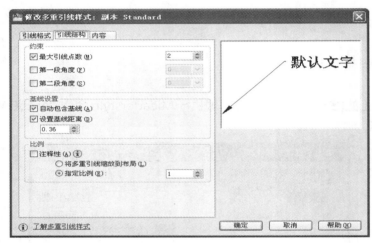

图 8-14   "引线结构"选项卡

"约束"选项组用于控制多重引线的结构。"基线设置"选项组用于设置多重引线中的基线。"比例"选项组用于设置多重引线标注的缩放关系。

"内容"选项卡用于设置多重引线标注的内容，如图 8-15 所示。

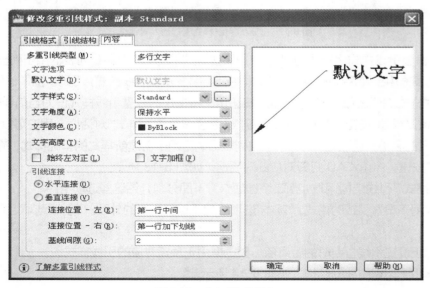

图 8-15   "内容"选项卡

"多重引线类型"下拉列表框用于设置多重引线标注的类型。"文字选项"选项组用于设置多重引线标注的文字内容。"引线连接"选项组一般用于设置标注出的对象沿垂直方向相对于引线基线的位置。

二、多重引线标注

命令：Qleader。

单击"多重引线"工具栏上的(多重引线)按钮执行，即执行 Qleader 命令，AutoCAD 提示如下。

"指定引线箭头的位置"或"引线基线优先(L)/内容优先(C)/选项(O)""选项"：

提示中，"指定引线箭头的位置"选项用于确定引线的箭头位置；"引线基线优先(L)"和"内容优先(C)"选项分别用于确定将首先确定引线基线的位置还是首先确定标注内容，用户根据需要选择即可；"选项(O)"选项用于多重引线标注的设置，执行该选项，AutoCAD 提示如下。

输入选项"引线类型(L)/引线基线(A)/内容类型(C)/最大节点数(M)/第一个角度(F)/第二个角度(S)/退出选项(X)""内容类型"：

其中，"引线类型(L)"选项用于确定引线的类型；"引线基线(A)"选项用于确定是否使用基线；"内容类型(C)"选项用于确定多重引线标注的内容(多行文字、块或无)；"最大节点数(M)"选项用于确定引线端点的最大数量；"第一个角度(F)"和"第二个角度(S)"选项用于确定前两段引线的方向角度。

执行 Mleader 命令后，如果在"指定引线箭头的位置或'引线基线优先(L)/内容优先(C)/选项(O)'选项'："提示下指定一点，即指定引线的箭头位置后，AutoCAD 提示如下。

指定下一点或"端点(E)""端点"：指定点。

指定下一点或"端点(E)""端点"：

在该提示下依次指定各点，然后单击 Enter 键，AutoCAD 弹出"文字格式"编辑器，如图 8-16 所示。

图 8-16 "文字格式"编辑器

通过文字编辑器输入对应的多行文字后，单击"文字格式"工具栏上的"确定"按钮，即可完成引线标注。

第五节 标注尺寸公差与形位公差

一、标注尺寸公差

AutoCAD 2010 提供了标注尺寸公差的多种方法。例如，利用前面介绍过的"公差"选项卡中，用户可以通过"公差格式"选项组确定公差的标注格式，如确定以何种方式标注公差以及设置尺寸公差的精度、设置上偏差和下偏差等。通过此选项卡进行设置后再标注尺寸，就可以标注出对应的公差。

实际上，标注尺寸时，可以方便地通过在位文字编辑器输入公差。

二、标注形位公差

利用 AutoCAD 2010，用户可以方便地为图形标注形位公差。用于标注形位公差的命令是 Tolerance，利用"标注"工具栏上的(公差)按钮或"标注"|"公差"命令可启动该命令。执行 Tolerance 命令，AutoCAD 的如图 8-17 所示的"形位公差"对话框。

其中，"符号"选项组用于确定形位公差的符号。单击其中的小黑方框，AutoCAD 弹出如图 8-18 所示的"特征符号"对话框。用户可从该对话框确定所需要的符号。单击某一符号，AutoCAD 返回到"形位公差"对话框，并在对应位置显示出该符号。

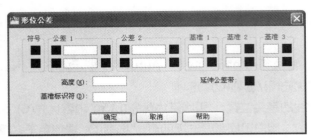

图 8-17 "形位公差"对话框

图 8-18 "特征符号"对话框

另外"公差 1""公差 2"选项组用于确定公差。用户应在对应的文本框中输入公差值。此外，可通过单击位于文本框前边的小方框确定是否在该公差值前加直径符号；单击位于文本框后边的小方框，可从弹出的"包容条件"对话框中确定包容条件。"基准 1""基准 2""基准 3"选项组用于确定基准和对应的包容条件。

通过"形位公差"对话框确定要标注的内容后，单击对话框中的"确定"按钮，AutoCAD 切换到绘图屏幕，并提示："输入公差位置："

在该提示下确定标注公差的位置即可。

第六节 编 辑 尺 寸

一、修改尺寸文字

修改已有尺寸的尺寸文字。

命令：Ddedit。

执行 Ddedit 命令，AutoCAD 提示如下。

"选择注释对象"或"放弃(U)"：

在该提示下选择尺寸，AutoCAD 弹出"文字格式"工具栏，并将所选择尺寸的尺寸文字设置为编辑状态，用户可直接对其进行修改，如修改尺寸值、修改或添加公差等。

二、修改尺寸文字的位置

修改已标注尺寸的尺寸文字的位置。

命令：Dimtedit。

单击"标注"工具栏上的(编辑文字标注)按钮，即执行 Dimtedit 命令，AutoCAD 提示如下。

选择标注：(选择尺寸)指定标注文字的新位置或"左(L)/右(R)/中心(C)/默认(H)/角度(A)"：

提示中，"指定标注文字的新位置"选项用于确定尺寸文字的新位置，通过鼠标将尺寸文字拖动到新位置后单击拾取键即可；"左(L)"和"右(R)"选项仅对非角度标注起作用，它们分别决定尺寸文字是沿尺寸线左对齐还是右对齐；"中心(C)"选项可将尺寸文字放在尺寸线的中间；"默认(H)"选项将按默认位置、方向放置尺寸文字；"角度(A)"选项可以使尺寸文字旋转指定的角度。

三、用 Dimedit 命令编辑尺寸

Dimedit 命令用于编辑已有尺寸。利用"标注"工具栏上的(编辑标注)按钮可启动该命令。执行 Dimedit 命令，

AutoCAD 提示如下。

输入标注编辑类型"默认(H)/新建(N)/旋转(R)/倾斜(O)""默认"：

其中，"默认"选项会按默认位置和方向放置尺寸文字。"新建"选项用于修改尺寸文字。"旋转"选项可将尺寸文字旋转指定的角度。"倾斜"选项可使非角度标注的尺寸界线旋转一角度。

四、翻转标注箭头

更改尺寸标注上每个箭头的方向。具体操作是：首先，选择要改变方向的箭头，然后右击，从弹出的快捷菜单中选择"翻转箭头"命令，即可实现尺寸箭头的翻转。

五、调整标注间距

用户可以调整平行尺寸线之间的距离。命令：Dimspace。

单击"标注"工具栏中的(等距标注)按钮，或选择菜单命令"标注"|"标注间距"，AutoCAD 提示如下。

选择基准标注：(选择作为基准的尺寸)。

选择要产生间距的标注：(依次选择要调整间距的尺寸)。

选择要产生间距的标注：

输入值或"自动(A)""自动"：

如果输入距离值后单击 Enter 键，AutoCAD 调整各尺寸线的位置，使它们之间的距离值为指定的值。如果直接单击 Enter 键，AutoCAD 会自动调整尺寸线的位置。

六、折弯线性

折弯线性指将折弯符号添加到尺寸线中。

命令：Dimjogline。

单击"标注"工具栏中的"折弯线性"按钮，或选择菜单命令"标注"|"折弯线性"，AutoCAD 提示如下。

选择要添加折弯的标注或"删除(R)"(选择要添加折弯的尺寸；"删除(R)"选项用于删除已有的折弯符号)。

指定折弯位置(或单击 Enter 键)：通过拖动鼠标的方式确定折弯的位置。

七、折断标注

折断标注指在标注或延伸线与其他线重叠处打断标注或延伸线。

命令：Dimbreak。

单击"标注"工具栏中的(折断标注)按钮，或选择菜单命令"标注"|"标注打断"，AutoCAD 提示如下。

选择标注或"多个(M)"(选择尺寸；可通过"多个(M)"选项选择多个尺寸)。

选择要打断标注的对象或"自动(A)/恢复(R)/手动(M)""自动"：

根据提示操作即可。

第九章

布局和打印 ◀◀◀◀

第一节　三个操作空间

一、模型空间

模型空间是用来绘制、修改图形的，其空间无限大，可以容纳无限多个对象，是用户绘图的主要工作空间。

二、图纸空间(图纸布局)

图纸空间是专门为方便打印而提供的一种工作空间。

在图纸空间中，用户可调用一定规格的图纸，并将模型空间的全部图形或部分图形按一定的比例进行摆放，还可以在图纸空间上添加相应的注释、图框等内容。

利用图纸空间可以进行打印前的详细设置，实时预览打印效果，所见即所得。

三、浮动模型空间

在图纸空间中只能显示模型空间中的对象，但不能进行操作，浮动模型空间则提供了一种捷径，使用户不用返回到模型空间，就能在图纸空间界面对模型空间中的对象进行操作，便于在图纸空间中进行打印布局(视图布置、比例设置)。

四、三个空间的切换

1. 模型空间和图纸空间的相互切换

当打开或新建 AutoCAD 文档时，系统默认显示的是模型窗口。但如果当时工作区已经以布局窗口显示，可以单击状态栏"模型"标签(AutoCAD"二维草图与注释"工作空间)，或绘图窗口左下角"模型"标签("AutoCAD 经典"工作空间)，从布局窗口切换到模型窗口。

通过选择图形区域左下角的"模型""布局"选项卡，可以进行模型空间和图纸空间的相互切换，或者在模型空间中点击状态栏中的"模型"按钮，可从模型空间切换到图纸空间，显示预置规格的白图纸背景。

2. 图纸空间和浮动模型空间的相互切换

在图纸空间中任意位置双击，则转换为浮动模型空间，此时视口边界加粗，在浮动模型空间中可对模型空间中的对象进行修改，调整位置及比例，然后在视口外部、布局的空白区域双击，切换到图纸空间。

3. 最大化布局视口

双击视口边界最大化视口/返回布局视口。

最大化布局视口后可以进入模型空间进行修改，但不改变视口中模型对象的位置和比例，即恢复视口返回图纸空间后，也将恢复布局视口中对象的位置和比例。在最大化布局视口中不能进行视口创建。

视口中模型对象的位置和比例只能在浮动模型空间中进行调整，如图 9-1 所示。

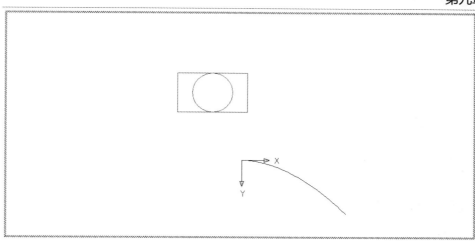

图 9-1 浮动模型空间

五、三种视口

1. 模型空间中的视口

模型空间中的视口是平铺视口,用来显示模型的不同部位,用户只能在当前视口中绘制和编辑图形。它是一种平铺视口,其数量有限,大小、位置固定,形状为矩形,且不能被编辑。

2. 图纸空间中的视口

图纸空间中的视口是浮动视口,用来显示模型空间的对象,但不能编辑模型,其大小、形状、位置任意,数量无限,并可作为对象进行编辑修改。

3. 浮动模型空间中的视口

浮动模型空间是在图纸空间中进入模型空间的通道,可对模型对象进行平移和缩放操作。当进入浮动模型空间时,图纸空间中的视口激活为浮动模型空间中的视口,此时视口不能被编辑,只是作为窗口显示边界,并且被激活当前视口的边界加粗。

第二节 布局的基本操作

一、创建新布局

(1) 菜单:"插入"|"布局"|"新建布局"。

(2) 快捷方式:鼠标指向模型|布局选项卡,单击鼠标右键,弹出快捷菜单,如图 9-2 所示。

二、视口的创建及修改

(1) 新建和命名规则视口,在图纸空间只能调用命名视口,而不能创建命名视口。

(2) 创建多边形视口,如图 9-3 所示。

(3) 将对象转换为视口。

(4) 剪裁视口,如图 9-4 所示。

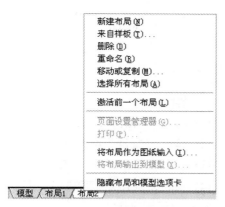

图 9-2 布局快捷菜单

图 9-3 创建多边形视口 　　　　图 9-4 剪裁视口 　　　　图 9-5 视口比例

三、视口比例

视口比例可以被锁定，此时在浮动视口中不能进行缩放和平移，但可以进行对象修改，如图 9-5 所示。

四、视口的打印

不打印布局视口边界。

(1) 将布局视口创建在一个专门的视口图层，在打印前关闭图层。

(2) 将视口颜色设置为"真色彩"的"255，255，255"颜色，如图 9-6 所示。

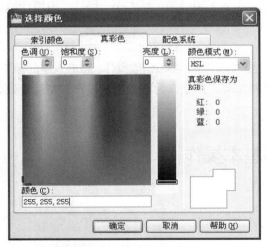

图 9-6 "选择颜色"对话框

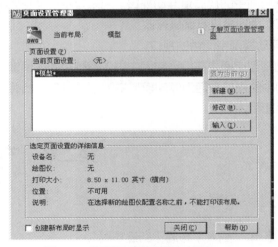

图 9-7 "页面设置管理器"对话框

五、页面设置

1. 调用

(1) 命令：Pagesetup。

(2) 菜单："文件"|"页面设置管理器"。

(3) 工具按钮："输出"|"打印"|"页面设置管理器"。

(4) 布局选项卡快捷菜单，"页面设置管理器"对话框如图 9-7 所示。

2."页面设置"对话框

"页面设置"对话框如图 9-8 所示。

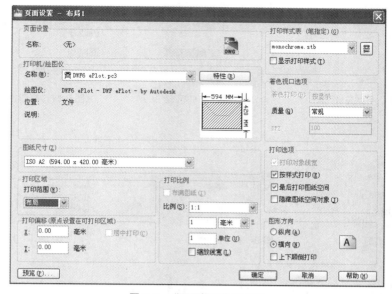

图 9-8　"页面设置"对话框

3. 打印设备

打印设备包括打印机名称及特性，包括自定义图纸尺寸、修改图纸可打印区域(页边距)等，如图 9-9 至图 9-20 所示。

图 9-9　打印机名称

图 9-10　绘图仪配置编辑器

图 9-11　自定义图纸尺寸

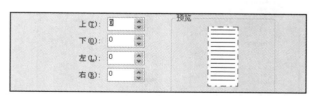

图 9-12　修改图纸可打印区

图 9-13　横向 ISO A2(594×420)

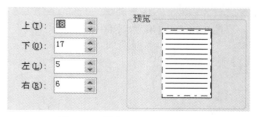

图 9-14　纵向 ISO A2(420×594)

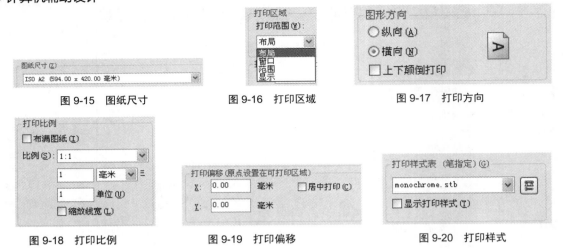

图 9-15　图纸尺寸　　　　　图 9-16　打印区域　　　　　图 9-17　打印方向

图 9-18　打印比例　　　　　图 9-19　打印偏移　　　　　图 9-20　打印样式

4. 打印样式类型

图形文件的打印样式类型只能在创建前，在"选项"设置中进行定义，已建图形文件的打印样式类型不能更改，如图 9-21 至图 9-25 所示。

图 9-21　与颜色相关打印样式(*.ctb)　　　图 9-22　命名打印样式(*.stb)　　　图 9-23　打印样式表编辑器

其中图 9-24 和图 9-25 是与布局、打印有关的选项设置。

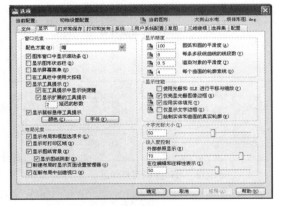

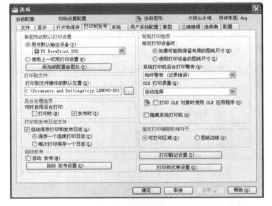

图 9-24　"选项"对话框一　　　　　　　　图 9-25　"选项"对话框二

六、图形输出

1. 调用

(1) 命令: Plot。

(2) 菜单: "文件"|"打印"。

打印对话框如图 9-26 所示。

2. 与布局比例有关的比例设置

(1) 绘图比例如图 9-27 所示。

图 9-26　打印对话框

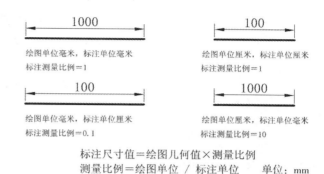

标注尺寸值＝绘图几何值×测量比例

测量比例＝绘图单位 / 标注单位　　单位：mm

图 9-27　绘图比例

(2) 文字高度如图 9-28 所示。

打印文字高度＝模型文字高度×布局比例。

模型文字高度＝打印文字高度/布局比例。

注释文字高度为打印高度。注释比例可随布局视口比例自动调整，使注释比例等于视口比例，注释比例改变时添加到注释对象，如图 9-29 和图 9-30 所示。

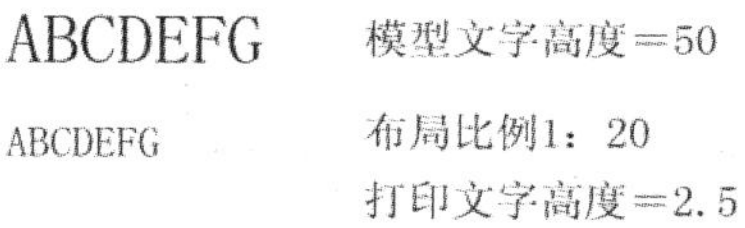

ABCDEFG　　模型文字高度＝50

ABCDEFG　　布局比例1：20

打印文字高度＝2.5

图 9-28　文字高度

图 9-29　比例

图 9-30　修改对象线型比例

(3) 线型比例如图 9-31 至图 9-33 所示。

图 9-31　线型比例一

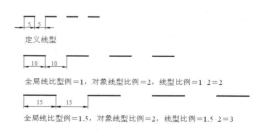

定义线型

全局线比例例＝1，对象线型比例＝2，线型比例＝1·2＝2

全局线比例例＝1.5，对象线型比例＝2，线型比例＝1.5·2＝3

图 9-32　线型比例二

使用图纸单位缩放线型，可以保证打印线段长度与线型定义一致，但不能同时保证线段数目与模型空间的线段数目一致，即模型空间的线型通常显示不正确，如图 9-34 所示。

不使用图纸单位缩放线型，能保证打印的线段数目与模型线段数目一致，并使线段长度与线型定义一致，如图 9-35 所示。

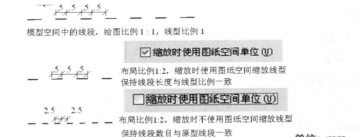

模型空间中的线段，绘图比例1:1，线型比例1

☑ **缩放时使用图纸空间单位 (U)**

布局比例1:2，缩放时使用图纸空间缩放线型
保持线段长度与线型比例一致

☐ **缩放时使用图纸空间单位 (U)**

布局比例1:2，缩放时不使用图纸空间缩放线型
保持线段数目与原型线段一致

单位：mm

图 9-33　线型比例三

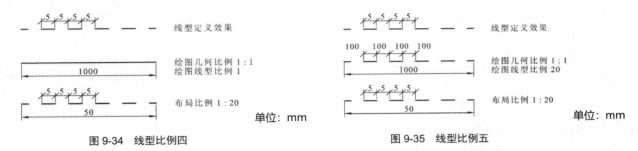

线型定义效果　　　　　　　　　　　线型定义效果

绘图几何比例 1：1　　　　　　　绘图几何比例 1：1
绘图线型比例 1　　　　　　　　　绘图线型比例 20

布局比例 1：20　　　　　　　　　布局比例 1：20

单位：mm　　　　　　　　　　　　单位：mm

图 9-34　线型比例四　　　　　　　　　　　图 9-35　线型比例五

(4) 尺寸标注全局比例和测量比例。

全局比例如下。

① "注释性尺寸标注"|"注释比例"，可使同一个标注在不同布局视口有不同的注释比例。

② "按布局缩放标"|"全局比例"。

③ 直接设置标注的全局比例，同一个标注在不同布局视口只能有相同的全局比例。

测量比例如下。

测量比例与布局比例无关，只与绘图单位和标注单位有关，如图 9-36 和图 9-37 所示。

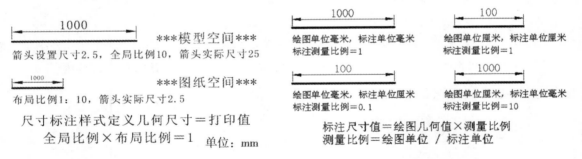

模型空间
箭头设置尺寸2.5，全局比例10，箭头实际尺寸25

图纸空间
布局比例1：10，箭头实际尺寸2.5

尺寸标注样式定义几何尺寸＝打印值
全局比例×布局比例＝1　　单位：mm

绘图单位毫米，标注单位毫米
标注测量比例＝1

绘图单位厘米，标注单位厘米
标注测量比例＝1

绘图单位毫米，标注单位厘米
标注测量比例＝0.1

绘图单位厘米，标注单位毫米
标注测量比例＝10

标注尺寸值＝绘图几何值×测量比例
测量比例＝绘图单位 / 标注单位

图 9-36　测量比例一　　　　　　　　　　图 9-37　测量比例二

第二部分
施工图纸篇

AutoCAD J ISUANJI

F UZHU S HEJI

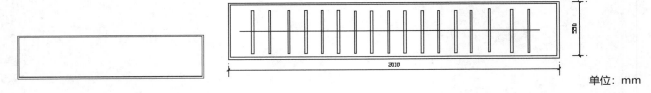

第十章

绘制室内平面图 ◀◀◀◀

第一节　家具的绘制

一、家具平面图

1. 衣柜平面图

衣柜是现代家庭装饰中必不可少的组成部分，是家庭装饰设计中很重要的一块。在本节里将介绍衣柜的平面图。

平面图的绘制方法：

(1) 绘制一个 2000 mm×550 mm 的矩形，内偏移 20 mm；

(2) 利用直线捕捉中点绘制水平线；

(3) 距左边垂直线段 92 mm，距上方水平线段 53 mm 处，绘制 20 mm×420 mm 的矩形表示衣柜平面图。

衣柜平面图如图 10-1 所示。

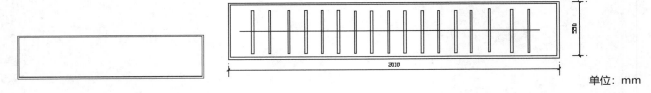

单位：mm

图 10-1　衣柜平面图

2. 双人床平面图

床是现代家庭装饰中必不可少的组成部分，是家庭装饰设计中很重要的一块。本节将介绍床、床头柜、局部地毯的绘制。

绘制方法：

(1) 绘制 1500 mm×2000 mm 的矩形，表示床平面图的外框；

(2) 绘制 500 mm×500 mm 的矩形，表示床头柜平面图；

(3) 绘制半径为 562 mm 的圆，表示地毯平面造型。

(注：一般单人床的宽度为 900 mm、1050 mm、1200 mm，长度为 1800 mm、1860 mm、2000 mm、2100 mm；一般双人床的宽度为 1350 mm、1500 mm、1800 mm，长度为 1800 mm、2000 mm、2100 mm；一般常用圆床直径为 1860 mm、2125 mm、2424 mm。)

双人床平面图如图 10-2 所示。

3. 门平面图

施工图中经常需要使用门，单开门就是其中的一种，主要应用于卧室及卫生间等区域。

(1) 绘制单开门。

绘制方法如下。

① 执行"矩形"命令，绘制长为 40 mm、宽为 1000 mm 的矩形作为门板，如图 10-3 所示。

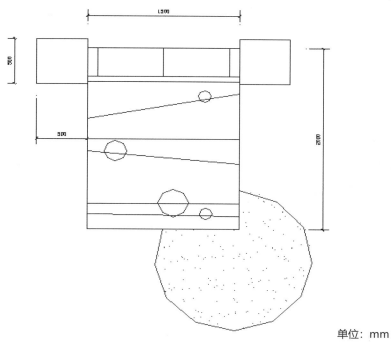

单位：mm

图 10-2 双人床平面图

② 执行"圆心，半径"命令，以矩形左下角的端点为圆心、设置半径尺寸为 1000 mm，绘制一个圆作为门的饰线，如图 10-4 所示。

③ 执行"直线"命令，以矩形右下角的端点为第一点，圆右边的象限点为第二点，绘制一条长为 1000 mm 的直线，如图 10-5 所示。

图 10-3 绘制门板　　　　图 10-4 绘制门的饰线　　　　图 10-5 绘制直线

④ 执行"修剪"命令，选择图中所有的线段和辅助线，将多余的弧形进行修剪，效果如图 10-6 所示。

⑤ 执行"删除"命令，选择长度为 1000 mm 的线段，将其删除，完成绘制，结果如图 10-7 所示。

图 10-6 修剪弧形　　　　　　图 10-7 单开门最终效果

(2) 绘制子母门。

子母门是一种特殊的双门扇对开门，由一个宽度较小的门扇和一个宽度较大的门扇组成。当设计的门宽度大于普通的单扇门宽度(800～1000 mm)，而又小于双扇门的总宽度(200～4000 mm)时，可以采用子母门。这样平时开门、关门、走人，就不必推动太大的一扇门；当需要通过家具等大物件时，可以全部打开。

① 执行"直线"命令，绘制一条长为 1080 mm 的直线作为辅助线，如图 10-8 所示。

② 执行"矩形"命令，在直线的两个端点位置绘制宽为 40 mm，长为 810 mm 和宽为 40 mm、长为 270 mm 的两个矩形，如图 10-9 所示。

图 10-8　绘制辅助线 　　　　　　　　　　　　　　图 10-9　绘制矩形

③ 执行"圆心，半径"命令，以大矩形左下角的端点为圆心，绘制半径为 810 mm 的圆，以小矩形右下角的端点为圆心、绘制半径为 270 mm 的圆，如图 10-10 所示。

④ 依次执行"修剪"和"删除"命令，修剪和删除多余的辅助线，如图 10-11 所示。

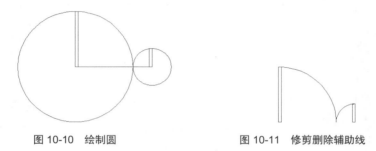

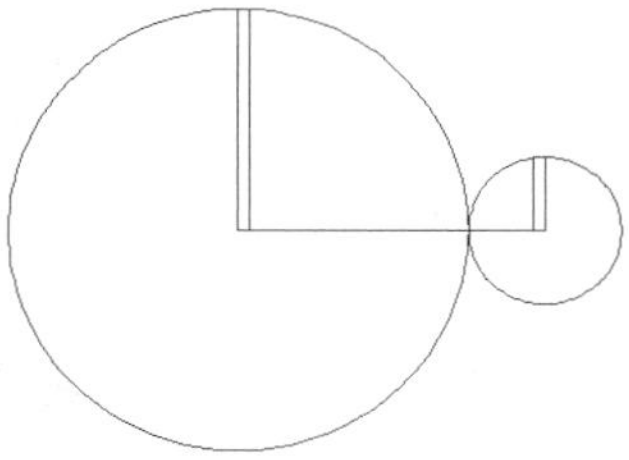

图 10-10　绘制圆　　　　　　　　　　　　　　图 10-11　修剪删除辅助线

(3) 绘制推拉门。

推拉门最初只用于卧室或更衣间衣柜，随着技术的发展与装修手段的多样化，推拉门的功能和使用范围在不断扩展，除了最常见的用于阳台和厨房，推拉门还广泛用于壁柜、客厅、展示厅、推拉式户门等。

① 执行"矩形"命令，绘制长为 750 mm，宽为 60 mm 的矩形作为一扇门，如图 10-12 所示。

② 执行"复制"命令，并单击 F3 键，开启"对象捕捉"，选择绘制好的矩形，以矩形左上角的端点为基点依次复制 3 次，如图 10-13 所示。

图 10-12　绘制矩形 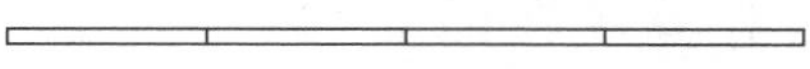　　　　　　　　　　　　　　图 10-13　复制矩形

③ 执行"移动"命令，取消"正交模式"，将中间的两个矩形分别移动到左右两个矩形的中点位置，如图 10-14 所示。

④ 开启"正交模式"，执行"直线"命令，绘制直线连接两边的门作为门框，如图 10-15 所示。

图 10-14　移动图形　　　　　　　　　　　　　　图 10-15　绘制门框

⑤ 执行"多段线"命令，在推拉门中点下方位置绘制一定长度的直线，取消"正交模式"，继续绘制箭头示意符号，如图 10-16 所示。

⑥ 执行"镜像"命令，选择绘制好的箭头示意符号，以门框的中点垂直线作为镜像线将其进行镜像，如图 10-17 所示。至此，推拉门绘制完毕。

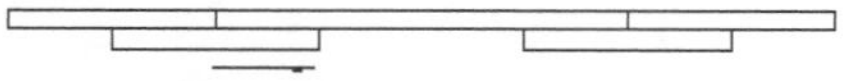

图 10-16　绘制直线和箭头示意符号 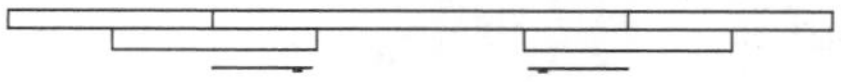　　　　　　　　图 10-17　镜像操作

(4) 绘制旋转门。

旋转门具有隔离气流和节能的特点，是建筑物的点睛之笔，最适合饭店、机场、大型商场、医院、酒店、办公楼

等的出入口。

① 执行"圆心，半径"命令，绘制半径为 90 mm、180 mm 和 1280 mm 的同心圆作为旋转门的基本轮廓，如图 10-18 所示。

② 执行"偏移"命令，将半径为 1280 mm 的圆向内依次偏移 27 mm、5 mm、12 mm、5 mm，如图 10-19 所示。

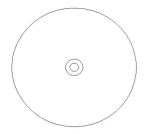
图 10-18　绘制轮廓

图 10-19　偏移圆

③ 执行"矩形"命令，绘制长宽均为 500 mm 的矩形(实为正方形)作为防震支撑件，并依次执行"直线"和"移动"命令，绘制矩形的对角线，并以对角线的交点为基点，将其移动到圆心位置，如图 10-20 所示。

④ 执行"删除"命令，将对角线进行删除，并执行"偏移"命令，将矩形向外依次偏移 10 mm、30 mm，如图 10-21 所示。

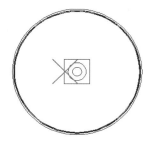
图 10-20　绘制支撑件

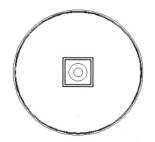
图 10-21　偏移支撑件

⑤ 依次执行"矩形"和"直线"命令，绘制长宽均为 2560 mm 的矩形(实为正方形)，且连接对角线，并执行"移动"命令，以对角线的交点为基点，将其移动到圆心位置，如图 10-22 所示。

⑥ 执行"偏移"命令，将对角线向两侧分别依次偏移 6 mm、27 mm，并执行"修剪"命令，修剪多余的线段，如图 10-23 所示。至此，旋转门绘制完毕。

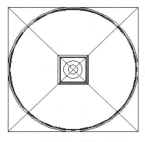
图 10-22　绘制、偏移对角线

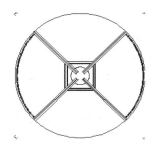
图 10-23　修剪线段

4. 餐椅平面图

餐椅是现代家庭中必不可少的组成部分，是家庭装饰中很重要的一块。下面介绍餐椅的配套效果。

绘制方法：

(1) 利用直线工具画出一个 460 mm×450 mm 的矩形；

(2) 利用圆弧中的"圆心，起点，端点"命令，绘制餐椅轮廓，如图 10-24 所示；

(3) 利用偏移工具绘制餐椅的平面图，如图 10-25 所示；

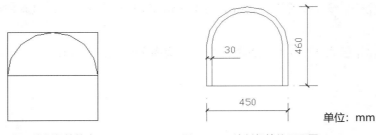

单位：mm

图 10-24　绘制餐椅轮廓　　　　图 10-25　绘制餐椅的平面图

(4) 利用复制和修剪工具调整餐椅的平面图，最终完成桌椅平面图如图 10-26 所示。

5. 长方桌平面图

(1) 绘制一个 1500 mm×900 mm 的矩形，表示餐桌平面。

(2) 在餐桌的左右两边垂直线段正中绘制两个 234 mm×411 mm 的矩形，上下水平方向绘制两个 511 mm×246 mm 的矩形，表示平面椅子。

(3) 将所有的矩形进行分解，再将椅子的水平线向内偏移 70 mm，如图 10-27 所示。

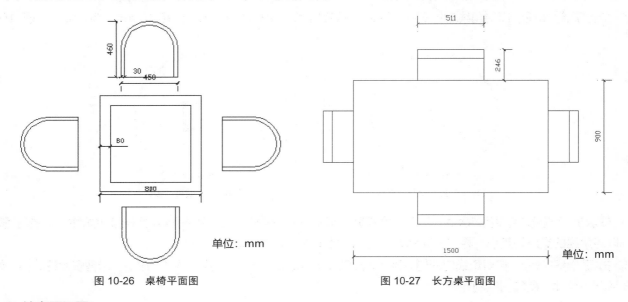

单位：mm　　　　　　　　　　　　　　　　　　单位：mm

图 10-26　桌椅平面图　　　　　　　　　图 10-27　长方桌平面图

6. 炉盘平面图

炉盘是以液化石油气、人工煤气、天然气等气体燃料进行直火加热的厨房用具。

(1) 绘制一个 800 mm×485 mm 的矩形，表示炉盘，再将矩形分解，将矩形下边的水平线向上偏移 100 mm。

(2) 利用圆命令，分别绘制半径为 120 mm 和 100 mm 的圆，放置在矩形的左侧，再将两个圆复制一份放置在右侧。

(3) 利用直线，绘制长度为 30 mm 的直线作为炉盘的细节部分。炉盘平面图如图 10-28 所示。

7. 洗菜盆平面图

(1) 绘制一个 470 mm×900 mm 的矩形，表示洗菜盆平面。

(2) 在洗菜盆平面上绘制一个 350 mm×280 mm 的矩形，利用偏移命令，将此矩形向内偏移 15 mm。

(3) 将外面的小矩形倒角 30 mm，里面的小矩形倒圆角 30 mm。

(4) 利用圆命令，绘制两个半径分别为 30 mm 和 20 mm 的圆，表示出水孔。

(5) 利用直线绘制一条 300 mm 的水平线，再利用偏移命令每隔 20 mm 进行偏移，若偏移形成 12 条水平线。洗菜盆平面图如图 10-29 所示。

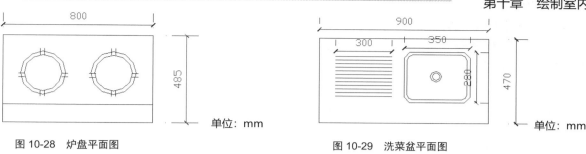

图 10-28　炉盘平面图　　　　　　　　　　　图 10-29　洗菜盆平面图

8. 坐便器平面图

(1) 利用矩形绘制一个 200 mm×700 mm 的矩形表示坐便器水箱，分解后将其倒圆角 30 mm；

(2) 利用直线，捕捉矩形中点绘制长 500 mm 的直线，再向上、下分别偏移 140 mm、170 mm，再向左依次偏移 60 mm、134 mm、306 mm，如图 10-30 所示；

(3) 利用圆弧命令画出如图 10-31 所示的弧线；

(4) 利用修剪工具修剪多余的线段，如图 10-32 所示。

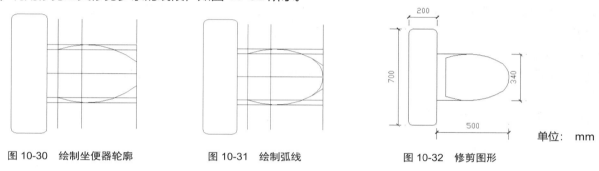

图 10-30　绘制坐便器轮廓　　　　图 10-31　绘制弧线　　　　图 10-32　修剪图形

9. 凳子的平面图

(1) 利用"绘图"|"矩形"命令，绘制尺寸为 350 mm×400 mm 的矩形。

(2) 选择"修改"|"拉伸"命令，将矩形的左上、左下角点向内拉伸 25 mm。

(3) 选择"修改"|"分解"命令，将图形分解后，再选择"修改"|"偏移"命令，将右边框线向左偏移 370 mm，如图 10-33 所示。

(4) 选择"绘图"|"圆弧"|"三点"命令，绘制圆弧。

(5) 利用"修改"|"偏移"命令，将绘制的圆弧依次向左偏移 30 mm 和 40 mm，如图 10-34 所示。

(6) 选择"修改"|"删除"命令，删除多余的线段，再选择"绘图"|"直线"命令，绘制两条直线。

(7) 使用"绘图"|"圆弧"命令，绘制圆弧。

(8) 选择"修改"|"圆角"命令，设置圆角半径为 50 mm，对图形进行倒圆角处理，如图 10-35 所示。

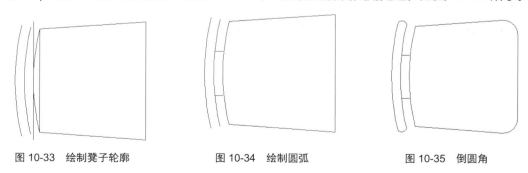

图 10-33　绘制凳子轮廓　　　　图 10-34　绘制圆弧　　　　图 10-35　倒圆角

10. 椅子的平面图

(1) 选择"绘图"|"矩形"命令，绘制一个尺寸为 450 mm×430 mm 的矩形，再使用"绘图"|"圆弧"命令，捕捉矩形左

上、左下端点绘制一条圆弧，如图 10-36 所示。

(2) 选择"修改"|"分解"命令，将矩形分解。再选择"修改"|"偏移"命令，分别将上边框线和圆弧向下偏移 70 mm 和 20 mm，如图 10-37 所示。

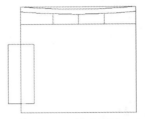

图 10-36　绘制椅子轮廓　　　　　　图 10-37　绘制扶手轮廓

(3) 选择"绘图"|"多段线"命令，捕捉圆弧和偏移线的中点，绘制一条辅助竖线。再利用"修改"|"偏移"命令，将其向左、向右偏移，偏移距离为 100 mm。

(4) 选择"修改"|"拉伸"命令，将偏移的多段线拉伸至圆弧。利用"绘图"|"矩形"命令，绘制一个尺寸为 100 mm×240 mm 的矩形，再选择"修改"|"移动"命令，捕捉矩形下边框中点，将其移到相对于大矩形左下角点处。

(5) 利用"绘图"|"圆弧"命令，捕捉矩形上边两个端点，绘制一条圆弧。

(6) 使用"圆弧"命令，捕捉矩形上边两个端点，绘制一条圆弧。

(7) 使用"镜像"命令，以矩形左、右边框中点连线为镜像线，镜像圆弧，再将绘制的矩形和圆弧向右镜像，如图 10-38 所示。

(8) 使用"修剪"和"删除"命令，将多余的线段修剪或删除，如图 10-39 所示。

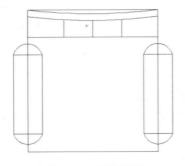
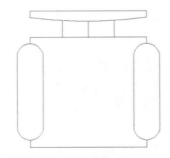

图 10-38　镜像图形　　　　　　　　图 10-39　调整图形

11. 单人沙发平面图

(1) 选择"绘图"|"矩形"命令，设置圆角半径为 25 mm，绘制一个尺寸为 600 mm×600 mm 的圆角矩形。

(2) 重复使用"矩形"命令，绘制其他圆角矩形，尺寸分别为 480 mm×120 mm、120 mm×500 mm 和 450 mm×500 mm，如图 10-40 所示。

(3) 选择"修改"|"修剪"命令，对图形进行修剪操作，如图 10-41 所示。

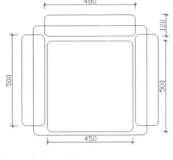

图 10-40　绘制矩形　　　　　　　　图 10-41　修剪图形

(4) 选择"绘图"|"图案填充"命令，打开"边界图案填充"对话框，并在该对话框中进行图案填充设置，如图 10-42 所示。

(5) 设置好"图案填充和渐变色"对话框后，单击"确定"按钮，则坐垫填充效果如图 10-43 所示。

图 10-42　"图案填充和渐变色"对话框

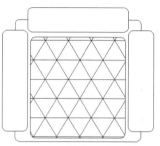

图 10-43　坐垫填充效果

12. 双人及三人沙发平面图

(1) 打开"单人沙发"图形文件。

(2) 选择"修改"|"拉伸"命令，将选择的图形对象向右拉伸 460 mm，如图 10-44 所示。

(3) 选择"修改"|"复制"命令，将坐垫向右复制，如图 10-45 所示。

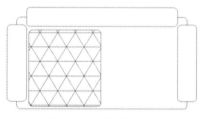

图 10-44　拉伸图形

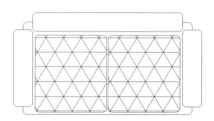

图 10-45　复制图形

(4) 绘制三人沙发，选择"修改"|"拉伸"命令，将单人沙发的图形向右拉伸 940 mm，如图 10-46 所示。

(5) 选择"修改"|"复制"命令，将坐垫向右复制，如图 10-47 所示。

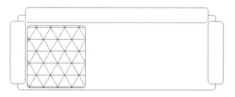

图 10-46　继续拉伸图形

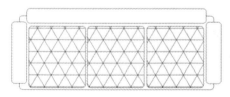

图 10-47　继续复制图形

13. 写字桌平面图

(1)　在菜单栏中将线型设为虚线，执行"直线"命令，在绘图区中绘制宽为 610 mm、长为 1170 mm 的矩形作为写字台平面轴线轮廓，如图 10-48 所示。

(2)　执行"多线"命令，设置多线尺寸为 30 mm，对正类型为无，在轴线位置绘制写字台轮廓，如图 10-49

所示。

(3) 将轴线隐藏，执行"分解"命令，将多线进行分解，使用夹点编辑多线，并执行"修剪"命令，修剪多余的线段，将写字台绘制完整，如图 10-50 所示。

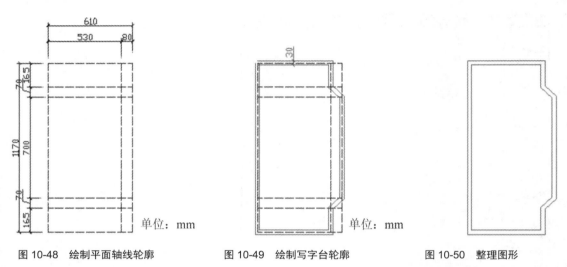

图 10-48　绘制平面轴线轮廓　　　　图 10-49　绘制写字台轮廓　　　　图 10-50　整理图形

(4) 执行"直线"命令，绘制长分别为 395 mm、550 mm 的两条直线，直线之间的距离为 450 mm，并绘制辅助线连接两条直线的中点，然后取消正交模式，用斜线连接两条直线的端点作为座椅的坐垫轮廓，如图 10-51 所示。

(5) 执行"圆角"命令，设置圆角半径为 50 mm，对坐垫四个角进行圆角操作，如图 10-52 所示。

(6) 执行"直线"命令，绘制长分别为 500 mm、380 mm 的两条直线，直线之间的距离为 165 mm，并绘制辅助线连接两条直线的中点，然后取消正交模式，用斜线连接两条直线的端点作为座椅的靠背轮廓，如图 10-53 所示。

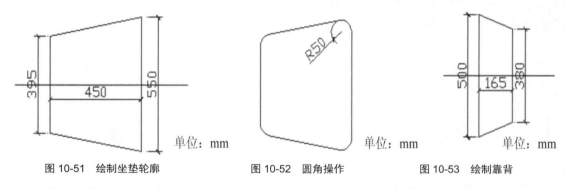

图 10-51　绘制坐垫轮廓　　　　图 10-52　圆角操作　　　　图 10-53　绘制靠背

(7) 执行"圆角"命令，设置圆角半径为 50 mm，对座椅靠背的左边两个角进行圆角操作，如图 10-54 所示。

(8) 执行"移动"命令，将椅子靠背移至坐垫位置，并执行"修剪"命令，修剪多余的线段，如图 10-55 所示。

(9) 执行"圆弧"命令，在靠背位置绘制圆弧作为靠背纹路，并在顶部位置绘制圆弧作为扶手，执行"偏移"命令，设置偏移距离为 20 mm，将扶手圆弧向外偏移，使用夹点编辑扶手图形，如图 10-56 所示。

(10) 执行"镜像"命令，选择绘制好的扶手图形，以坐垫右边线段的中点为镜像点将其进行镜像，如图 10-57 所示。

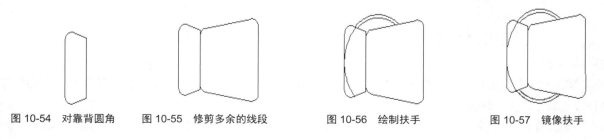

图 10-54　对靠背圆角　　　图 10-55　修剪多余的线段　　　图 10-56　绘制扶手　　　图 10-57　镜像扶手

（11）执行"移动"命令，将绘制好的座椅图形移动至写字台左边中心位置，如图 10-58 所示。

（12）依次执行"圆心，半径"和"直线"命令，绘制半径分别为 50 mm、100 mm 的同心圆，并在同心圆位置绘制交叉直线作为台灯示意图，如图 10-59 所示。

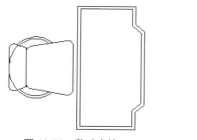
图 10-58　移动座椅

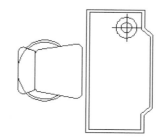
图 10-59　绘制台灯

（13）执行"插入"|"块"命令，选择电话机图块，将其调入写字台右下方位置，如图 10-60 所示。

（14）执行"圆心，半径"命令，绘制半径分别为 400 mm、500 mm 的同心圆放在写字台位置作为地毯，并执行"修剪"命令，修剪多余的线段，如图 10-61 所示。

（15）执行"图案填充"命令，选择填充图案"CROSS"和"HOUND"，设置填充图案尺寸分别为 10 mm、8 mm，对同心圆进行填充，至此，写字台绘制完毕，如图 10-62 所示。

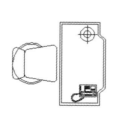
图 10-60　插入电话机

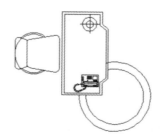
图 10-61　绘制地毯

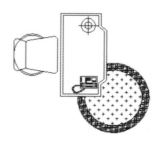
图 10-62　图案填充

二、家具立面图

1. 微波炉立面图

（1）选择"绘图"|"矩形"命令，绘制一个 460 mm×400 mm 的矩形，再选择"修改"|"偏移"命令，将矩形向内偏移 15 mm。

（2）选择"修改"|"拉伸"命令，将偏移矩形的右边框线向右拉伸 80 mm；选择"修改"|"分解"命令，将矩形右边框线向左偏移 80 mm，如图 10-63 所示。

（3）利用"偏移"命令，将矩形向内偏移，偏移距离为 40 mm 和 60 mm。再选择"修改"|"圆角"命令，设置圆角半径为 15 mm 和 10 mm，对图形进行圆角操作。

图 10-63　拉伸图形

（4）选择"绘图"|"图案填充"命令，打开"图案填充和渐变色"对话框，再该对话框中选择填充图案，并进行图案填充参数设置，如图 10-64 所示。

（5）重复使用"图案填充和渐变色"命令对话框，进行图案填充，如图 10-65 所示。

（6）选择"绘图"|"圆"命令，绘制半径为 15 mm 的圆，再使用"矩形"命令，绘制尺寸为 14 mm×2 mm 的矩形，从而绘制开关按钮，如图 10-66 所示。

（7）选择"修改"|"复制"命令，将上一步绘制的圆和矩形向下复制，再选择"修改"|"旋转"命令，将图形旋转 90°。继续绘制开关按钮如图 10-67 所示。

（8）利用"矩形"命令，执行"圆角"选项，并设置圆角半径为 10 mm，绘制尺寸为 45 mm×25 mm 的矩形，如图 10-67 所示。

图 10-64　"图案填充和渐变色"对话框

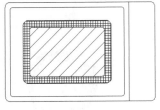

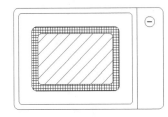

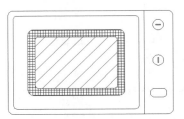

图 10-65　图案填充　　　　　　图 10-66　绘制开关按钮　　　　图 10-67　继续绘制开关按钮

2. 电饭煲立面图

(1) 选择"绘图"|"矩形"命令，绘制尺寸为 300 mm×230 mm 的矩形。选择"修改"|"分解"命令，将矩形分解，再选择"修改"|"偏移"命令，将下边框线向上偏移 25 mm。

(2) 选择"修改"|"圆角"命令，设置圆角半径为 25 mm，对图形进行圆角操作，绘制电饭煲轮廓如图 10-68 所示。

(3) 选择"绘图"|"多段线"命令，绘制多段线。再选择"修改"|"镜像"命令，镜像多段线，如图 10-69 所示。

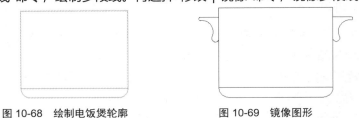

图 10-68　绘制电饭煲轮廓　　　　　图 10-69　镜像图形

(4) 利用"多段线"命令，执行"圆弧"选项，绘制圆弧多段线。再选择"绘图"|"椭圆"命令，绘制椭圆，如图 10-70 所示。

(5) 利用"多段线"命令，绘制多段线。再利用"圆角"命令，设置圆角半径为 4 mm 和 10 mm，对图形倒圆角，利用"直线"命令，绘制端点连线，如图 10-71 所示。

(6) 重复利用"多段线"命令，绘制图形。再利用"镜像"命令，对图形进行镜像操作，结果如图 10-72 所示。

图 10-70　绘制椭圆　　　　图 10-71　倒圆角并绘制端点连线　　　　图 10-72　镜像图形

3．桌子立面图

(1) 选择"绘图"|"直线"命令，绘制尺寸为 1200 mm、1170 mm、1120 mm 的三条平行直线。

(2) 选择"绘图"|"圆弧"|"三点"命令，捕捉三条直线的起点和端点，绘制弧线，如图 10-73 所示。

(3) 选择"绘图"|"多段线"命令，绘制如图 10-74 所示的多段线。

图 10-73　绘制直线和弧线　　　　　　　　　　图 10-74　绘制多段线

(4) 继续使用"多段线"命令，绘制桌腿。

(5) 利用"直线"命令，绘制端点连接线。再选择"修改"|"镜像"命令，镜像桌腿，结果如图 10-75 所示。

4．电视柜立面图

(1) 选择"绘图"|"矩形"命令，绘制尺寸为 1204 mm×190 mm 的矩形。

(2) 选择"修改"|"偏移"命令，将矩形向内偏移 20 mm。

(3) 将偏移后的矩形"分解"后，将垂直的直线向右分别偏移 362 mm、480 mm、362 mm，如图 10-76 所示。

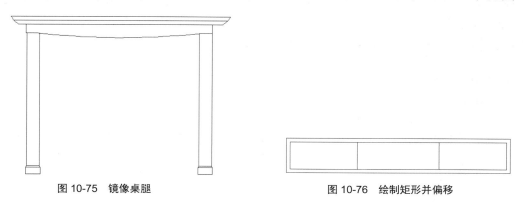

图 10-75　镜像桌腿　　　　　　　　　　图 10-76　绘制矩形并偏移

(4) 选择"绘图"|"矩形"命令，绘制尺寸为 100 mm×12 mm 作为中间抽屉的拉手。

(5) 选择"绘图"|"多段线"命令，绘制如图 10-77 所示的图形。

(6) 将以上图形镜像复制，结果如图 10-78 所示。

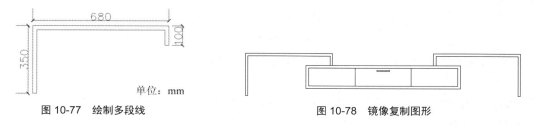

图 10-77　绘制多段线　　　　　　　　　　图 10-78　镜像复制图形

5．门体立面图

(1) 选择"绘图"|"矩形"命令，绘制尺寸为 1000 mm×2200 mm 的矩形。

(2) 选择"修改"|"偏移"命令，将矩形向内偏移 150 mm。

(3) 选择"修改"|"分解"命令，将偏移矩形分解，再利用"偏移"命令，将矩形上、下边框向内分别偏移 950 mm 和 800 mm，如图 10-79 所示。

(4) 选择"修改"|"修剪"命令，修剪图形，如图 10-80 所示。

(5) 利用"矩形"命令绘制矩形，其尺寸为 50 mm×30 mm 和 20 mm×200 mm。再利用"修剪"命令，对图形进行修剪操作，如图 10-81 所示。

图 10-79　绘制矩形并偏移　　　图 10-80　修剪图形　　　图 10-81　绘制矩形并修剪

6. 窗户立面图

(1) 选择"绘图"|"矩形"命令，绘制尺寸为 400 mm×1000 mm 的矩形。

(2) 选择"修改"|"偏移"命令，将矩形向内偏移 30 mm。

(3) 选择"修改"|"分解"命令，分解偏移矩形。再利用"偏移"命令，将矩形上、下边框线各向内偏移 300 mm 和 320 mm，结果如图 10-82 所示。

(4) 利用矩形绘制尺寸为 15 mm×10 mm 和 5 mm×100 mm 的矩形，从而绘制拉手如图 10-83 所示。

(5) 镜像复制，如图 10-84 所示。

(6) 选择"绘图"|"直线"命令，绘制直线，对图形进行效果处理。

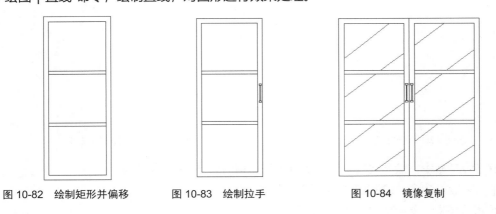

图 10-82　绘制矩形并偏移　　　图 10-83　绘制拉手　　　图 10-84　镜像复制

7. 窗帘立面图

(1) 选择"绘图"|"矩形"命令，绘制尺寸为 1800 mm×50 mm 的矩形。

(2) 选择"绘图"|"直线"命令，捕捉矩形左下角点，绘制垂直线，尺寸为 1500 mm。

(3) 选择"绘图"|"多段线"命令，执行"圆弧"选项，再执行"直线"命令，绘制直线，从而绘制窗外轮廓如图 10-85 所示。

(4) 选择"绘图"|"样条曲线"命令，捕捉直线和多段线端点，绘制样条曲线。

(5) 选择"绘图"|"多段线"命令，绘制窗帘吊绳，如图 10-86 所示。

(6) 选择"修改"|"镜像"命令，镜像图形，结果如图 10-87 所示。

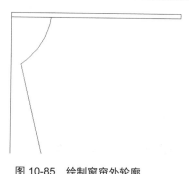

图 10-85 绘制窗帘外轮廓

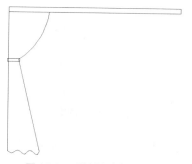

图 10-86 绘制窗帘吊绳

图 10-87 镜像图形

8. 双人床立面图

(1) 选择"绘图"|"矩形"命令，绘制一个长为 1500 mm，宽为 500 mm 的长方形作为床轮廓，如图 10-88 所示。

(2) 选择"绘图"|"圆弧"命令，在距离床轮廓 502 mm 的位置绘制圆弧图形作为床靠背，并利用"偏移"命令，将绘制好的圆弧向内偏移 50 mm，如图 10-89 所示。

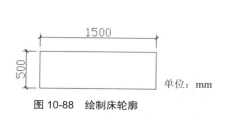

图 10-88 绘制床轮廓

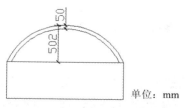

图 10-89 绘制靠背

(3) 选择"绘图"|"直线"和"圆弧"命令，根据具体实际情况在床轮廓位置绘制床单轮廓，如图 10-90 所示。

(4) 选择"绘图"|"修剪"命令，选择绘制好的床单轮廓，修剪多余的线段，如图 10-91 所示。

(5) 依次执行"直线"和"圆弧"命令，在床靠背位置绘制辅助线，然后绘制床靠背上的圆弧，如图 10-92 所示。

图 10-90 绘制床单轮廓

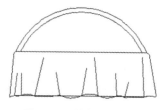

图 10-91 修剪线段

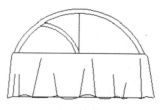

图 10-92 绘制圆弧

(6) 执行"镜像"命令，选择绘制好的图案，以辅助线为镜像点，将其进行镜像，并执行"修剪"命令，修剪多余的线段、删除辅助线，如图 10-93 所示。

(7) 选择"绘图"|"图案填充"命令，选择填充图案"GRASS"和"ESHER"，设置填充图案尺寸均为 2 mm，对床靠背进行填充，如图 10-94 所示。

(8) 选择"绘图"|"矩形"命令，绘制一个长、宽均为 500 mm 的矩形(实为正方形)作为床头柜，并执行"分解"命令，将矩形进行分解，从而绘制床头柜，如图 10-95 所示。

(9) 选择"绘图"|"偏移"命令，将矩形上边线段向下依次偏移 40 mm、180 mm，左右两边线段分别向内偏移 40 mm，并执行"修剪"命令，修剪掉多余的线段，如图 10-96 所示。

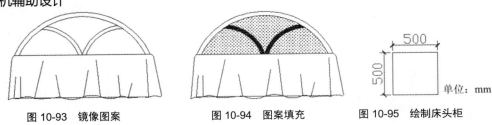

图 10-93　镜像图案　　　　　图 10-94　图案填充　　　　　图 10-95　绘制床头柜

(10) 执行"圆心，半径"命令，绘制半径为 18 mm 的圆作为床头柜拉手，并放在合适的位置，如图 10-97 所示。

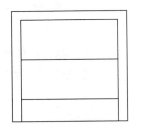

图 10-96　偏移线段并修剪掉多余的线段

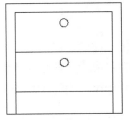

图 10-97　绘制拉手

(11) 绘制台灯。

① 选择"绘图"|"直线"命令，绘制一条辅助线，在这基础上绘制上底长为 184 mm、下底长为 388 mm、高为 210 mm 的等腰梯形，并用斜线连接上下底的端点作为台灯灯罩，如图 10-98 所示。

② 删除辅助线，执行"偏移"命令，将上下底线段分别向内依次偏移 32 mm、12 mm 作为灯罩装饰线，使用夹点编辑线段，如图 10-99 所示。

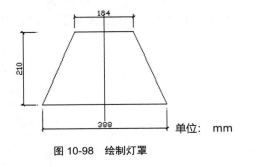

图 10-98　绘制灯罩

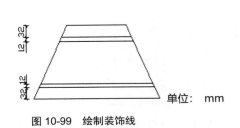

图 10-99　绘制装饰线

③ 依次执行"直线"和"矩形"命令，在灯罩下方绘制宽为 16 mm、长为 40 mm 和长为 70 mm、宽为 10 mm 的两个矩形，将其放在一起并用直线连接起来作为灯杆，如图 10-100 所示。

④ 执行"矩形"命令，绘制宽为 62 mm、长为 240 mm 的矩形放在灯杆下方，并执行"分解"命令，将矩形进行分解，如图 10-101 所示。

⑤ 执行"偏移"命令，设置偏移距离为 11 mm，将矩形左右两边的线段分别向内进行偏移，如图 10-102 所示。

⑥ 依次执行"矩形"和"直线"命令，在距离灯杆下方 24 mm 的位置绘制长为 210 mm、宽为 23 mm 的矩形作为底座，并用斜线进行连接，如图 10-103 所示。

(12) 将台灯放置在床头柜合适的位置，如图 10-104 所示。

(13) 执行"镜像"命令，以床靠背的中心点为镜像点，将绘制好的床头柜进行镜像。至此，双人床绘制完毕，如图 10-105 所示。

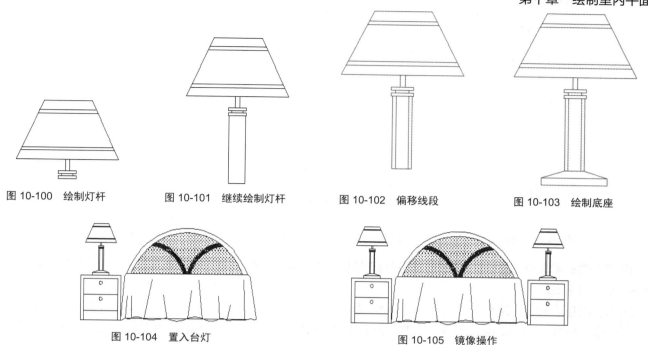

图 10-100 绘制灯杆　　　图 10-101 继续绘制灯杆　　　图 10-102 偏移线段　　　图 10-103 绘制底座

图 10-104 置入台灯　　　　　　　　图 10-105 镜像操作

9. 空调立面图

（1）"绘图"|"矩形"命令，绘制一个宽为 500 mm，长为 1600 mm 的长方形作为空调轮廓，如图 10-106 所示。

（2）执行"分解"命令，将矩形进行分解，并执行"偏移"命令，设置偏移距离为 30 mm，将矩形的上下两边分别向内偏移，如图 10-107 所示。

（3）执行"圆角"命令，设置圆角半径为 30 mm，将矩形的四个角进行圆角操作，如图 10-108 所示。

（4）执行"矩形"命令，绘制长为 420 mm、宽为 250 mm 和宽为 420 mm、长为 820 mm 的两个矩形，并将其放置在柜体轮廓内作为空调的进风口和出风口，如图 10-109 所示。

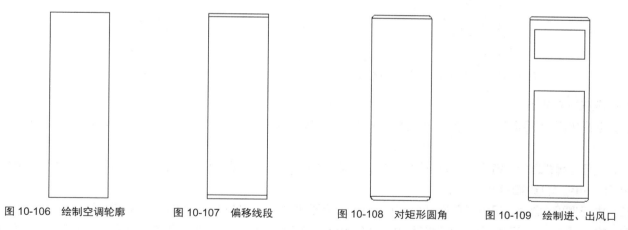

图 10-106 绘制空调轮廓　　　图 10-107 偏移线段　　　图 10-108 对矩形圆角　　　图 10-109 绘制进、出风口

（5）执行"圆角"命令，设置圆角半径为 30 mm，将绘制好的两个矩形进行倒圆角操作，如图 10-110 所示。

（6）执行"直线"命令，绘制空调出风口叶片，并执行"偏移"命令，设置偏移距离为 10 mm，对该直线进行偏移，如图 10-111 所示。

（7）执行"阵列"命令，对叶片进行阵列，设置行数为 7 mm，列数为 1 mm，行间距为 30 mm，如图 10-112 所示。

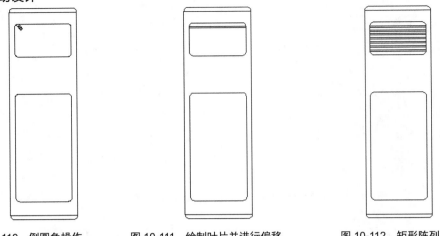

图 10-110　倒圆角操作　　　　图 10-111　绘制叶片并进行偏移　　　　图 10-112　矩形阵列

(8) 执行"复制"命令，将绘制好的叶片复制到进风口位置，并选择叶片向下拖曳箭头，使叶片行数为 26 mm，结果如图 10-113 所示。

(9) 执行"矩形"命令，绘制一个长为 130 mm、宽为 70 mm 的矩形作为空调控制板，如图 10-114 所示。

(10) 依次执行"圆心"和"矩形"命令，绘制控制面板上的操作按钮，至此，空调绘制完毕，如图 10-115 所示。

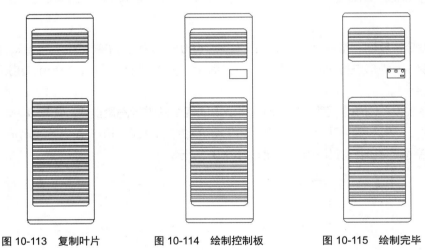

图 10-113　复制叶片　　　　图 10-114　绘制控制板　　　　图 10-115　绘制完毕

10. 洗衣机立面图

(1) 选择"绘图"|"矩形"命令，绘制一个宽为 600 mm、长为 850 mm 的矩形作为洗衣机外轮廓，如图 10-116 所示。

(2) 执行"分解"命令，将矩形进行分解，并执行"偏移"命令，将矩形顶部线段向下偏移 180 mm，将底部线段向上偏移 60 mm，如图 10-117 所示。

(3) 执行"圆角"命令，设置圆角半径为 50 mm，对矩形顶部的两个角进行圆角操作，如图 10-118 所示。

(4) 执行"圆心，半径"命令，绘制半径分别 100 mm、110 mm 的同心圆作为洗衣机滚筒，如图 10-119 所示。

(5) 依次执行"直线"和"圆弧"命令，在同心圆位置绘制长为 320 mm、宽为 300 mm 的交叉辅助线，在辅助线的基础上绘制滚筒外框，如图 10-120 所示。

(6) 删除辅助线，执行"图案填充"命令，选择填充图案"AR-RROOF"，设置填充图案尺寸为 3 mm，图案填充角度为 45°，对洗衣机滚筒进行填充，如图 10-121 所示。

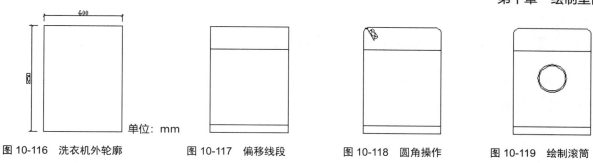

图 10-116　洗衣机外轮廓　　　图 10-117　偏移线段　　　图 10-118　圆角操作　　　图 10-119　绘制滚筒

（7）依次执行"矩形""圆弧""圆心，半径""圆弧"命令，在洗衣机顶部位置绘制操作面板和开关符号，至此，洗衣机绘制完毕，如图 10-122 所示。

图 10-120　绘制滚筒外框　　　　　图 10-121　图案填充　　　　　图 10-122　绘制操作面板和开关符号

11. 饮水机立面图

（1）选择"绘图"|"矩形"命令，绘制一个宽为 300 mm、长为 900 mm 的长方形作为饮水机轮廓，如图 10-123 所示。

（2）同样执行"矩形"命令，绘制宽为 280 mm、长为 395 mm，长为 248 mm、宽为 50 mm 和宽为 240 mm、长为 335 mm 的长方形由下往上放置在合适的位置，如图 10-124 所示。

（3）执行"分解"命令，将宽为 280 mm、长为 395 mm 的矩形进行分解，并执行"偏移"命令，将矩形从左向右依次偏移 85 mm、10 mm、90 mm、10 mm，如图 10-125 所示。

（4）执行"图案填充"命令，选择填充图案"PLASTI"，设置图案填充角度为 90°，填充图案尺寸为 5 mm，对水槽进行填充，如图 10-126 所示。

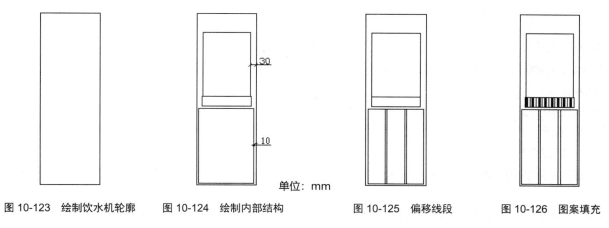

图 10-123　绘制饮水机轮廓　　　图 10-124　绘制内部结构　　　图 10-125　偏移线段　　　图 10-126　图案填充

（5）执行"矩形"命令，绘制长为 28 mm、宽为 25 mm，宽为 38 mm、长为 45 mm 和宽为 20 mm，长为 35 mm 的三个矩形，将其组合放在一起作为热水开关，如图 10-127 所示。

（6）执行"图案填充"命令，选择填充图案"PLASTI"，设置图案填充角度为 90°，填充图案尺寸为 2 mm，对热水开关进行填充，如图 10-128 所示。

（7）执行"镜像"命令，选择绘制好的热水开关，以饮水机轮廓的中心为镜像点，将其镜像为冷水开关，如图 10-129 所示。

（8）执行"圆角"命令，设置圆角半径为 50 mm，对饮水机外轮廓的两个顶角和出水开关外轮廓的两个顶角进行圆角操作，如图 10-130 所示。

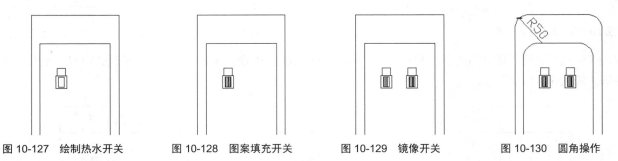

图 10-127　绘制热水开关　　　　图 10-128　图案填充开关　　　　图 10-129　镜像开关　　　　图 10-130　圆角操作

（9）依次执行"矩形"和"直线"命令，绘制长为 260 mm、宽为 68 mm，长为 260 mm、宽为 45 mm，长为 250 mm、宽为 8 mm，长为 250 mm、宽为 25 mm 和长为 250 mm、宽为 55 mm 的 5 个矩形，将其放在一起并用直线连接作为水桶，如图 10-131 所示。

（10）执行"圆角"命令，设置圆角半径分别为 50 mm、15 mm、10 mm、6 mm，对矩形进行圆角操作，如图 10-132 所示。

（11）依次执行"圆弧"和"镜像"命令，在水桶底部绘制圆弧图形，以水桶顶部中心为镜像点，将其进行镜像，并执行"修剪"命令，修剪多余的线段，将水桶绘制完整，如图 10-133 所示。

图 10-131　绘制水桶　　　　　图 10-132　对水桶进行圆角　　　　图 10-133　修剪线段将水桶绘制完整

（12）执行"移动"命令，选择绘制好的水桶图形，将其移至饮水机轮廓位置，如图 10-134 所示。

（13）执行"图案填充"命令，选择填充图案"AR-RROOF"，设置填充图案尺寸为 2 mm，对水桶进行填充，如图 10-135 所示。

（14）依次执行"圆心，半径"和"圆心"命令，在饮水机轮廓上绘制温控指示灯和标志图案，至此，饮水机绘制完毕，如图 10-136 所示。

12. 热水器立面图

（1）选择"绘图"|"矩形"命令，绘制一个长为 460 mm、宽为 750 mm 的长方形作为热水器轮廓，如图 10-137 所示。

（2）执行"分解"命令，将矩形进行分解，并执行"偏移"命令，将矩形的左右两边线段向内偏移 30 mm 和 12 mm，如图 10-138 所示。

（3）执行"矩形"命令，绘制长为 50 mm、宽为 20 mm 的矩形作为装饰，并执行"圆角"命令设置圆角半径为 10 mm，对矩形进行圆角操作，如图 10-139 所示。

（4）执行"复制"命令，选择绘制好的矩形，将其设置行数为 8，列数为 3 整齐排列，如图 10-140 所示。

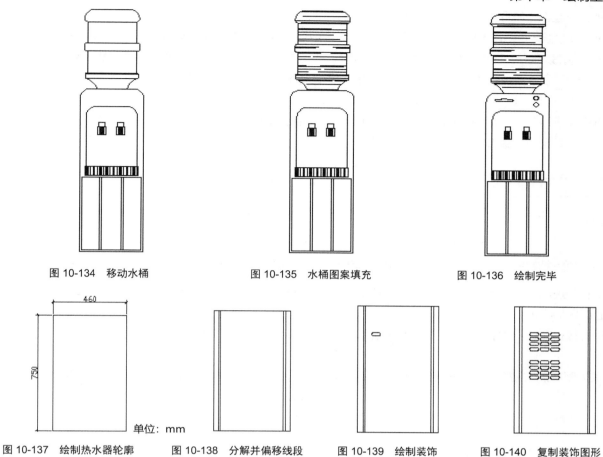

图 10-134　移动水桶　　　　图 10-135　水桶图案填充　　　　图 10-136　绘制完毕

图 10-137　绘制热水器轮廓　　图 10-138　分解并偏移线段　　图 10-139　绘制装饰　　图 10-140　复制装饰图形

(5) 执行"圆心，半径"命令，绘制半径分别为 25 mm、31 mm、38 mm 的圆形，并执行"偏移"命令，分别设置偏移距离均为 5 mm，将其向内进行偏移，绘制开关按钮，如图 10-141 所示。

(6) 执行"直线"命令，以圆心为基准，在每个圆内绘制两条辅助线，其间距为 10 mm，作为热水器开关，如图 10-142 所示。

(7) 执行"修剪"命令，修剪多余的线段，并执行"圆角"命令，设置圆角半径为 5 mm，对开关按钮进行圆角操作，如图 10-143 所示。

(8) 执行"矩形"命令，绘制宽为 30 mm、长为 85 mm 的矩形作为接口，并执行"复制"命令，将其进行复制，至此，热水器绘制完毕，如图 10-144 所示。

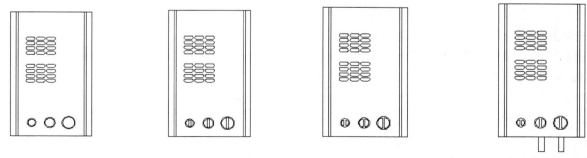

图 10-141　绘制开关按钮　　图 10-142　绘制开关辅助线　　图 10-143　对开关修剪圆角　　图 10-144　绘制并复制接口并绘制完毕

13. 花样吊灯立面图

(1) 选择"绘图"|"矩形"命令，绘制长为 190 mm、宽为 40 mm 和长为 52 mm、宽为 26 mm 的两个长方形，将

其上下排列在一起作为吊灯的上固定架，如图 10-145 所示。

(2) 执行"圆角"命令，设置圆角半径为 30 mm，对大矩形的两个底角进行圆角操作，如图 10-146 所示。

(3) 执行"直线"命令，在图中绘制上底长为 26 mm、下底长为 52 mm 和高为 65 mm 的倒梯形，并依次执行"圆心、半径"和"修剪"命令，绘制半径为 9 mm 的圆，放在梯形的下方位置，然后修剪多余的线段，绘制吊灯架如图 10-147 所示。

(4) 执行"矩形"命令，绘制宽为 8 mm、长为 13 mm 的矩形放在左边位置，并执行"镜像"命令，以上固定架的中心为镜像点，将矩形进行镜像，如图 10-148 所示。

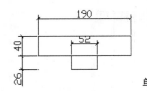
图 10-145 绘制固定架

单位：mm

图 10-146 圆角操作

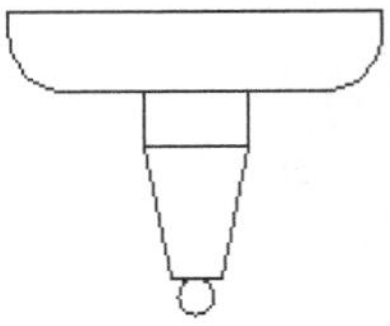

图 10-147 绘制吊灯架

图 10-148 绘制矩形并镜像

(5) 执行"直线"命令，以圆心为基准，绘制两条直线作为吊杆，其间距为 6 mm，并执行"修剪"命令，修剪多余的线段，如图 10-149 所示。

(6) 同样执行"直线"命令，根据实际尺寸在左边矩形位置绘制间距为 6 mm 的四条斜线作为吊杆，如图 10-150 所示。

(7) 采用同样的方法，在右边矩形位置绘制间距为 6 mm、长度不同的两组斜线作为吊杆，如图 10-151 所示。

图 10-149 绘制吊杆

图 10-150 继续绘制吊杆

图 10-151 将吊杆绘制完成

(8) 依次执行"圆心，半径"和"直线"命令，在中间吊杆下方位置绘制半径为 10 mm 的圆，并在距离圆心 62 mm 的位置绘制上底为 40 mm、下底长为 130 mm、高为 85 mm 的等腰梯形，用斜线将圆和梯形连接作为灯罩，如图 10-152 所示。

(9) 执行"复制"命令，选择绘制好的灯罩图形，将其分别复制到每个吊杆下方位置，并执行"修剪"命令，修剪多余的线段，如图 10-153 所示。

(10) 执行"样条曲线拟合"命令，在灯罩位置绘制装饰线，并执行"偏移"命令，设置偏移距离为 8 mm，将装饰线向内进行偏移，如图 10-154 所示。

(11) 执行"圆心，半径"命令，在装饰线两端绘制半径为 10mm 的圆，并执行"修剪"命令，将多余的线段进行修剪，至此，花样吊灯绘制完毕，如图 10-155 所示。

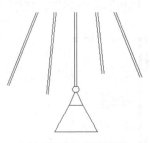
图 10-152 绘制灯罩

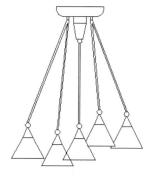

图 10-153　复制灯罩

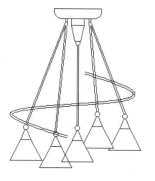

图 10-154　绘制装饰线

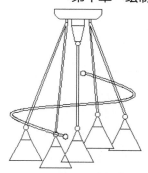

图 10-155　绘制圆并整理图形

14. 坐便器立面图

(1) 选择"绘图"|"矩形"命令，绘制长为 450 mm、宽为 37 mm 的长方形作为坐便器水箱盖，如图 10-156 所示。

(2) 执行"圆弧"中的"三点"命令，在坐便器水箱盖左边合适的位置绘制圆弧，作为水箱轮廓，如图 10-157 所示。

(3) 执行"镜像"命令，选择绘制好的圆弧对象，根据命令行提示，指定水箱盖的中点为镜像线第一点，垂直于为镜像线第二点，对其进行镜像操作，如图 10-158 所示。

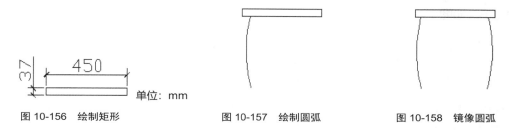

图 10-156　绘制矩形

图 10-157　绘制圆弧

图 10-158　镜像圆弧

(4) 执行"矩形"命令，绘制长为 450 mm、宽为 20 mm 的矩形作为坐便器盖，放在水箱轮廓中心位置，如图 10-159 所示。

(5) 执行"圆角"命令，设置圆角半径为 10 mm，对绘制好矩形的两个顶角进行圆角操作，如图 10-160 所示。

(6) 执行"矩形"命令，绘制长为 50 mm，宽为 5 mm 的矩形作为坐便器盖的按钮，并放在坐便器盖中心位置，如图 10-161 所示。

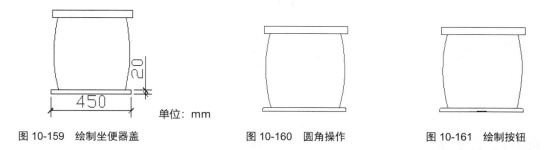

图 10-159　绘制坐便器盖

图 10-160　圆角操作

图 10-161　绘制按钮

(7) 执行"直线"命令，在坐便器盖中心位置绘制直线图形，将坐便器盖绘制完整，如图 10-162 所示。

(8) 执行"圆弧"中的"三点"命令，在坐便器水箱盖下方绘制圆弧作为下水箱，如图 10-163 所示。

(9) 执行"镜像"命令，选择绘制好的圆弧对象，以坐便器中点为镜像点，将其进行镜像操作，如图 10-164 所示。

(10) 执行"矩形"命令，绘制长为 220 mm，宽为 22 mm 的矩形作为坐便器盖底座，如图 10-165 所示。

图 10-162　绘制直线　　　　图 10-163　绘制下水箱　　　　图 10-164　镜像操作　　　　图 10-165　绘制底座

（11）执行"圆弧"中的"三点"命令，在水箱位置绘制圆弧作为花纹，并执行"偏移"命令，设置偏移距离为 10 mm，将圆弧进行偏移，如图 10-166 所示。

（12）执行"镜像"命令，选择两个圆弧对象，以水箱盖中点为镜像点，将其进行镜像操作，如图 10-167 所示。

（13）执行"圆心，半径"命令，绘制半径为 22 mm、14 mm 的同心圆，将其放在水箱左上角位置作为冲水把手，如图 10-168 所示。

（14）执行"直线"命令，在同心圆位置绘制直线，将冲水把手绘制完整，并执行"修剪"命令，修剪多余的线段。至此，坐便器绘制完毕，如图 10-169 所示。

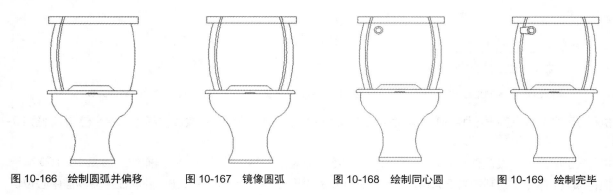

图 10-166　绘制圆弧并偏移　　　图 10-167　镜像圆弧　　　　图 10-168　绘制同心圆　　　　图 10-169　绘制完毕

第二节　原始户型图的绘制

原始户型图就是住房的平面空间布局图，是对各个独立空间的功能、相应位置、大小进行描述的图形。通过它可以直观地看清房屋的走向布局。本章将介绍原始户型图的绘制方法和操作技巧。

一、绘制一居室原始户型图

使用工具和命令有"直线""多线""矩形""圆""偏移""修剪""分解""多行文字""连续标注"等。

具体步骤如下。

（1）创建图层，执行"格式"|"图层"命令，打开"图层特性管理器"对话框，单击"新建图层"按钮，创建一个名称为"轴线"的图层，设置其颜色为灰色，并选择合适的虚线线型，如图 10-170 所示。

（2）继续单击"新建图层"按钮，依次创建出"墙体""门窗""标注"图层，并设置相应的颜色、线型和线宽，如图 10-171 所示。

图 10-170 新建轴线图层

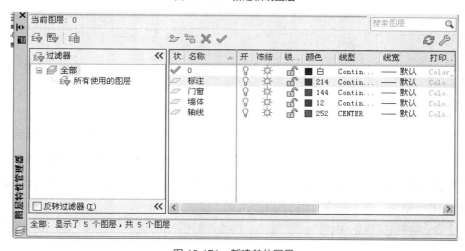

图 10-171 新建其他图层

（3）绘制中轴线，双击"轴线"图层，将其设置为当前工作图层，然后关闭"图层特性管理器"对话框。执行"直线"命令，绘制一个长为 7900 mm、宽为 6400 mm 的矩形，如图 10-172 所示。

（4）选中矩形，执行"修改"|"特性"命令，打开"特性"面板，在"常规"卷展栏中设置线型比例为"5"，如图 10-173 所示。

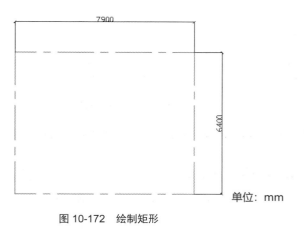

图 10-172 绘制矩形

图 10-173 "特性"面板

（5）关闭"特性"面板，执行"偏移"命令，将矩形的左边线段依次向右偏移 1300 mm、1980 mm、1420 mm、3200 mm，再将其下边线段向上偏移 4360 mm，结果如图 10-174 所示。

（6）绘制墙体，将当前图层切换至"墙体"图层，执行"多线"命令，设置多线的尺寸为 240 mm，对正类型为"无"，然后根据命令提示，沿轴线绘制出墙体轮廓，如图 10-175 所示。命令选项如下。

命令：_ mline (调用多线命令)。

当前设置：对正=上，比例=2000，样式= STANDARDA。

指定起点或"对正(J)/比例(S)/样式(ST)"：S (选择比例选项)。

输入多线比例"20.00"：240 (输入比例值并单击 Enter 键)。

当前设置：对正=上，比例=240.00，样式= STANDARDA。

指定起点或"对正(J)/比例(S)/样式(ST)"：J (选择对正选项)。

输入对正类型"上(T)/无(Z)/下(B)""上"：Z。

当前设置：对正=无，比例=240.00，样式= STANDARDA。

指定起点或"对正(J)/比例(S)/样式(ST)"：按照提示进行多线的绘制操作。

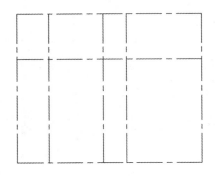
图 10-174 偏移线段

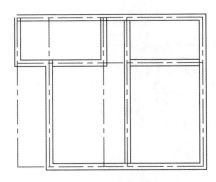
图 10-175 绘制墙体

(7) 关闭"轴线"图层，执行"分解"命令，将所有绘制的多线分解。执行"修剪"命令，修剪掉多余的线条。执行"倒角"命令，将户型的左上角进行倒角，结果如图 10-176 所示。

(8) 执行"直线"命令，绘制辅助线，执行"偏移"命令，将绘制好的辅助线进行偏移，留出门洞和窗洞，如图 10-177 所示。

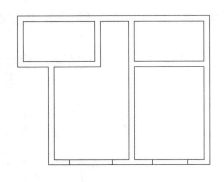
图 10-176 修剪多余的线条并倒角

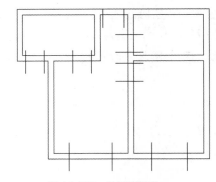
图 10-177 绘制辅助线

(9) 绘制门窗，将当前图层切换至"门窗"图层，执行"修剪"命令，修剪出门洞和窗洞，如图 10-178 所示。执行"直线"命令，将窗洞进行封闭。

(10) 执行"偏移"命令，设置偏移距离为 85 mm，将所有的封闭线段向内进行偏移，结果如图 10-179 所示。

(11) 绘制单扇平开门，执行"直线"命令，绘制一条长为 900 mm 的辅助线。执行"矩形"命令，捕捉直线的左端点，绘制半径为 900 mm 的圆，如图 10-180 所示。

(12) 执行"修剪"命令，修剪掉圆的多余部分并删除辅助线，即可完成单扇平开门图形的绘制，如图 10-181 所示。

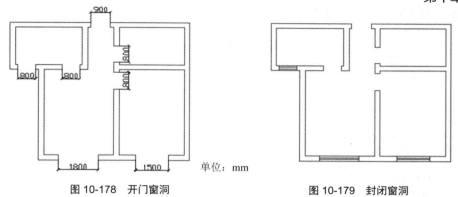

图 10-178　开门窗洞　　　　　　　　图 10-179　封闭窗洞

（13）执行"移动"命令，将绘制好的单扇平开门图形移动至进户门合适位置，如图 10-182 所示。

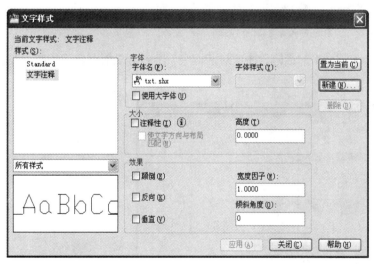

图 10-180　绘制门的图形　　　图 10-181　修剪门的图形　　　图 10-182　插入门的图形

（14）新建文字样式，执行"格式"|"文字样式"命令，打开"文字样式"对话框，单击"新建"按钮，打开"新建文字样式"对话框，设置新文字样式名为"文字注释"如图 10-183 所示。

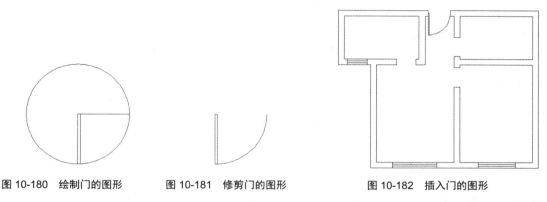

图 10-183　设置"样式名"

（15）设置文字样式，单击"确定"按钮，返回"文字样式"对话框，设置字体为"宋体"，文字高度为 250 mm，如图 10-184 所示。

（16）添加文字标注，依次单击"置为当前""应用"按钮，返回绘图区。执行"多行文字"命令，对各个房间进行文字标注，如图 10-185 所示。

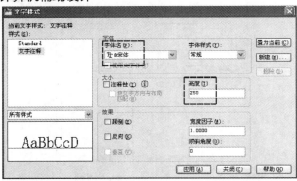

图 10-184 设置文字样式

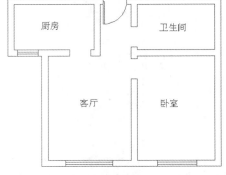

图 10-185 添加文字标注

(17) 将当前图层切换至"标注"图层，执行"格式"|"标注样式"命令，在打开的"标注样式管理器"对话框中单击"修改"按钮，如图 10-186 所示。

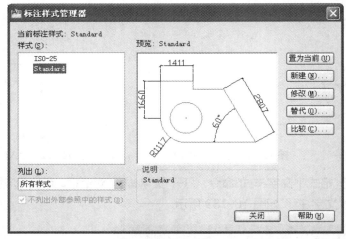

图 10-186 "标注样式管理器"对话框

(18) 修改标注样式，打开"修改标注样式：Standard"对话框，在该对话框中，用户可以根据自己的需要在各选项卡修改相应参数，如图 10-187 所示。

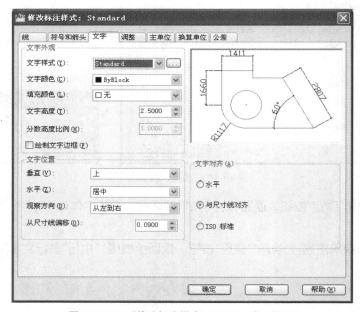

图 10-187 "修改标注样式：Standard"对话框

(19) 添加尺寸标注，完成设置后，单击"确定"按钮，返回"标注样式管理器"对话框，单击"关闭"按钮，返回绘图区。执行"线性标注"和"连续标注"命令，对部分图形进行尺寸标注，如图 10-188 所示。

(20) 继续执行"线性标注"和"连续标注"命令，对所有图形进行标注。至此，一居室原始户型绘制完毕，如图 10-189 所示。

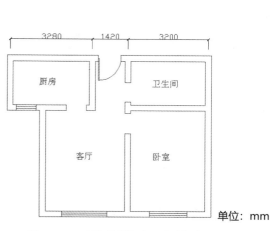

图 10-188　添加线性标注和连续标注

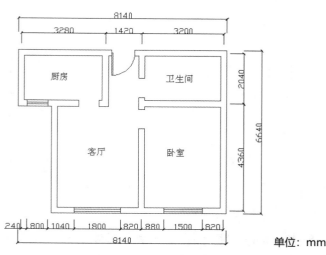

图 10-189　标注图形最终效果

二、绘制两居室原始户型图

使用工具和命令有"直线""多线""多段线""矩形""圆""偏移""修剪""分解""多行文字""连续标注"等。

具体步骤如下。

(1) 创建图层，执行"格式"|"图层"命令，打开"图层特性管理器"对话框，单击"新建图层"按钮，依次创建出名称为"轴线""墙体""门窗""标注"等图层，并设置合适的颜色、线型和线宽，如图 10-190 所示。

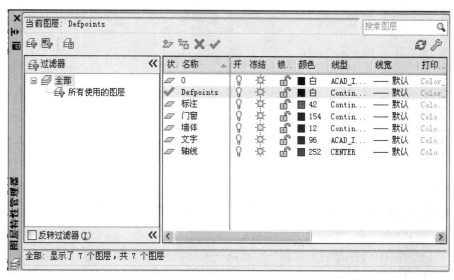

图 10-190　"图层特性管理器"对话框

(2) 绘制中轴线，双击"轴线"图层，将其设置为当前工作图层，然后关闭"图层特性管理器"对话框，返回绘图区。执行"矩形"命令，绘制一个宽为 8800 mm，长为 14440 mm 的矩形，如图 10-191 所示。

(3) 执行"分解"命令，将矩形分解。执行"修改"|"特性"命令，打开"特性"对话框，然后选中矩形并在"常规"卷展栏中设置"线型比例"为 150，如图 10-192 所示。

(4) 关闭"特性"对话框，执行"偏移"命令，将矩形的左边线段依次向右偏移 1300 mm、3200 mm、1580 mm、1820 mm，然后将其上边线段依次向下偏移 4800 mm、2400 mm、5200 mm、1800 mm，如图 10-193 所示。

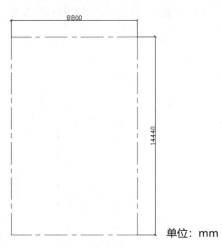

图 10-191　绘制轴线

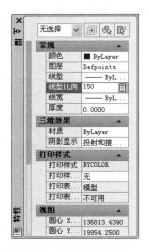

图 10-192　设置线型比例

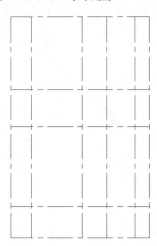

图 10-193　偏移线段

(5) 绘制墙体，将当前图层切换至"墙体"图层，执行"多线"命令，设置多线的比例，对正类型为"无"，沿轴线绘制出墙体轮廓，如图 10-194 所示。

(6) 关闭"轴线"图层，执行"分解"命令，将图形中使用的多线分解。执行"修剪"命令，修剪掉多余的线段。执行"倒角"命令，将图形的左上角进行闭合，如图 10-195 所示。

(7) 执行"直线"命令，绘制辅助线。执行"偏移"命令，将绘制好的辅助线进行偏移，留出门洞和窗洞，如图 10-196 所示。

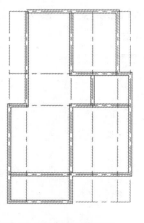

图 10-194　绘制墙体线

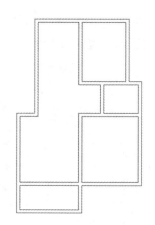

图 10-195　修改墙线

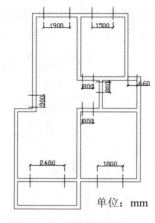

图 10-196　绘制辅助线

(8) 绘制门，将当前图层切换至"门窗"图层，执行"修剪"命令，修剪出门洞和窗洞。执行"插入"命令，插入"门(900)"图块，并将其放置在进户门合适位置，如图 10-197 所示。

(9) 绘制阳台窗户，选中阳台上的部分墙体线，将其所在图层更改为"门窗"图层，然后执行"偏移"命令，设置偏移距离为 80 mm，将这些墙体线进行偏移；执行"倒角"命令，对偏移后的线段进行倒角，如图 10-198 所示。

(10) 绘制其他窗户，执行"直线"命令，将其余的窗洞进行封闭。执行"偏移"命令，设置偏移距离为 80 mm，将所有封闭线段向内偏移，如图 10-199 所示。

图 10-197 修剪门、窗洞　　图 10-198 绘制阳台窗户图形　　图 10-199 绘制其他窗户图形

(11) 新建文字样式，将当前图层切换至"标注"图层，执行"文字样式"命令，打开"文字样式"对话框，单击"新建"按钮，打开"新建文字样式"对话框，设置文字样式名为"文字注释"，如图 10-200 所示。

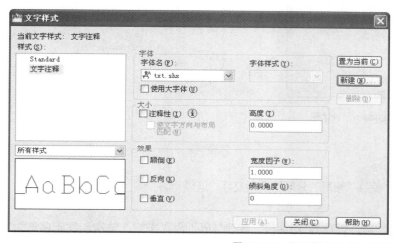

图 10-200 设置新文字"样式名"

(12) 设置文字样式，单击"确定"按钮，返回"文字样式"对话框，设置文字的字体为"宋体"，文字高度为 320mm，如图 10-201 所示。

(13) 添加文字标注，依次单击"置为当前""应用"按钮，关闭"文字样式"对话框。执行"多行文字"命令，对各房间进行文字标注，结果如图 10-202 所示。

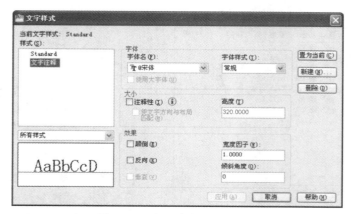

图 10-201 设置文字样式　　　　　　　图 10-202 添加文字注释

(14) 将当前图层切换至"墙体"图层，执行"矩形"和"直线"命令，在厨房合适位置绘制出排烟管道图形。执行"圆"命令，设置圆的半径为 100 mm，在卫生间合适位置绘制下水管道图形。

(15) 修改标注样式，将当前图层切换至"标注"图层，执行"标注样式"命令，打开"标注样式管理器"对话框，单击"修改"按钮，打开"修改标注样式：Standard"对话框，修改标注样式的相关参数，如图 10-203 所示。

(16) 尺寸标注，完成设置后，单击"确定"按钮，返回"标注样式管理器"对话框，单击"关闭"按钮，返回绘图区。执行"线性标注"和"连续标注"命令，对图形进行尺寸标注，如图 10-204 所示。

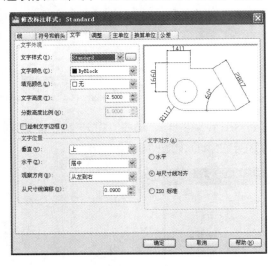

图 10-203　"修改标注样式：Standard"对话框

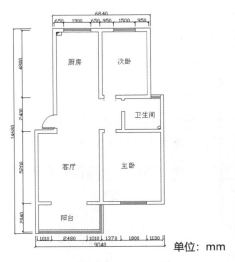

图 10-204　尺寸标注

三、绘制超市原始户型图

使用工具和命令有"直线""多线""矩形""圆""偏移""修剪""分解""多行文字""连续标注"等。

具体步骤如下。

(1) 创建图层，执行"图层"命令，打开"图层特性管理器"对话框，单击"新建图层"按钮，依次创建出名称为"轴线""墙体""门窗""标注"等图层，并设置合适的颜色、线型和线宽，如图 10-205 所示。

(2) 绘制中轴线，双击"轴线"图层，将其设置为当前工作图层，然后关闭"图层特性管理器"对话框。执行"矩形"命令，绘制一个长为 18000 mm、宽为 13000 mm 的矩形。

(3) 执行"修改"|"特性"命令，打开"特性"面板后，然后选中刚绘制好的矩形，并在"常规"卷展栏中设置轴线的"线型比例"为 10，如图 10-206 所示。

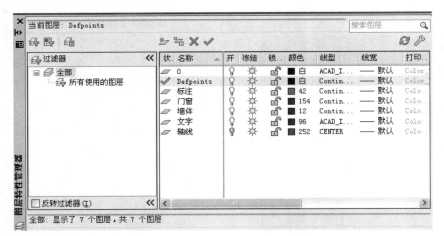

图 10-205　创建图层

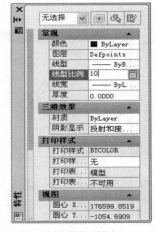

图 10-206　设置轴线的线型比例

(4) 执行"分解"命令,将矩形分解。执行"偏移",将矩形的左边线段向右偏移 9000 mm,然后将其下边线段向上偏移 6500 mm。

(5) 绘制柱子,将当前工作图层切换至"墙体"图层,执行"矩形"命令,绘制一个长和宽均为 800 mm 的"矩形"(实为正方形),并将其放置在合适的位置。执行"图案填充"命令,将其填充为黑色,如图 10-207 所示。

(6) 绘制墙体,执行"多线"命令,设置多线的比例为 280,对正类型为"无",沿轴线绘制出墙体轮廓线,如图 10-208 所示。

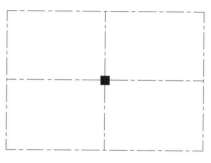

图 10-207　绘制轴线和柱子

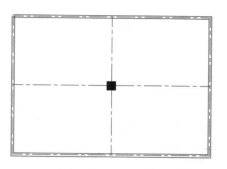

图 10-208　绘制墙体轮廓线

(7) 关闭"轴线"图层,然后执行"修改"|"对象"|"多线"命令,在打开的"多线编辑工具"对话框中,单击"角点结合"按钮,返回绘图区,对墙体连接进行闭合,如图 10-209 所示。

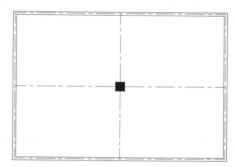

图 10-209　对墙体连接进行闭合

(8) 执行"多线"和"偏移"命令,在图形的合适位置绘制出多条辅助线,预留出门洞和窗洞,如图 10-210 所示。

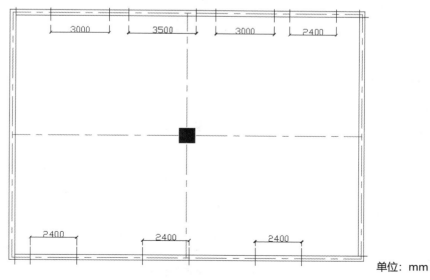

单位: mm

图 10-210　绘制辅助线

(9) 将当前工作图层切换至"门窗"，然后执行"修剪"命令，修剪出门洞和窗洞，如图 10-211 所示。

(10) 绘制窗户，执行"直线"命令，将所有的窗洞封闭。执行"偏移"命令，设置偏移距离为 100 mm，将所有的封闭线段向内进行偏移，如图 10-212 所示。

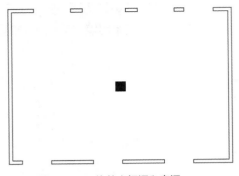

图 10-211　修剪出门洞和窗洞

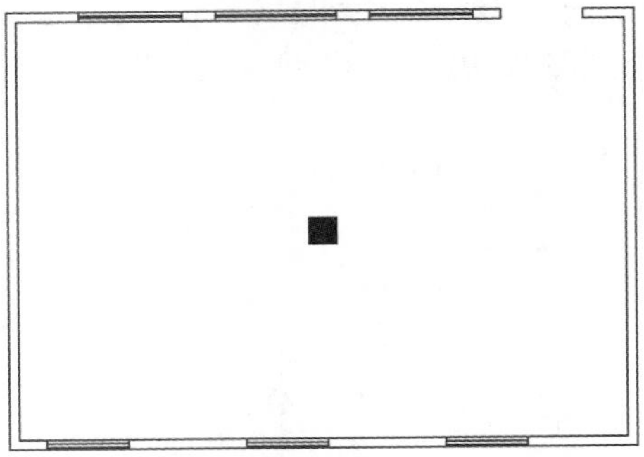

图 10-212　绘制窗户图形

(11) 绘制双扇平开门，执行"直线"命令，绘制一条长为 2400 mm 的辅助线。执行"矩形"命令，分别捕捉直线的两个端点，绘制出宽为 40 mm、长为 1200 mm 的两个尺寸相同的矩形，如图 10-213 所示。

(12) 执行"圆"命令，再次捕捉直线的两个端点，设置半径为 1200 mm，绘制出大小相同的两个圆，如图 10-214 所示。

(13) 执行"修剪"命令，修剪掉圆的多余部分并删除辅助线，完成双扇平开门图形绘制，然后将其放置在图形合适位置，如图 10-215 所示。

图 10-213　绘制直线和矩形

图 10-214　绘制圆

图 10-215　绘制双扇平开门图形

(14) 尺寸标注。执行"标注样式"命令，修改标注样式。执行"线性标注"和"连续标注"命令，将图形进行尺寸标注。至此，超市原始户型图绘制完毕，如图 10-216 所示。

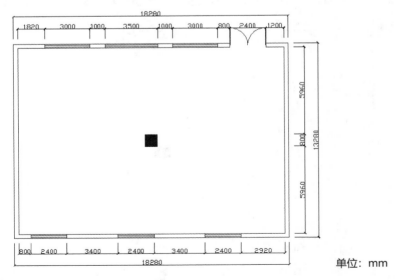

单位：mm

图 10-216　超市原始户型图

第三节　局部平面布局图的绘制

　　局部平面布局图是建筑施工中比较重要的基本图。假想将一栋房屋的门窗洞口水平剖开，从顶部所看到的家具摆设的图形就称局部平面布局图。局部平面布局图既表示建筑物在水平方向各部分之间的组成关系，又反映各建筑空间与它们垂直构件之间的关系。

一、绘制客厅平面图

　　使用工具和命令有"图层""图层特性管理器""矩形""分解""修剪""直线""标注样式"等。
　　具体步骤如下。
　　(1) 创建图层，执行"图层"命令，打开"图层特性管理器"对话框，单击"新建图层"按钮，创建新图层"轴线"和"墙线"层，使其成为当前层，结果如图 10-217 所示。

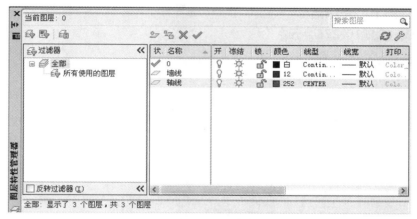

图 10-217　创建图层

　　(2) 绘制客厅轮廓。关闭"图层特性管理器"对话框返回绘图区，执行"矩形"命令，绘制宽为 3500 mm，长为 4630 mm 的矩形，如图 10-218 所示。
　　(3) 执行"多线"命令，绘制客厅的墙体线，如图 10-219 所示。
　　(4) 修改多线。执行"修改"|"对象"|"多线"命令，在打开的"多线编辑工具"对话框中，单击"角点结合"按钮，返回绘图区，对墙体连接进行闭合，如图 10-220 所示。

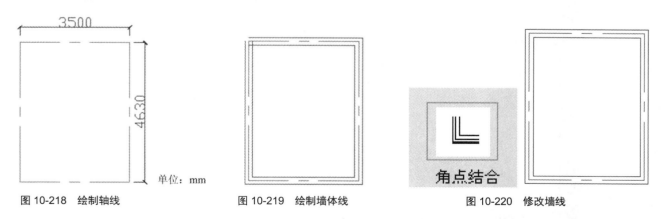

　　图 10-218　绘制轴线　　　　图 10-219　绘制墙体线　　　　图 10-220　修改墙线

　　(5) 绘制辅助线。依次执行"线性和直线"命令，在图中标注尺寸并用直线绘制出多条辅助线，预留出门洞和窗洞，如图 10-221 所示。
　　(6) 修剪门洞、窗洞。执行"修剪"命令，将留出的门洞和窗洞进行修剪，并执行"删除"命令，删除尺寸标注，如图

10-222 所示。

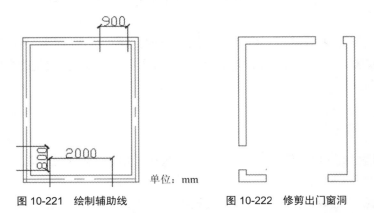

图 10-221　绘制辅助线　　　　　　　图 10-222　修剪出门窗洞

（7）新建窗户图层。新建一图层，将其命名为"窗户"，设置颜色为蓝色，并将其设为当前层，关闭"图层特性管理器"对话框返回绘图区，如图 10-223 所示。

（8）绘制门窗的图形，如图 10-224 所示。

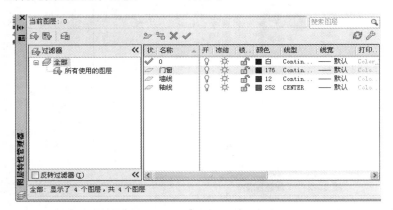

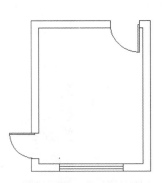

图 10-223　新建门窗图层　　　　　　图 10-224　绘制门窗的图形

（9）新建家具图层。执行"图层"命令，打开"图层特性管理器"对话框，单击"新建图层"按钮，创建新图层，并命名为"家具"，并将其设置为当前层，如图 10-225 所示。

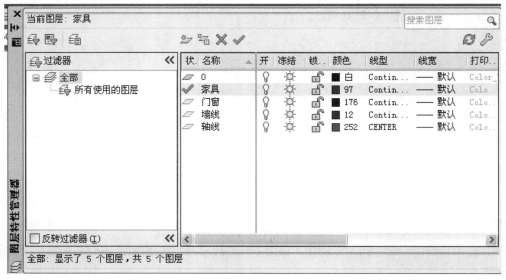

图 10-225　"图层特性管理器"对话框中"家具"当前层

（10）插入图块。执行"插入"|"块"命令，选择"沙发""电视柜"和"空调"等图块，如图 10-226 所示。

（11）填充地面材质。执行"多段线"命令，框选填充范围，选择"图案填充"对话框中的 NET，并设置填充比例，对客厅地面进行填充，如图 10-227 所示。

（12）新建标注图层。并将其设为当前层，执行"格式"|"标注样式"命令，打开"标注样式管理器"对话框，如图 10-228 所示。

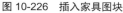

图 10-226　插入家具图块

图 10-227　填充地面材质

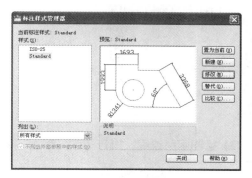

图 10-228　标注样式管理器

（13）设置标注样式。单击"修改"按钮，打开"修改标注样式：Standard"对话框，在"符号和箭头"选项卡中设置箭头符号为建筑标记，箭头大小为 1；在"文字"选项卡中设置文字大小为 2.5；在"调整"选项卡中，设置全局比例为 100。设置完毕后，单击"确定"按钮，关闭该对话框，如图 10-229 所示。

（14）尺寸标注。返回到"标注样式管理器"对话框，单击"关闭"按钮，即可完成设置。执行"线性标注"命令，捕捉图形的起点和终点，进行尺寸标注，如图 10-230 所示。

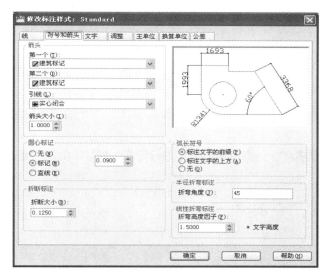

图 10-229　设置标注样式

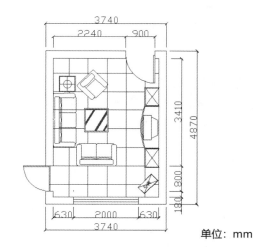

单位：mm

图 10-230　尺寸标注

二、绘制厨房平面图

使用工具和命令有"图层""图层特性管理器""矩形""偏移""分解""修剪""直线""标注样式"等。

具体步骤如下。

（1）新建图层。执行"图层"命令，打开"图层特性管理器"对话框，单击"新建图层"按钮，依次创建出名称为"墙线""家具""标注""填充"等图层。将"门窗"图层的颜色设为蓝色，将"填充"图层的颜色设为 254，将"墙线"图层设为当前层，如图 10-231 所示。

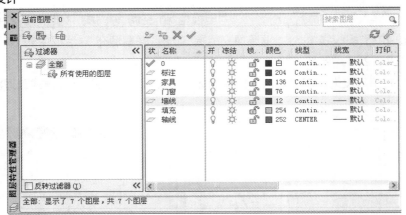

图 10-231 "图层特性管理器"对话框

(2) 绘制厨房轮廓。执行"直线"命令，根据具体实际尺寸在图中绘制厨房平面轴线区域，具体尺寸如图 10-232 所示。

(3) 偏移线段。执行"偏移"命令，将绘制好的轮廓向内偏移，并执行"修剪"命令，修剪多余的线段，如图 10-233 所示。

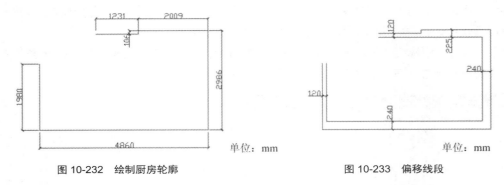

图 10-232 绘制厨房轮廓   图 10-233 偏移线段

(4) 绘制同心圆。执行"圆心，半径"命令，在距离底部墙体 1033 mm、右边墙体 3017 mm 的位置绘制半径为 1067 mm、1487 mm 的同心圆，如图 10-234 所示。

(5) 整理图形。执行"修剪"命令，选择同心圆图形和标注尺寸，将多余的部分进行修剪，如图 10-235 所示。

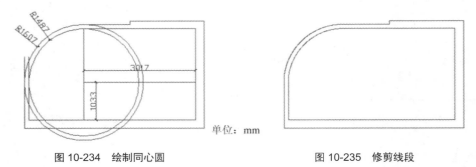

图 10-234 绘制同心圆   图 10-235 修剪线段

(6) 绘制窗户。将"门窗"图层设为当前层，依次执行"直线"和"修剪"命令，绘制出窗洞和门洞，并将窗户图形绘制出来，如图 10-236 所示。

(7) 绘制承重墙。执行"矩形"命令，绘制长宽均为 400 mm 的矩形作为承重墙，并执行"修剪"命令，修剪多余的线段，如图 10-237 所示。

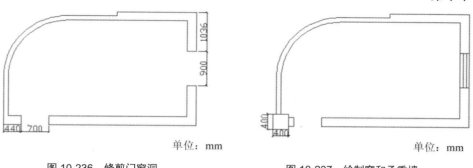

图 10-236　修剪门窗洞　　　　　　　　　图 10-237　绘制窗和承重墙

（8）填充图案。将"填充"图层设为当前层，执行"图案填充"命令，选择填充图案"ANS131"，设置图案填充比例为 10，对承重墙进行填充，如图 10-238 所示。

（9）绘制操作台。将当前图层转换为"家具"图层，执行"直线"命令，在图中绘制直线区域作为厨房操作台，依次执行"偏移"和"修剪"命令，将绘制好的直线向内偏移 20 mm，并修剪多余的线段，如图 10-239 所示。

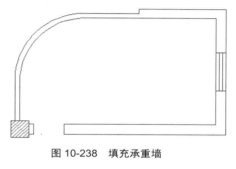

图 10-238　填充承重墙

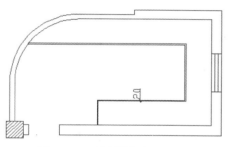

图 10-239　绘制操作台

（10）插入图块。执行"插入"|"块"命令，将煤气灶、洗菜池图块调入操作台，并放在合适的位置，如图 10-240 所示。

（11）绘制冰箱。执行"矩形"命令，绘制长宽均为 600 mm 的矩形(实为正方形)作为冰箱外轮廓。

（12）输入文字。执行"偏移"命令，将矩形向内偏移 20 mm，并依次执行"直线"和"多行文字"命令，绘制冰箱示意线和输入文字内容"冰箱"，如图 10-241 所示。

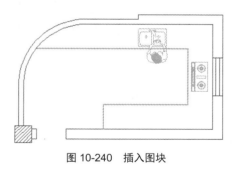

图 10-240　插入图块

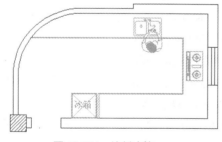

图 10-241　绘制冰箱

（13）插入门图块。将"门窗"图层设为当前层，执行"插入"|"块"命令，将门图块调入门洞位置，如图 10-242 所示。

（14）填充地面。执行"图案填充"命令，选择填充图案"ANGLE"，设置填充图案比例为 80，对餐厅区域进行填充，如图 10-243 所示。

（15）尺寸标注。将当前层转换至"标注"图层，执行"线性标注"命令，对该图进行尺寸标注。至此，厨房平面图绘制完毕，如图 10-244 所示。

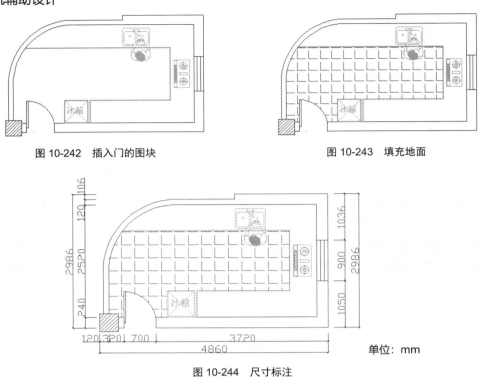

图 10-242　插入门的图块　　　　　　　　　图 10-243　填充地面

单位：mm

图 10-244　尺寸标注

第四节　室内施工图的绘制与编辑

一、快速绘制施工图的轴线网

施工图的轴线网是控制建筑物尺寸和模数的基本手段，是墙体定位的主要依据。绘制墙体轴线一般从绘制两条相互垂直的直线开始，然后用"偏移"或"阵列"等编辑命令进一步创建施工图的轴线网，最后对其进行编辑和修改，生成墙体的轴线。

绘制施工图的轴线有多种方法，可以配合"偏移""阵列""复制""夹点编辑"等工具创建施工图的轴线网，其中，配合"偏移"工具绘制施工平面图的轴线网是应用最普遍的一种方法，特别是绘制内部结构不规则的建筑施工平面图的轴线网，此种方法更是简便快捷。

绘制施工平面图的轴线网目的要求。

(1) 掌握样板图文件的调用方法和修改技巧，使其转变为符合自己作图要求的图形文件。

(2) 重点掌握绘制施工平面图轴线网的思路及操作技巧。

(3) 学会分析施工图轴线网的内部结构，针对其内部结构，快速绘制其内部轴线网。

(4) 掌握快速创建施工图中的对称结构图的方法。

步骤如下。

① 在命令行中输入"图形界限"，那当前的绘图界限设置为"29700，21000"。

② 单击菜单栏中的"格式"|"线性"命令，在弹出的"线性管理器"对话框中的"全局比例因子"文本框内输入"100"，把线形的全局比例因子设为 100。

③ 单击"标注"工具栏中的"标注样式"，在打开的"标注样式"管理器对话框内单击 替代(O) 按钮，打开该选项卡。

④ 将该选项卡右侧的"使用全局比例"调整为 100(见图 10-245)，把当前的尺寸比例放大 100 倍。

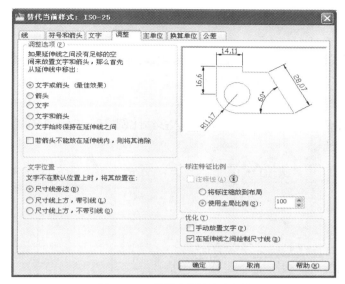

图 10-245　缩放当前的尺寸比例

⑤　单击菜单栏中的"视图"|"缩放"|"全部"命令，使作图区最大化显示在屏幕内。

接下来，使用"直线"命令绘制施工图的轴线，绘制轴线时，首先要绘制出水平和垂直方向上的两条基准轴线，然后根据这两条基准轴线创建其他位置上的轴线。

⑥　单击菜单栏中的"绘图"|"直线"命令或单击"绘图"工具栏中的"直线"按钮 或在命令行中输入"Line"或"L"，执行直线命令。

⑦　在绘图区适当位置单击鼠标左键，指定直线的起点，在"指定下一点或'放弃(U)'："提示下，激活状态栏上的"正交"功能，绘制水平直线作为水平基准轴线。

⑧　重复执行"直线"命令，以水平基准轴线的左侧端点作为所要绘制的直线的起点，绘制垂直直线，作为垂直方向上的基准轴线，结果如图 10-246 所示。

⑨　单击"修改"工具栏上的"偏移"按钮 或单击菜单栏中的"修改"|"偏移"命令或在命令行中输入"Offset"或"O"，执行偏移命令。

⑩　在"指定偏移距离或'通过'："提示下，输入相应的参数，作为偏移的距离，单击 Enter 键。

⑪　在"选择要偏移的对象或'退出'："提示下，选择垂直方向上的基准轴线作为要偏移的对象。

⑫　在"指定点以确定偏移所在一侧："提示下，在垂直直线的右侧单击鼠标左键。

⑬　在"选择要偏移的对象或'退出'："提示下，单击 Enter 键，结束 Pianyi 命令，结果如图 10-247 所示。

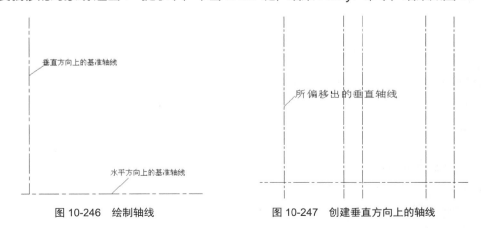

图 10-246　绘制轴线　　　　　　　　图 10-247　创建垂直方向上的轴线

⑭　参照以上操作步骤，使用"偏移"工具创建水平方向上的垂直轴线，结果如图 10-248 所示。

二、施工图墙线绘制和编辑命令

在使用"多线"命令绘制墙线和窗线之前，首先要设置好墙线、窗线及阳台线的多线样式。下面以"创建墙线、窗线和阳台的多线样式"为例来说明多线样式的具体设置步骤。

① 执行"绘图"|"多线"或在命令行中输入"ML"。

② 指定起点或"对正(J)/比例(S)/样式(ST)"：输入 S|输入多线比例"20"：|输入 240|输入 J|输入对正类型"上(T)/无(Z)/下(B)"|输入 Z，如图 10-249 所示。

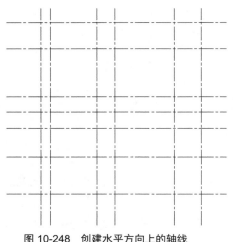

图 10-248　创建水平方向上的轴线

图 10-249　绘制墙线

③ 关闭轴线层，修改墙线，如图 10-250 所示。

④ 利用"偏移""修剪"等命令开门、窗洞，如图 10-251 所示。

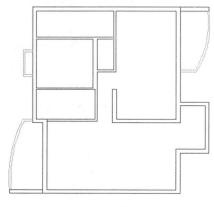

图 10-250　修改墙线

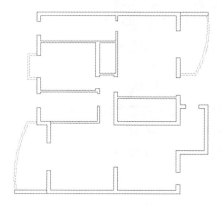

图 10-251　开门、窗洞

如果在绘制轴线网上没有开门洞和窗洞，在绘制完墙体平面图后，还需要在墙线上开门洞和窗洞，在开门洞和窗洞之前，要先分解所有的墙线。

在墙线上开门窗洞。

目的要求如下。

(1) 学习根据不同的墙体特性选择合适的开洞方法。

(2) 熟练掌握"分解"命令的使用方法及操作步骤。

(3) 灵活运用各种开门洞的操作方法，总结其操作技巧。

① 单击"修改"工具栏上的"分解"按钮 [图]，执行分解命令。

② 在"选择对象："提示下，分别选择平面图的内外墙线进行分解。

③ 执行偏移命令，根据命令行的提示，选择外墙线向下偏移 370 个绘图单位。

④ 重复执行偏移命令，把偏移距离设置为 900 mm，再一次向下偏移外墙线，结果如图 10-252 所示。

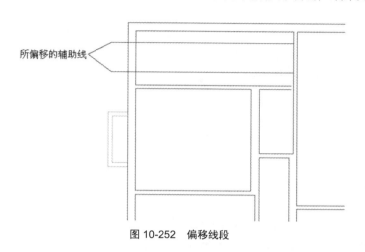

图 10-252　偏移线段

⑤ 单击"修改"工具栏上的"修剪"按钮 ，在"选择剪切边...选择对象："提示下，用鼠标选取所偏移的辅助线作为修剪边。

⑥ 在"选择要修剪的对象，按住 Shift 键选择要延伸的对象，或'投影(P)/边(E)/放弃(U)'："提示下，用鼠标单击两条辅助线之间的外墙线。

⑦ 在"选择要修剪的对象，按住 Shift 键选择要延伸的对象，或'投影(P)/边(E)/放弃(U)'："提示下，单击辅助线之间的内墙线作为修剪的对象，并按 Shift 键，结束修剪命令。

⑧ 单击"修改"工具栏上的"打断"按钮，在"选择对象："提示下，在命令行中输入"F"。

⑨ 在"指定第一打断点：_tt 指定临时对象追踪点："提示下，配合"捕捉到端点"模式，用鼠标单击卫生间外墙线的上部端点，作为对象的临时追踪点，如图 10-253 所示。

⑩ 在"指定第一打断点："提示下，垂直向上移动鼠标，待绘图区出现追踪虚线时，在命令行中输入"850"，并单击 Enter 键。

⑪ 在"指定第二个打断点："提示下，在命令行中输入第二个打断点的坐标"@0，900"，并单击 Enter 键。

⑫ 使用"直线"命令，绘制窗洞两侧的墙线，最终结果如图 10-254 所示。

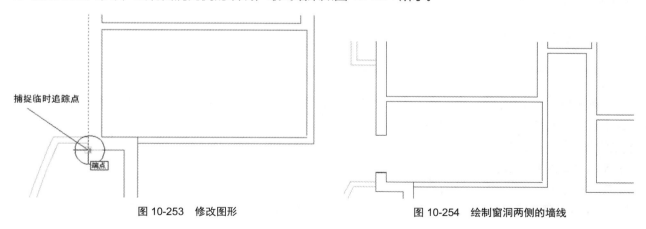

图 10-253　修改图形　　　　　　　　　　图 10-254　绘制窗洞两侧的墙线

三、施工图构建的绘制与编辑

修正完墙线及窗线后，就需要为平面图创建推拉门和打开门。详细介绍创建门锁用到的"直线""矩形""圆弧""分解""偏移""修剪"等命令。

综合运用各种绘图命令和图形编辑命令绘制宽度为 800 mm 的单开门。

目的要求如下。

(1) 熟练运用绘制矩形和圆弧的方法，根据现有条件，采用相应的绘图方法。

(2) 熟练掌握"分解""修剪""旋转"和"镜像"等图形编辑工具的操作方法及操作技巧。

(3) 重点掌握创建打开门的图块的方法及基点的选择技巧。

(4) 灵活运用各种绘图辅助工具，以提高绘图速度。

绘制门垛如下。

(1) 单击"绘图"工具栏上的"矩形"按钮□。

(2) 在"指定第一个角点或'倒角(C)/标高(E)/圆角(F)/厚度(T)/宽度(W)'："提示下，在绘图区的空白处单击，拾取一点作为矩形的第一个角点。

(3) 在"指定另一个角点或'尺寸'："提示下，采用相对坐标，在命令行输入"@60，80"作为矩形的另一个对角点，结果如图 10-255 所示。

(4) 单击"修改"工具栏上的"分解"按钮🗶，激活分解命令，把绘制的门垛进行分解。在此使用"分解"命令的目的是为了把一个单独的矩形分解为 4 个独立的线段，从而对这 4 条线段进行编辑。

(5) 单击"修改"工具栏上的"偏移"按钮🗠，执行偏移命令。

(6) 根据命令行的提示，选取矩形左边和下边的线段分别向右边和上边偏移 40 个绘图单位，结果如图 10-256 所示。

图 10-255　绘制门垛　　　　　　　　　　　　　　　　　图 10-256　偏移矩形和修剪图形

(7) 单击"修改"工具栏上的"修剪"按钮╱，执行修剪命令。

(8) 在"选择剪切边...选择对象："提示下，不选择任何对象，单击 Enter 键。

(9) 在"选择要修剪的对象或'投影(P)/边(E)/放弃(U)'："提示下，选择要修剪的对象。再镜像另一侧的门垛。

(10) 单击"修改"工具栏上的"镜像"按钮⚎，执行镜像命令。

(11) 执行"矩形"命令，配合"对象捕捉"模式，绘制如图 10-257 所示的矩形。

图 10-257　绘制矩形

(12) 单击"修改"工具栏上的"旋转"按钮🗘，执行旋转命令。在"指定旋转角度或'参照(R)'："提示下，在命令行内输入"-90"，表示逆时针旋转 90°，结果如图 10-258 所示。

绘制门开启的方向如下。

(1) 单击菜单栏中的"绘图"|"圆弧"|"起点、圆心、端点"选项，执行圆弧命令。

(2) 在"指定圆弧的起点或'圆心(C)'："提示下，用鼠标拾取旋转后的矩形的右上部角点。

(3) 在"指定圆弧的第二个点或'圆心(C)/端点(E)'：_C 指定圆弧的圆心："提示下，用鼠标点取此矩形的右下部的角点。

(4) 在"指定圆弧的端点或'角度(A)/弦长(L)'："提示下，用光标拾取圆弧的第三个端点，结果如图 10-259 所示。

(5) 执行"创建块"命令，弹出"创建块"对话框。

(6) 单击"创建块"对话框中的"基点"组合框中的"拾取点"按钮🖽 拾取点(K)，系统自动返回到绘图区，用鼠标捕捉右侧门垛的中点作为图块的基点，如图 10-260 所示。

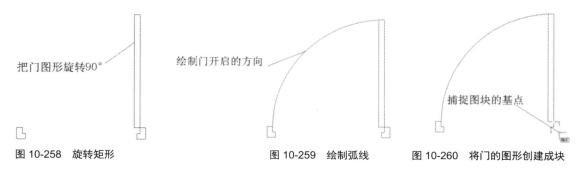

图 10-258　旋转矩形　　　　　图 10-259　绘制弧线　　　　　图 10-260　将门的图形创建成块

（7）单击"创建块"对话框中的"对象"选项组中的"选择对象"按钮，返回绘图区选择所绘制的单开门图形，单击 Enter 键，回到"创建块"对话框，单击　确定　按钮。

在施工平面图中插入门的图块如下。

将单开门定义成图块后，接下来，就可以用"插入块"命令把单开门的图块插入到当前的施工平面图中。

为施工图插入单开门图块。

目的要求如下。

① 重点掌握图块的插入方法及插入技巧。

② 要注意插入点的捕捉技巧。

③ 灵活掌握图块的缩放比例及旋转的角度。

（1）单击"绘图"工具栏上的"插入块"按钮，弹出"插入块"对话框，单击此对话框中的　确定　按钮，配合"捕捉到中点"模式，用鼠标点取门洞一侧的墙线的中点，结果如图 10-261 所示。

（2）在绘图区域内单击右键，在弹出的快捷菜单中选择"重复插入块"命令，或者单击 Enter 键，再次执行插入块命令。

（3）在"缩放比例"组合框中的"Y："文本框中输入"-1"，"角度"文本框中输入"90"，单击　确定　按钮，如图 10-262 所示。

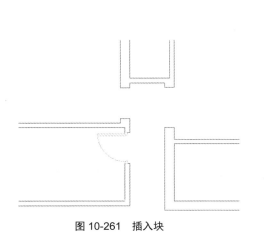

图 10-261　插入块

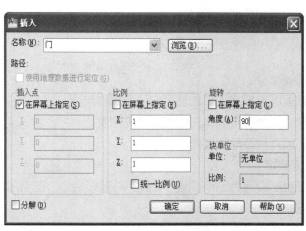

图 10-262　设置缩放比例及角度

（4）返回绘图区，配合"捕捉到中点"模式，用鼠标点取插入点，结果如图 10-263 所示。

（5）重复执行"插入块"命令，参照上述操作步骤，插入其他位置上的单开门。

平面窗的绘制。

① 运用矩形、偏移等命令绘制平面图中的一扇窗，如图 10-264 所示的图形。

② 复制其他窗，再用拉伸命令进行修改，如图 10-265 所示。

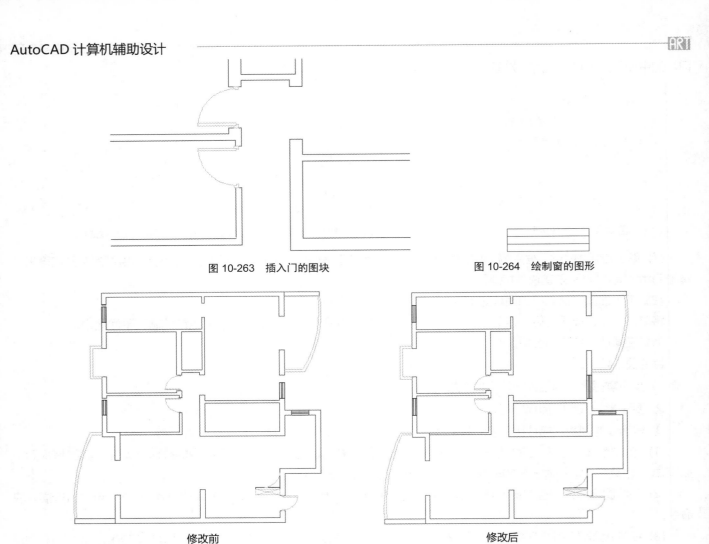

图 10-263　插入门的图块　　　　图 10-264　绘制窗的图形

修改前　　　　　　　　　　　　修改后

(1)　　　　　　　　　　　　　　(2)

图 10-265　运用拉伸修改图形

四、创建室内装饰平面图中的填充图案

目的要求如下。

(1) 掌握图案填充工具的使用方法及操作步骤。

(2) 学会设置图案的填充比例及填充角度。

(3) 了解几种孤岛检测样式的区别。

填充步骤如下。

把"地面层"设置为当前图层，使用"多段线"命令，配合"捕捉到中点"功能，再各个房间门的位置用直线连接起来，构成封闭区域。

(1) 单击菜单栏中的"绘图"|"图案填充"命令，执行图案填充命令。

(2) 在弹出的"边界图案填充"对话框中的"类型"下拉列表中选择"预定义"选项。

(3) 单击"图案"文本框右侧的▓▓按钮，在打开的"填充图案控制面板"对话框中选择"NET"图案。

(4) 单击　确定　按钮，返回"边界图案填充"对话框，在"比例"文本框中输入填充的比例。

(5) 单击"边界图案填充"对话框右侧的"选择对象"按钮▣，返回绘图区，选择多段线，进行填充，结果如图 10-266 所示。

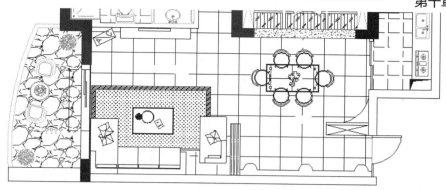

图 10-266 填充材质

第五节 天花图的绘制

根据不同的房间，对其进行不同的装饰吊顶。

一、绘制客厅天棚图

客厅采用石膏板局部吊顶，并配以豪华灯装饰，其步骤如下。

① 单击如图 10-267 所示的"墙线 1，墙线 2"，分别偏移 350 mm；再选中"墙线 3"偏移 1400 mm。

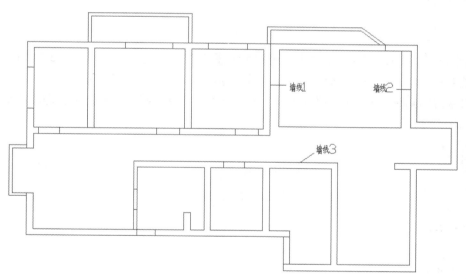

图 10-267 偏移线段

② 绘制客厅的矩形装饰块和灯具，其步骤如下。

(a) 利用矩形画一个 @400，200 的矩形。

(b) 利用圆工具画直径为 55 mm 的圆，再移动到矩形中间，然后再用直线将灯的图形补充完整，如图 10-268 所示。

(c) 用偏移工具、选中"墙线 4"向下分别偏移 500 mm、200 mm、700 mm、200 mm、700 mm、200 mm，再将刚做好的灯放在如图 10-269 所示的位置。

(d) 利用样条曲线画出弧形吊顶。

(e) 在图库中找到如图 10-270 所示的主灯具。

图 10-268 绘制灯具

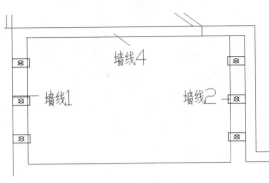

图 10-269 复制灯具

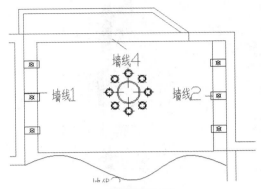

图 10-270 绘制弧形吊顶

二、绘制门厅的天棚图

门厅的天棚图主要是开一个长×宽为 500 mm×500 mm，深为 100 mm 的凹槽，内装灯，用磨砂玻璃饰面，其步骤如下。

(1) 利用矩形绘制@500，500 的矩形，并向外偏移 55 mm。

(2) 利用圆命令绘制半径为 10 mm 的圆，作为螺钉。

(3) 利用直线绘制几条斜线表示玻璃材质，如图 10-271 所示。

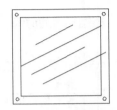

图 10-271 绘制磨砂玻璃

三、绘制过道天棚图

其步骤如下。

(1) 利用矩形绘制一个@240，1062 的矩形，再利用偏移命令分别向上和向下偏移 150 mm。

(2) 利用矩形绘制一个@30，650 的矩形，放置其中，绘制灯具如图 10-272 所示。

(3) 利用偏移命令分别偏移 680 mm，750 mm，690 mm，将将做好的图形放到合适的位置。复制灯具如图 10-273 所示。

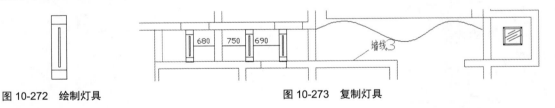

图 10-272 绘制灯具

图 10-273 复制灯具

四、绘制餐厅天棚图

餐厅采用石膏板吊顶，并在石膏板上安装六盏筒灯，在天棚的中心位置再安装一盏主灯，其绘制的方法和客厅的顶棚图基本相似，步骤如下。

(1) 利用样条曲线工具绘制如图 10-274 所示的曲线。

(2) 将筒灯放置在如图 10-274 所示的位置。

(3) 从图库中调出主灯的图块放置在如图 10-274 所示的位置。

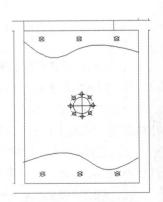

图 10-274 绘制弧形吊灯

五、绘制厨房、主卫、次卫的天棚图

(1) 厨房、主卫、次卫的天棚都是用 300 mm×300 mm 的铝扣板吊顶，再安装相应的灯具，步骤如下：利用填充命令填充 NET 图案，以及尺寸为 300 mm×300 mm 的铝扣板。填充图案如图 10-275 所示。

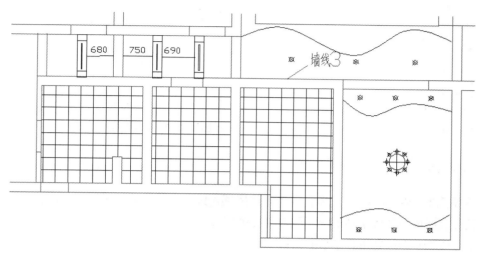

图 10-275　填充图案

（2）绘制厨房灯具的步骤如下。

① 利用矩形工具绘制一个 @1000，1000 的矩形，再偏移 20 mm。

② 利用直线工具，捕捉其中心绘制两条垂直线，再分别偏移 10 mm。

③ 利用修剪工具修剪出如图 10-276 所示的图形。

④ 利用矩形工具绘制一个 @850，30 的矩形，以及里面装的灯管。

⑤ 将此图形放置在厨房适当的位置，将其分解后进行修剪。

绘制灯具如图 10-276 所示。

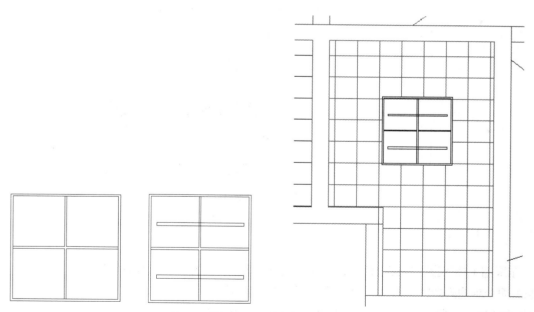

图 10-276　绘制灯具

（3）参照该灯具的布置来绘制和布置主卫、次卫的灯具。

绘制灯具如图 10-277 所示。插入灯具如图 10-278 所示。

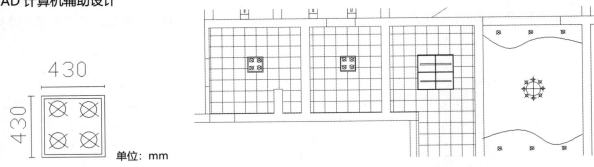

图 10-277　绘制灯具一

单位：mm

图 10-278　插入灯具

六、绘制主卧、书房、保姆房的天棚图

主卧、书房、保姆房的天棚图都比较简单，没有采用吊顶，只是四周有阴角线，步骤如下。

(1) 利用矩形工具捕捉其对角线绘制矩形，再向内偏移 50 mm。

(2) 将餐厅的主灯复制一个放到主卧中心的大致位置。

(3) 参照步骤(1)中绘制阴角线的方法绘制书房和保姆房的阴角线，再绘制这两个房间的灯具。

绘制灯具如图 10-279 所示。

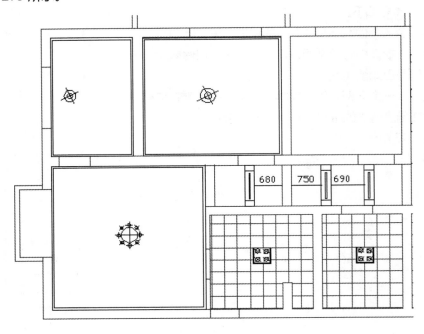

图 10-279　绘制灯具二

七、绘制次卧的天棚图

次卧的天棚采用木格吊顶，再配上相应的灯具，使整个房间充满格调，其步骤如下。

(1) 参照上面介绍的阴角线的方法，绘制矩形，再向内偏移 40 mm。

(2) 利用填充命令，填充 NET 图案，以及 450 mm×450 mm 的木格。

(3) 绘制@40×1200 的矩形，放置在如图 10-280 所示的位置。

绘制灯具如图 10-280 所示。天棚图最终效果如图 10-281 所示。

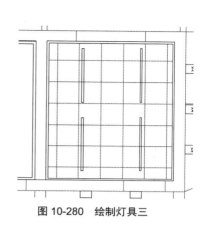

图 10-280　绘制灯具三

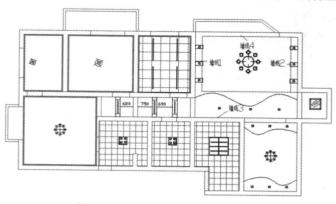

图 10-281　天棚图最终效果

第六节　绘制室内立面图

一座建筑物是否美观，很大程度上取决于它的立面艺术效果，包括造型和装修等效果。在设计阶段，立面图主要是用来研究这种艺术处理手法的；在施工图中，它主要反映物体的外貌和装修。

一、绘制客厅立面图

客厅是房子的门面，是主人与客人会面的地方，也叫起居室。客厅的家具摆设和颜色的选择反映出主人的爱好、性格、个性等。客厅通常有沙发、电视机、音响及其他装饰。装饰颜色最好选择浅色，让客人有耳目一新的感觉。

本案例使用工具和命令有"矩形""分解""偏移""直线""圆心""镜像""多重引线样式"等。

具体步骤如下。

(1) 利用直线、偏移和修剪工具得到如图 10-282 所示的图形。

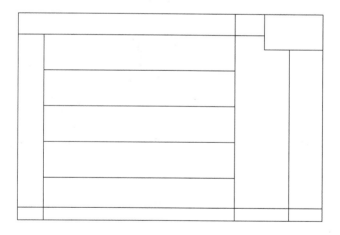

图 10-282　绘制立面轮廓

(2) 利用偏移、点(定数等分)、矩形等工具绘制如图 10-283 所示的电视柜。

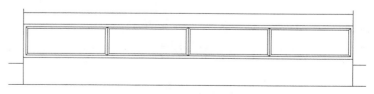

图 10-283　绘制电视柜

(3) 将电视柜上的装饰线上下各偏移 10 mm，表示装饰线槽。

(4) 利用圆环命令绘制内直径为 15 mm，外直径为 20 mm 的圆环，表示装饰钉，然后放置在如图 10-284 所示的位置。

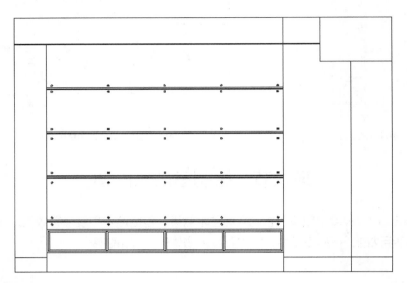

图 10-284　绘制装饰线槽和装饰钉

(5) 将电视机和盆景的图块放入图中，再标注尺寸，如图 10-285 所示。

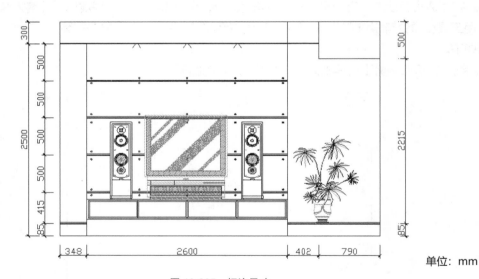

单位：mm

图 10-285　标注尺寸

(6) 标注文本，将客厅立面图的内容补充完整。

二、绘制餐厅立面图

餐厅是用餐的地方。进餐的空间大小与进餐的人数和使用的家具陈设有关，有各种尺寸的要求。从坐席的方式、进餐尺度考虑，有单面座、折角座、对面座、三面座、四面座等。餐桌有方形、长方形、圆形等，座位有四座、六座、八座等。

本案例使用工具和命令有"矩形""偏移""直线""定数等分"等。

具体步骤如下。

（1）利用直线工具绘制一个 2800 mm×3760 mm 的矩形，表示餐厅立面图的长和宽。

（2）选择"直线 1"，向下依次偏移 100 mm、40 mm，再进行修剪。

绘制餐厅立面轮廓如图 10-286 所示。

（3）利用直线绘制筒灯。

（4）根据平面图中餐桌椅所在的位置向下作引线，选择"直线 2"，依次向上便移 60 mm、30 mm、310 mm、30 mm、270 mm、30 mm、370 mm，得到餐桌椅在立面图中所在的位置。

绘制辅助线如图 10-287 所示。

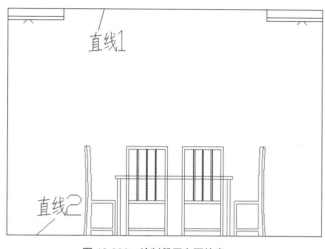

图 10-286　绘制餐厅立面轮廓

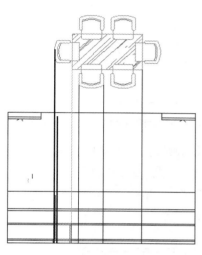

图 10-287　绘制辅助线

（5）利用偏移和定数等分画出背面的椅子，再镜像。绘制桌椅立面图如图 10-288 所示。

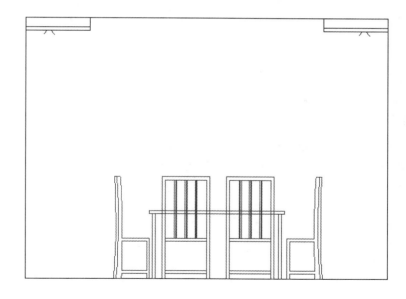

图 10-288　绘制桌椅立面图

（6）将餐厅立面图的内容补充完整。

三、绘制厨房立面图

厨房是可以准备食物并进行烹饪的场所，一个现代化的厨房通常有炉具、清洗台及储存食物的设备。

本案例使用工具和命令有"直线""矩形""偏移""修剪""图案填充""圆角""多重引线"和"线性标注"等。

具体步骤如下。

(1) 绘制厨房轮廓。执行"直线"命令，绘制长为 3185 mm、宽为 2200 mm 的厨房立面轮廓，如图 10-289 所示。

(2) 绘制收口线。执行"矩形"命令，在距顶部线段 80 mm 的位置，绘制一个长为 3055 mm、宽为 50 mm 的矩形作为 50 mm 宽收口线，如图 10-290 所示。

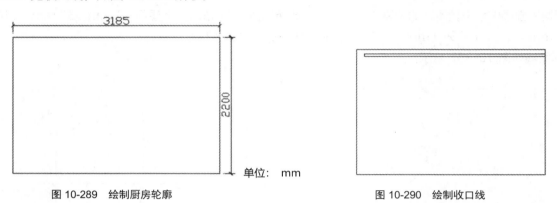

图 10-289　绘制厨房轮廓　　　　　　　　　　　图 10-290　绘制收口线

(3) 圆角操作。执行"圆角"命令，选择第一个对象后按鼠标右键设置圆角半径为 25 mm，对收口线左边两个角进行圆角操作，如图 10-291 所示。

(4) 绘制玻璃橱柜。执行"矩形"命令，在图左边位置绘制宽为 385 mm、长为 400 mm 的矩形作为玻璃橱柜，如图 10-292 所示。

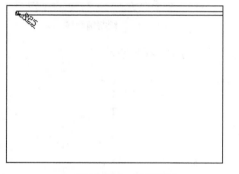 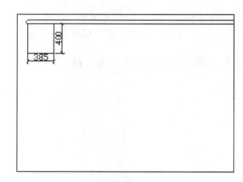

图 10-291　圆角操作　　　　　　　　　　　图 10-292　绘制玻璃橱柜

(5) 偏移线段。执行"偏移"命令，将绘制好的玻璃橱柜向内依次偏移 15 mm、60 mm，如图 10-293 所示。

(6) 绘制橱柜把手。执行"矩形"命令，在玻璃橱柜右下角绘制宽为 10 mm、长为 60 mm 的矩形作为橱柜把手，如图 10-294 所示。

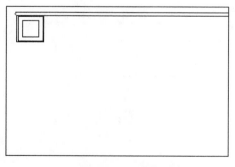 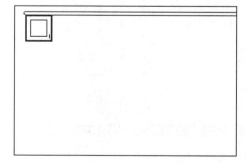

图 10-293　偏移线段　　　　　　　　　　　图 10-294　绘制橱柜把手

(7) 镜像橱柜。执行"镜像"命令，选择玻璃橱柜，以橱柜右下角为镜像点，将玻璃橱柜进行镜像操作，如图 10-295 所示。

(8) 绘制橱柜轮廓。执行"矩形"命令，在图右边绘制长为 400 mm、宽为 350 mm 的矩形作为橱柜，如图 10-296 所示。

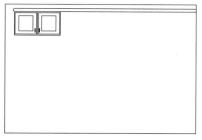

图 10-295　镜像橱柜

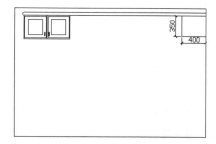

图 10-296　绘制橱柜轮廓

(9) 偏移轮廓。执行"偏移"命令，将绘制好的玻璃橱窗向内依次偏移 15 mm、60 mm，如图 10-297 所示。

(10) 执行"矩形"命令。在玻璃橱柜左下角绘制宽为 10 mm、长为 60 mm 的矩形，作为橱柜把手，如图 10-298 所示。

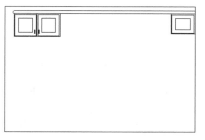

图 10-297　偏移矩形

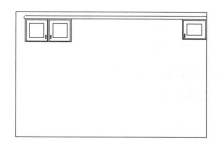

图 10-298　绘制把手

(11) 镜像橱柜。执行"镜像"命令，选择玻璃橱柜，以橱柜左下角为镜像点，将玻璃橱柜进行镜像操作，如图 10-299 所示。

(12) 填充橱柜。执行"图案填充"命令，选择填充图案"AR-RROOF"，设置图案填充角度为 45°，填充图案比例为 5，对玻璃橱柜进行填充，如图 10-300 所示。

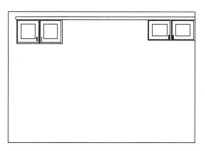

图 10-299　镜像橱柜

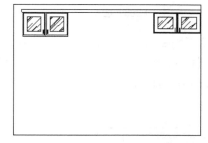

图 10-300　填充橱柜

(13) 绘制橱柜。执行"矩形"命令，绘制宽为 400 mm、长为 700 mm 的橱柜轮廓，如图 10-301 所示。

(14) 绘制把手。依次执行"偏移"和"矩形"命令，将绘制好的矩形向内偏移 15，并绘制宽为 10 mm、长为 120 mm 的矩形作为把手，如图 10-302 所示。

(15) 绘制消毒柜放置区。执行"矩形"命令，绘制长为 800 mm、宽为 470 mm 的矩形作为放置消毒柜的位置，如图 10-303 所示。

(16) 整理图形。执行"分解"命令，对矩形进行分解，并执行"偏移"和"修剪"命令，将矩形的上下左右线段分别向内偏移 20 mm，再修剪多余的线段，如图 10-304 所示。

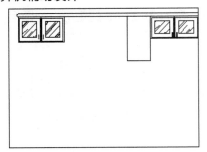

图 10-301　绘制橱柜轮廓

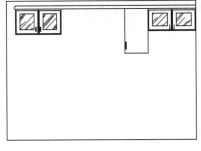

图 10-302　绘制把手

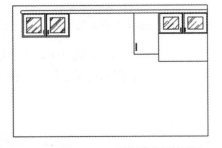

图 10-303　绘制消毒柜放置区

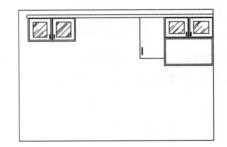

图 10-304　整理图形

(17) 插入消毒柜。执行"插入"|"块"命令，选择消毒柜图形，将其放在右边橱柜位置，如图 10-305 所示。

(18) 插入油烟机图块。同样执行"插入"|"块"命令，选择油烟机图形，将其放在如图 10-306 所示。

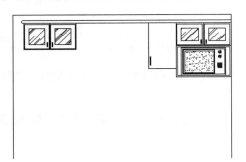

图 10-305　插入消毒柜

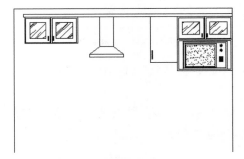

图 10-306　插入油烟机图块

(19) 绘制大橱柜。执行"矩形"命令，绘制长为 2285 mm、宽为 820 mm 的矩形作为大橱柜，如图 10-307 所示。

(20) 分解偏移操作。执行"分解"命令，将绘制好的矩形进行分解，并执行"偏移"命令，将顶部线段依次向下偏移 40 mm、126 mm、267 mm、267 mm，将左边线段向右依次偏移 235 mm、800 mm、275 mm、400 mm，如图 10-308 所示。

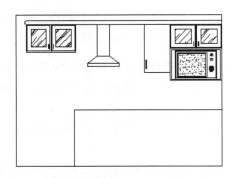

图 10-307　绘制大橱柜

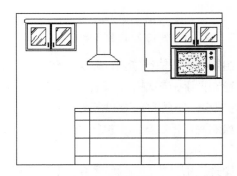

图 10-308　分解、偏移操作

(21) 修剪线段。执行"修剪"命令，选择偏移后的线段，将多余的线段进行修剪，如图 10-309 所示。

(22) 绘制内轮廓。执行"矩形"命令，在橱柜的每个橱洞位置绘制大小合适的内轮廓，如图 10-310 所示。

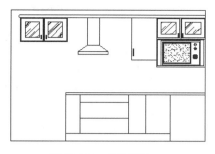

图 10-309　修剪线段

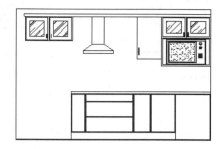

图 10-310　绘制内轮廓

(23) 绘制把手。依次执行"直线"和"矩形"命令，在橱柜位置绘直线和把手，如图 10-311 所示。

(24) 插入图块。执行"插入"|"块"命令，将煤气灶放在橱柜上面，将煤气瓶放在右边第二个橱柜内，将冰箱放在图左边的位置，如图 10-312 所示。

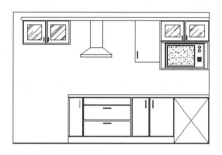

图 10-311　绘制直线和把手

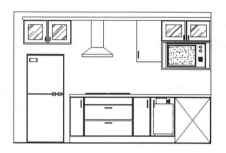

图 10-312　插入图块

(25) 设置多重引线样式参数。执行"格式"|"多重引线样式"命令，打开"多重引线样式管理器"对话框，单击"修改"按钮，打开"修改多重引线样式：Standard"对话中，设置文字高度为 80 mm，如图 10-313 所示。

图 10-313　设置多重引线样式参数

(26) 材料注释。单击"确定"按钮返回上一对话框，并单击"关闭"按钮，多重引线样式设置完成。执行"标注"|"多重引线"命令，对厨房立面图进行材料注释，如图 10-314 所示。

(27) 尺寸标注。执行"线性标注"命令，对该立面图进行尺寸标注。至此，厨房立面图绘制完毕，如图 10-315 所示。

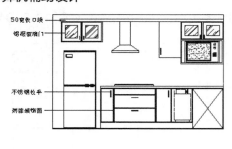

图 10-314　材料注释

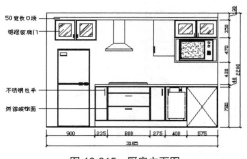

图 10-315　厨房立面图

四、绘制卫生间立面图

卫生间是厕所、洗手间、浴池的合称。根据布局可以分为独立型、兼用型和折中型三种。本案例绘制的卫生间属于兼用型，可以洗衣服、洗澡和如厕，干湿分区的半开放式。

本案例使用的工具和命令有"矩形""分解""偏移""修剪""复制""图案填充""插入"|"块"和"线性"等。

具体步骤如下。

(1) 绘制卫生间立面轮廓。执行"矩形"命令，绘制长为 4540 mm、宽为 2850 mm 的矩形作为卫生间立面轮廓，如图 10-316 所示。

(2) 整理图形。执行"分解"命令，将矩形进行分解，并执行"偏移"命令，将顶部线段依次向下偏移 360 mm、40 mm、350 mm、1000 mm，将左边线段依次向右偏移 1550 mm、120 mm、1885 mm、75 mm、10 mm，如图 10-317 所示。

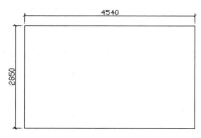

图 10-316　绘制卫生间立面轮廓

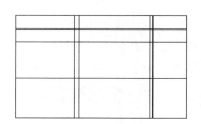

图 10-317　整理图形

(3) 修剪线段。执行"修剪"命令，选择偏移后的线段，将多余的部分进行修剪，如图 10-318 所示。

(4) 绘制橱柜。执行"直线"命令，在图顶部绘制橱柜，如图 10-319 所示。

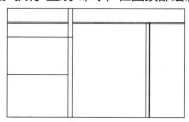

图 10-318　修剪线段

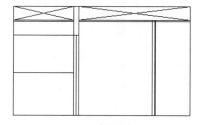

图 10-319　绘制橱柜

(5) 绘制镜面。执行"矩形"命令，绘制宽为 666 mm、长为 999 mm 的矩形作为镜面，并执行"偏移"命令，将镜面向内偏移 50 mm，如图 10-320 所示。

(6) 插入淋浴图块。执行"插入"|"块"命令，将壁挂式淋浴调入图中右边的位置，如图 10-321 所示。

(7) 填充镜面。执行"图案填充"命令，选择填充图案"AR-RROOF"，设置图案填充角度为 45°，填充图案比例为 20，对镜面进行填充，如图 10-322 所示。

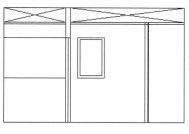

图 10-320　绘制镜面

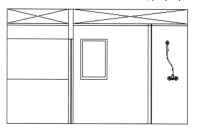

图 10-321　插入淋浴图块

(8) 绘制洗手盆台。执行"矩形"命令，绘制长为 800 mm、宽为 645 mm 的矩形作为洗手盆台，如图 10-323 所示。

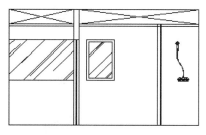

图 10-322　填充镜面

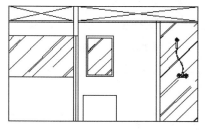

图 10-323　绘制洗手盆台

(9) 分解、偏移图形。执行"分解"命令，将矩形进行分解，并依次执行"偏移"和"修剪"命令，将顶部线段向下依次偏移 20 mm、50 mm、455 mm、20 mm、将左右两边的线段分别向内偏移 50 mm，再选择偏移后的线段，修剪多余的部分，如图 10-324 所示。

(10) 插入洗手池。执行"插入"│"块"命令，将洗手池插入洗手台面的位置，将马桶调入图中合适的位置，如图 10-325 所示。

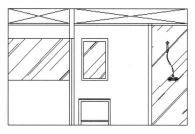

图 10-324　分解、偏移图形

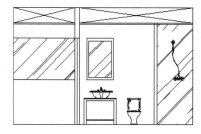

图 10-325　插入洗手池

(11) 绘制橱柜。执行"矩形"命令，绘制宽为 700 mm、长为 850 mm 的矩形作为橱柜，如图 10-326 所示。

(12) 修剪线段。执行"分解"命令，将矩形进行分解，并依次执行"偏移"和"修剪"命令。将顶部线段向下依次偏移 20 mm、180 mm、550 mm，将左边线段依次向右偏移 348 mm、4 mm，选择偏移后的线段，修剪多余的部分，如图 10-327 所示。

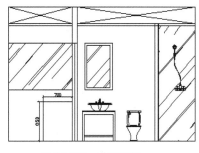

图 10-326　绘制橱柜

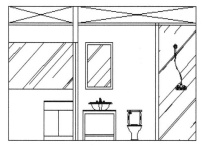

图 10-327　修剪线段

(13) 绘制把手。执行"矩形"命令，绘制长为 150 mm、宽为 10 mm 的矩形作为橱柜把手，并执行"复制"命令，将其进行复制，如图 10-328 所示。

(14) 调入龙头和洗衣机图块。执行"插入"|"块"命令，将水龙头、洗衣机图形调入图中合适的位置，如图 10-329 所示。

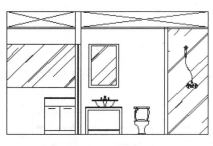

图 10-328　绘制把手

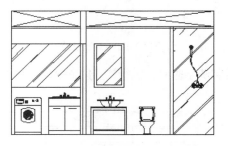

图 10-329　插入水龙头和洗衣机图块

(15) 绘制灯槽。执行"矩形"命令，在图中绘制灯槽，并执行"插入"|"块"命令，将射灯图形调入灯槽位置，如图 10-330 所示。

(16) 填充墙体。执行"图案填充"命令，选择填充图案"AR-SAND"，对镜面填充，选择填充图案"ANS131"对墙体进行填充，如图 10-331 所示。

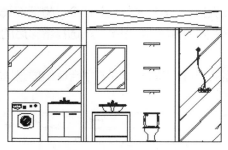

图 10-330　绘制灯槽

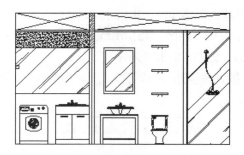

图 10-331　填充墙体

(17) 材料注释。执行"多重引线"命令，对卫生间立面图进行材料注释，如图 10-332 所示。

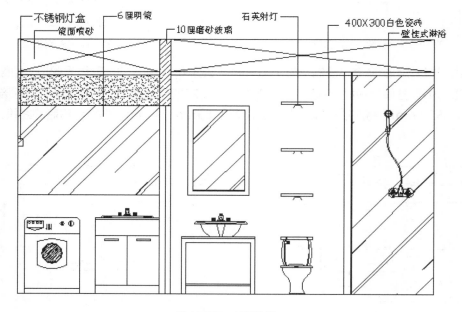

图 10-332　材料注释

(18) 尺寸标注。执行"线性标注"命令，对该立面图进行尺寸标注。至此，卫生间立面图绘制完毕，如图 10-333 所示。

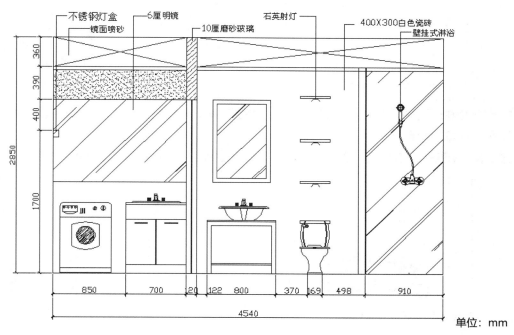

图 10-333　尺寸标注

五、绘制卧室立面图

卧室是人们休息、睡觉的主要处所，又被称为卧房、睡房。卧室设计时要注意实用，其次才是装饰。

本案例使用的工具和命令有"矩形""分解""偏移""修剪""直线""圆心、半径""图案填充"等。

具体步骤如下。

(1) 绘制卧室立面轮廓。执行"矩形"命令，绘制长为 4480 mm、宽为 2600 mm 的矩形作为卧室立面轮廓，如图 10-334 所示。

(2) 整理图形。执行"分解"命令，将矩形进行分解，并执行"偏移"命令，将顶部线段依次向下移动 100 mm、80 mm、1520 mm；将左边线段依次向下偏移 580 mm、20 mm、930 mm、500 mm、100 mm、1570 mm、100 mm、500 mm、70 mm、40 mm，如图 10-335 所示。

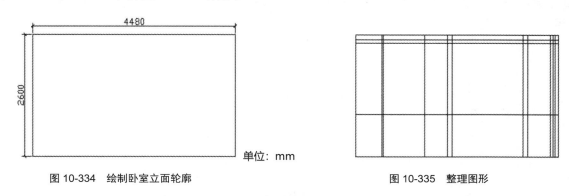

图 10-334　绘制卧室立面轮廓

图 10-335　整理图形

(3) 修剪线段。执行"修剪"命令，选择偏移的线段，将多余的线段修剪，如图 10-336 所示。

(4) 插入床图块。执行"插入"|"块"命令，将床立面图块调入图中合适的位置，如图 10-337 所示。

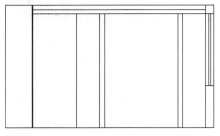

图 10-336 修剪线段

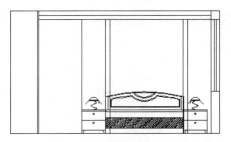

图 10-337 插入床图块

(5) 绘制装饰线和把手。依次执行"直线"和"圆心，半径"命令，在图左边的位置绘制直线作为橱柜装饰线，圆作为橱柜把手，如图 10-338 所示。

(6) 绘制图纹。依次执行"矩形"、"圆心"、"半径"命令，绘制装饰橱柜外部的装图纹，如图 10-339 所示。

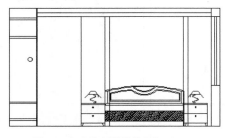

图 10-338 绘制装饰线和把手

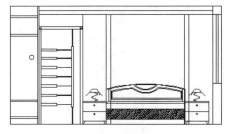

图 10-339 绘制图纹

(7) 绘制装饰框。执行"矩形"命令，绘制长为 1570 mm、宽为 1125 mm 的矩形作为装饰框，并执行"偏移"命令，将其向内偏移 50 mm，如图 10-340 所示。

(8) 插入装饰画。执行"插入"|"块"命令，将装饰画图块调入装饰框中，如图 10-341 所示。

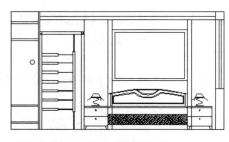

图 10-340 绘制装饰框

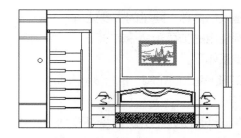

图 10-341 插入装饰画

(9) 填充墙体。执行"图案填充"命令，选择填充图案"GRASS"，设置填充图案比例为 5，对装饰框进行填充，如图 10-342 所示。

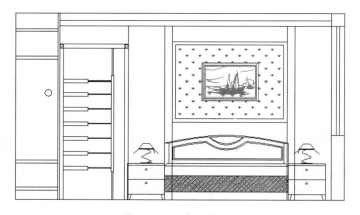

图 10-342 填充装饰框

(10) 材料注释。执行"多重引线"命令，对卧室立面图进行材料注释，如图 10-343 所示。

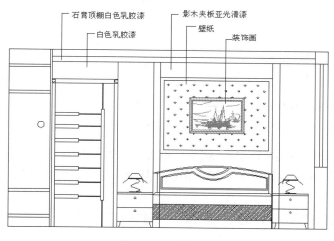

图 10-343 材料注释

(11) 尺寸标注。执行"线性标注"命令，对该图进行尺寸标注，如图 10-344 所示。至此，卧室里面图绘制完毕。

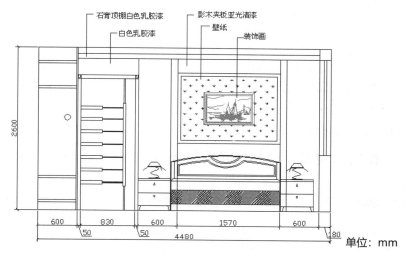

图 10-344 尺寸标注

六、绘制儿童房立面图

儿童房在设计时要注意安全性和实用性。本案例绘制的是儿童房的学习区域，主要是橱柜的设计。橱柜上面放置书本及工艺品，下面则是学习桌椅。

本案例使用的工具和命令有"矩形""分解""偏移""直线""修剪""图案填充""插入"|"块"等。

具体步骤如下。

(1) 绘制儿童房里面轮廓。执行"矩形"命令，绘制长为 3000 mm、宽为 2600 mm 的矩形作为儿童房立面轮廓，如图 10-345 所示。

(2) 分解、偏移线段。执行"分解"命令，将矩形进行分解，并执行"偏移"命令，将顶部线段向下偏移 60 mm，将底部线段依次向上偏移 95 mm、5 mm，如图 10-346 所示。

(3) 绘制矩形。执行"矩形"命令，绘制宽为 35 mm、长为 2000 mm 的矩形，并执行"复制"命令，将其复制到左边 1600 mm 的距离，如图 10-347 所示。

图 10-345　绘制儿童房立面图　　　　图 10-346　分解偏移线段　　　　图 10-347　绘制矩形

(4) 偏移直线。执行"直线"命令，在两个矩形之间绘制直线，并执行"偏移"命令，将其向下依次偏移 18 mm、290 mm、18 mm、290 mm、18 mm、600 mm、35 mm、145 mm、10 mm、145 mm、10 mm、145 mm，如图 10-348 所示。

(5) 绘制橱柜。同样执行"直线"命令，在图中绘制橱柜，并执行"修剪"命令，修剪多余的线段，如图 10-349 所示。

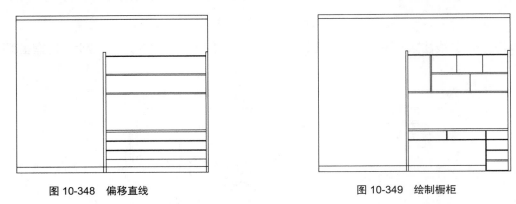

图 10-348　偏移直线　　　　　　　　　　　图 10-349　绘制橱柜

(6) 绘制把手。执行"圆心，半径"命令，绘制半径为 20 mm 的圆作为橱柜把手，并放在橱柜位置，如图 10-350 所示。

(7) 插入图块。执行"插入"|"块"命令，将玩具汽车调入橱柜中，将计算机、主机、座椅和台灯调入如图 10-351 所示的位置。

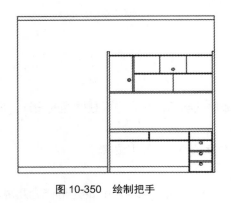 

图 10-350　绘制把手　　　　　　　　　　　图 10-351　插入图块

(8) 绘制书本。执行"矩形"命令，在橱柜位置绘制矩形作为书本，如图 10-352 所示。

(9) 绘制移动橱柜轮廓。同样执行"矩形"命令，绘制宽为 400 mm、长为 450 mm 的矩形作为移动橱柜轮廓，如图 10-353 所示。

(10) 绘制抽屉和把手。执行"偏移"命令，将矩形向内偏移 15 mm，并执行"矩形"命令，绘制大小不同的矩形作为抽屉和把手，将橱柜绘制完成，如图 10-354 所示。

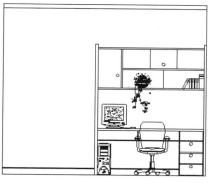

图 10-352　绘制书本

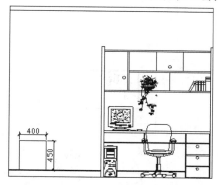

图 10-353　绘制移动橱柜轮廓

(11) 绘制滚轮。依次执行"直线"和"圆心，半径"命令，在橱柜下方位置绘制支撑杆和绘制同心圆作为滚轮，如图 10-355 所示。

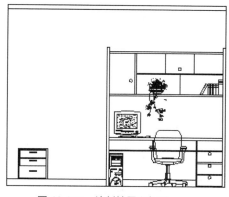

图 10-354　绘制抽屉和把手

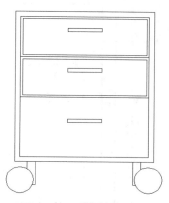

图 10-355　绘制滚轮

(12) 填充橱柜。执行"图案填充"命令，选择填充图案"AR-SAND"，对移动橱柜进行填充，如图 10-356 所示。

(13) 插入植物、装饰画。执行"插入"│"块"命令，选择植物、装饰画图形，将其调入图中合适的位置，如图 10-357 所示。

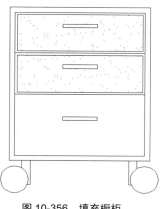

图 10-356　填充橱柜

图 10-357　插入植物、装饰画

(14) 材料注释。执行"多重引线"命令，对该立面进行材料注释，如图 10-358 所示。

(15) 标注尺寸。执行"线性标注"命令，对该图进行尺寸标注。至此，儿童房立面图绘制完毕，如图 10-359 所示。

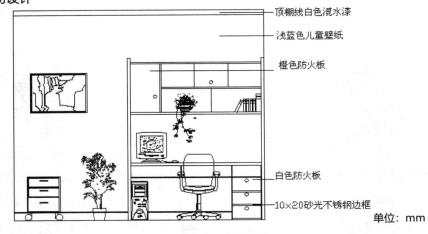

顶棚线白色混水漆

浅蓝色儿童壁纸

橙色防火板

白色防火板

10×20砂光不锈钢边框

单位：mm

图 10-358　材料注释

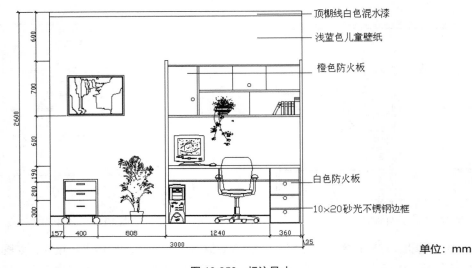

顶棚线白色混水漆

浅蓝色儿童壁纸

橙色防火板

白色防火板

10×20砂光不锈钢边框

单位：mm

图 10-359　标注尺寸

七、绘制室内玄关立面图

玄关是指住宅室内与室外之间的一个过渡空间，也就是进入室内换鞋、更衣或从室内去室外的缓冲空间，也有人把它叫做斗室、过厅、门厅。在住宅中玄关虽然面积不大，但使用频率较高，是进入住宅的必经之处。

本案例使用的工具和命令有"矩形""分解""偏移""修剪""插入""块""多重引线"和"线性标注"等。

具体步骤如下。

（1）绘制立面轮廓。执行"矩形"命令，绘制宽为 1900 mm、长为 2950 mm 的矩形作为室内玄关立面轮廓，如图 10-360 所示。

（2）整理图形。执行"分解"命令，将矩形进行分解，并依次执行"偏移"和"修剪"命令，将矩形左右两边分别向内偏移 300 mm，将底部线段向上偏移 100 mm，选择偏移后的线段，修剪多余的部分，如图 10-361 所示。

（3）绘制矩形。执行"矩形"命令，绘制长为 1300 mm、宽为 615 mm 和长为 1340 mm、宽为 30 mm 的两个矩形，并放在如图 10-362 所示的位置。

（4）整理线段。执行"分解"命令，将矩形进行分解，并依次执行"偏移"和"修剪"命令，将矩形顶部线段依次向下偏移 5 mm、205 mm、5 mm、200 mm、5 mm，将左边线段向右依次偏移 647 mm、6 mm，选择偏移后的线段，修剪多余的部分，如图 10-363 所示。

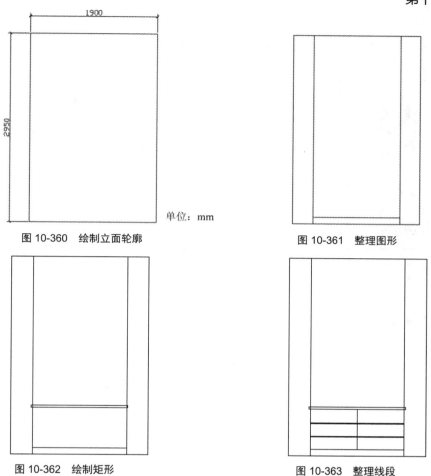

图 10-360 绘制立面轮廓

图 10-361 整理图形

图 10-362 绘制矩形

图 10-363 整理线段

(5) 插入图块。执行"插入"│"块"命令，选择装饰画、装饰品和把手图块，将其分别调入图中墙壁和抽屉位置，如图 10-364 所示。

(6) 填充墙体。执行"图案填充"命令，选择填充图案"AR-BRSTD"，对墙体进行填充，如图 10-365 所示。

图 10-364 插入图块

图 10-365 填充墙体

(7) 材料注释。执行"多重引线"命令，对该立面图进行材料注释，如图 10-366 所示。

(8) 尺寸标注。执行"线性标注"命令，对该图进行尺寸标注。至此，室内玄关立面图绘制完毕，如图 10-367 所示。

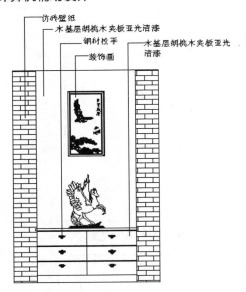

图 10-366 材料标注

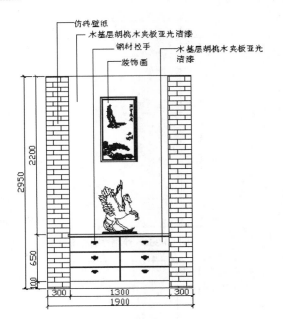

图 10-367 尺寸标注

第十一章

空间设计施工图绘制 《《《

在学习了 AutoCAD 的基本知识和概念之后，进入绘制建筑施工图的实际操作过程。

本章通过某培训楼平面实例，结合建筑制图规范要求，详细介绍施工图的基本绘制方法和技巧。通过学习，进一步巩固绘制轴线、平面图、立面图及结构详图等的绘制方法。

需要说明的是，平面图中各构件的绘制方法不是唯一的，读者应根据具体图形的不同特点来选择简便和快捷的方式，注意快捷键的使用，多实践，才能达到熟能生巧的目的。

第一节 设置绘图环境

一、绘图单位设置

建筑工程中，长度类型为小数，精度为 0；角度的类型为十进制数，角度以逆时针方向为正，方向以东为基准角度。选择"格式"|"单位"，或在命令行中键入 UNITS(UN)，将弹出"图形单位"对话框，用户可在对话框中进行绘图单位的设置。"格式"下拉菜单如图 11-1 所示，"图形单位"对话框如图 11-2 所示。

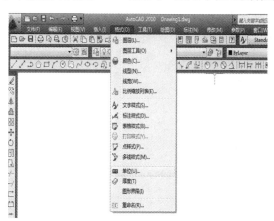

图 11-1 "格式"下拉菜单

图 11-2 "图形单位"对话框

二、图层设置

建筑工程中的墙体、门窗、楼梯、设备、尺寸、标注等不同的图形，所具有的属性是不一样的。为了便于管理，把具有不同属性的图形放在不同的图层上进行处理。

创建图层，选择"格式"|"图层"命令，或在命令行中键入 Layet(LA)，弹出"图层特性管理器"对话框，如图 11-3 所示。

根据首层平面，建立如下图层：WALL(墙体)、DOTE(轴线)、STAIR(楼梯)、WINDOW (门窗)、DIMENSION(标注)5 个图层，如图 11-4 所示。

图 11-3 "图层特性管理器"对话框   图 11-4 建立图层

三、标注样式设置

尺寸标注是建筑工程图中的重要组成部分。但 AutoCAD 的默认设置，不能完全满足建筑工程制图的要求，因而用户需要根据建筑工程制图的标准对其进行设置。

(1) 在"标注样式管理器"设置 1～100 的尺寸标注样式，如图 11-5 和图 11-6 所示。

图 11-5 "标注样式管理器"设置

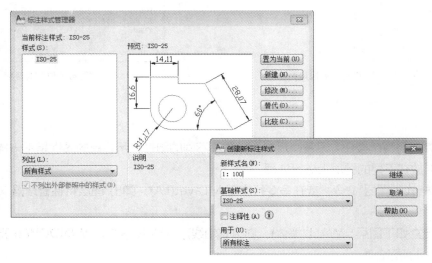

图 11-6 尺寸标注样式

（2）在"直线"选项卡中设置尺寸线、尺寸界线的格式。一般按默认设置"颜色"和"线宽"值，"基线间距"设置为 8，"超出标记"设置为 0。通过"尺寸线"选项组还可设置在标注尺寸时隐藏第一条尺寸线或者第二条尺寸线。对"尺寸界线"的设置具体为：把"颜色"和"线宽"设为默认值，"超出尺寸线"设置为 1.5，"起点偏移量"设置为 0.6，如图 11-7 所示。

（3）在"符号和箭头"选项卡中设置"箭头形状"为"建筑标记"形状，"引线"选择为"实心圆点"，设置"箭头大小"为 1.3。在"圆心标记"选项组中选择"标记"方式来显示圆心标记，设置"大小"为 2，如图 11-8 所示。

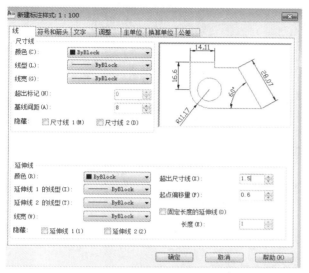

图 11-7 尺寸设置

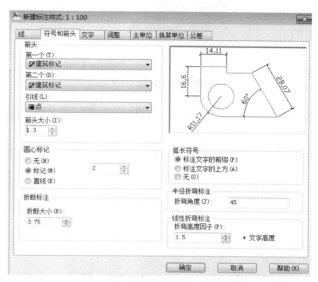

图 11-8 设置大小

（4）在文字选项卡中，设置"字体样式"为宋体，"文字颜色"为默认；"文字高度"为 2.5；不选"绘制文字边框"选项。在"文字位置"选项组中设置"从尺寸线偏移"0.8。在"文字对齐"选项中选择"与尺寸线对齐"，如图 11-9 所示。

（5）用户还可在"调整"选项卡中对文字位置、标注特征比例进行调整。在本例中"使用全局比例"为 100，如图 11-10 所示。

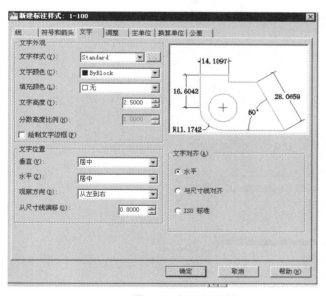

图 11-9 与尺寸线对齐

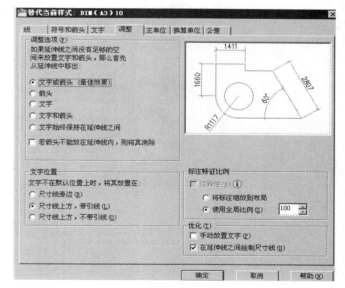

图 11-10 使用全局比例

四、文字样式设置

建筑工程图中，一般都有一些关于房间功能、图例及施工工艺的文字说明，将这些文字说明放在"文字标注"图层。

(1) 选择"格式"|"文字样式"命令，弹出"文字样式"对话框，如图 11-11 所示。

(2) 通过"文字样式"对话框设置文本格式。在本例中，样式名为 1~100，字体为宋体，字高为 250，如图 11-12 所示。

如没有想要的字体，可将此字体文件拷贝到 AutoCAD 的字库中。

 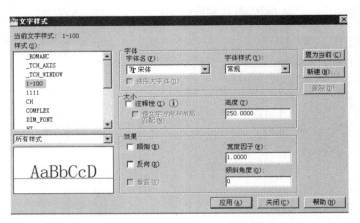

图 11-11   "文字样式"设置   图 11-12   "文字样式"对话框

五、模板文件的创建

绘图环境设置完成后，将此文件保存为一个建筑平面图模板，以备今后使用。

操作步骤如下。

(1) 选择"文件"|"另存为"，弹出"图形另存为"对话框。在该对话框中，选择文件类型选项"AutoCAD 图形样板(*.dwt)"，文件名为建筑模板。单击保存按钮，出现"样板说明"对话框，在说明选项中注明"建筑用模板"，单击确认按钮，完成建筑模板的创建，如图 11-13 所示。

图 11-13   建筑模板的创建

(2) 单击"文件"下"打开"按钮，"文件类型"选择"dwt 格式"，双击"建筑用模板"打开文件，打开另存为对话框，"文件类型"选择"dwg"格式，在"文件名"中输入文件名，图形文件保存完毕，如图 11-14 和图 11-15 所示。

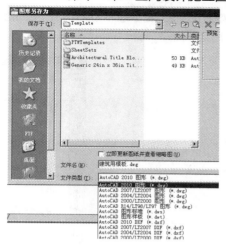

图 11-14　"选择文件"对话框　　　　　　　　图 11-15　"图形另存为"对话框

第二节　绘制原始户型图

原始户型图如图 11-16 所示。

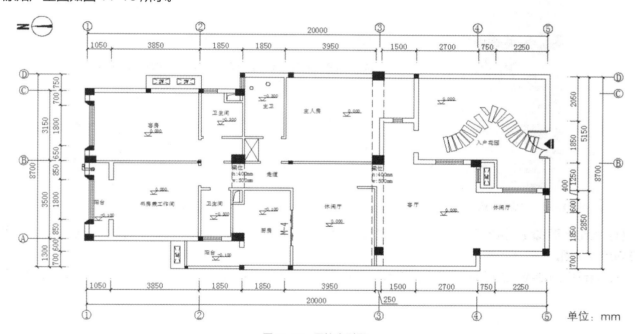

图 11-16　原始户型图

一、绘制轴线网

建筑平面设计绘制一般从定位轴线开始。确定了轴线就确定了整个建筑物的承重体系和非承重体系，确定了建筑物房间的开间深度以及楼板柱网等细部的布置。所以，绘制轴线是使用 AutoCAD 进行建筑绘图的基本功之一。

定位轴线用细点画线绘制，其编号标注在轴线端部用细实线绘制的直径为 8 mm 圆圈内。横向编号用阿拉伯数字 1、2、3 等，从左至右编写；竖向编号用大写拉丁字母 A、B、C 等，从下至上编写，大写拉丁字母中的 I、O、Z 不能做轴线编号，以免与数字相混淆。

将"轴线"层置为当前图层，设置线型为 CENTER，如图 11-17 所示。

如果用任意直线绘制轴线时，屏幕上出现的线型为实线，则可以执行"格式|线型"命令，弹出"线型管理器对话框"，

单击对话框中的"显示细节"按钮，在"全局比例因子"中将其设置，如设置为 100，即可将点画线显示出来，如图 11-18 和图 11-19 所示。

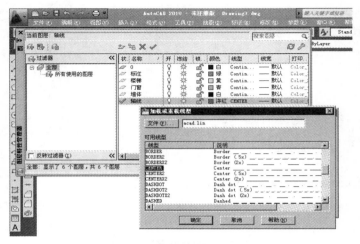

图 11-17　设置线型为 CENTER

图 11-18　"线型"选项

图 11-19　"线型管理器"对话框

(1) 绘制水平线段。执行 Line 命令，绘制长度为 20000 mm 的水平线段(略长于原始平面图最大尺寸)，确定水平方向尺寸范围。

(2) 绘制纵向轴线。执行 Line 命令，绘制长度为 8700 mm 的垂直直线，确定尺寸范围，如图 11-20 所示。

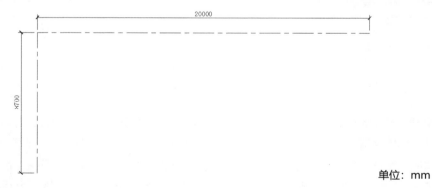

单位: mm

图 11-20　确定尺寸范围

(3) 偏移轴线。执行 Offset 命令，依次向下、向右偏移水平和垂直线段。结果如图 11-21 所示。

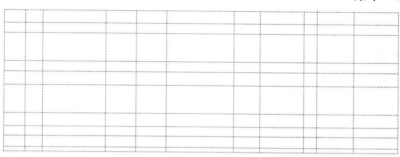

图 11-21　结果

(4) 修改轴线网。执行 Trim 命令或者拉伸夹点，对绘制好的轴线网进行修改，让其符合平面图的尺寸。

夹点编辑方法：选择最左侧水平线段，单击选择线段左侧的夹点，如图 11-22 所示；水平向右移动光标到合适位置，当出现"交点"捕捉标记时单击鼠标，确定线段端点的位置，如图 11-23 所示。

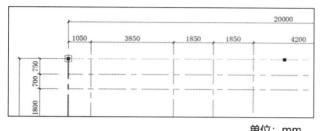

单位：mm

图 11-22　选择线段左侧的夹点

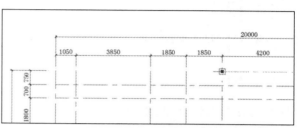

单位：mm

图 11-23　确定线段端点的位置

修剪命令方法：输入 Teim 命令空格确定，根据命令窗口提示选择对象时，如图 11-24 所示，鼠标右键点击空白处，左键单击需要剪掉的线段，如图 11-25 所示。

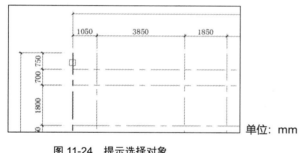

单位：mm

图 11-24　提示选择对象

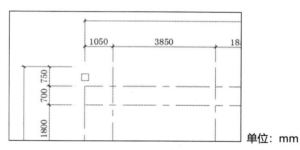

单位：mm

图 11-25　左键单击需要剪掉的线段

修改后的轴线网部分如图 11-26 所示。

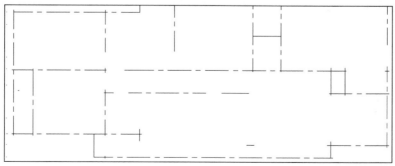

图 11-26　最后修剪完成

二、尺寸标注

点击"图层特性管理器"按钮，设置"标注"为当前图层，如图 11-27 所示。

执行"标注"菜单栏下"线性"命令标注尺寸，如图 11-28 所示。最后结果如图 11-29 所示。

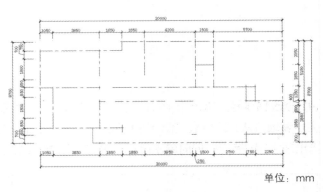

单位：mm

图 11-27　设置"标注"为当前图层　图 11-28　"线性"命令标注尺寸　　　　　图 11-29　最后结果

三、绘制墙体

(1) 偏移轴线。修剪后的轴线通过偏移命令 Offset 绘制墙线。墙体宽度为 240 mm，将轴线分别向两侧偏移 120 mm 的距离，并将偏移后的墙线在图层特性管理器中将偏移后的线转换为"QT 墙体"图层，即可得到修改前的墙体，如图 11-30 所示。

(2) 修改属性。修改属性单击工具栏上的对象特性按钮，或在命令行中输入 CH(或输入 MO)，启动对象特性命令，弹出对话框；选择所有应该在 WALL 层(墙线)的线，在对话框中将其层设置为 WALL 层，如图 11-31 所示。

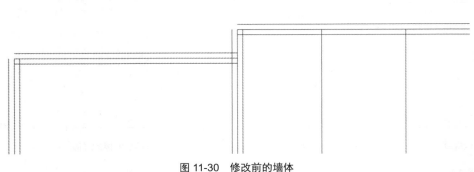

图 11-30　修改前的墙体　　　　　　　　　　　　　　图 11-31　设置为 WALL 层

(3) 修剪墙线，执行"修剪"和"倒角"命令，对所有不合要求的墙线进行修改，如图 11-32 所示。

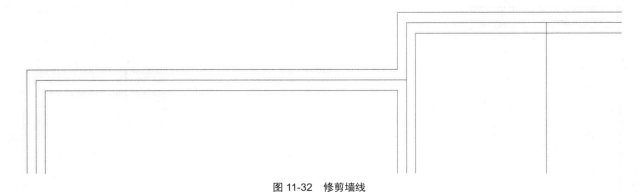

图 11-32　修剪墙线

(4) 最终结果如图 11-33 所示。

图 11-33　最终结果

四、绘制柱子

(1) 单击"矩形"命令或键入 Rectang (REC) ，绘制一个 300 mm×400 mm 的矩形代表柱子的截面轮廓，如图 11-34 所示。

(2) 用"图案填充"命令进行图案填充，如图 11-35 所示。

(3) 将绘制好的柱子移动到对应的地方，注意使用对象捕捉，准确对正，如图 11-36 所示。

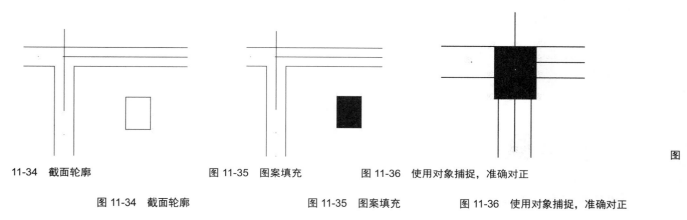

11-34　截面轮廓　　　　图 11-35　图案填充　　　图 11-36　使用对象捕捉，准确对正

图 11-34　截面轮廓　　　　图 11-35　图案填充　　　图 11-36　使用对象捕捉，准确对正

(4) 拷贝并移动柱子。

(5) 执行"拷贝"命令或键入 Copy(CO 或 CP)，将其他柱子复制出来；单击"移动"命令或键入 Move(M)将其他柱子移动到对应的地方，注意使用对象捕捉，准确对正，如图 11-37 所示。

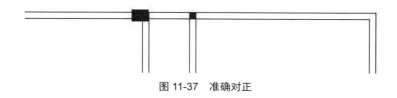

图 11-37　准确对正

五、绘制门洞

(1) 置"WALL(墙体)"为当前层。

(2) 调用 Offset 命令，偏移墙体线，偏移距离分别为 410 mm 和 800 mm，如图 11-38 所示。

(3) 使用夹点功能或 Extend(延伸)命令，分别延长线段至另一侧墙体线。然后调用 Trim 命令修剪出门洞，如图 11-39 所示。

(4) 使用同样的方法绘出其他门洞，绘制窗洞方法同上。

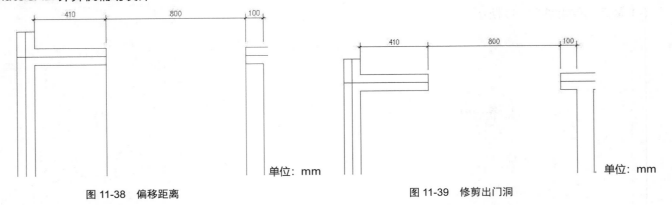

图 11-38 偏移距离   图 11-39 修剪出门洞

六、绘制门

以 A 点为起点绘制一个长 760 mm，宽 40 mm 的矩形，利用对象捕捉命令对齐到柱子中点，选择"绘图|圆弧|圆心、起点、端点"命令，根据提示行的反馈，依次点击 A、B、C 点即可得到一个四分之一的圆，如图 11-40 所示。

同样的方法绘制出入户门的图形，如图 11-41 所示。

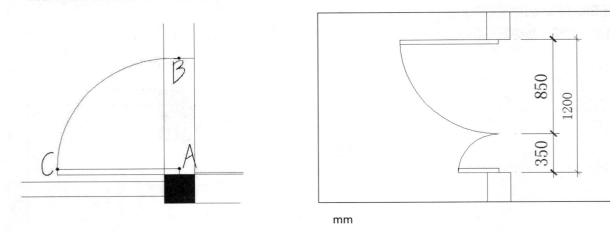

图 11-40 四分之一的圆   图 11-41 入户门的图形

绘制推拉门图形如下。

(1) 门洞的长度为 1600 mm，连接墙体的中点 AB 两点，过 A 点绘制一个长 40 mm，宽为 760 mm 的矩形 1，如图 10-42 所示。

(2) 执行 Mirror 命令，以 AB 为镜像轴线镜像矩形二，得出图形，如图 11-43 所示。

(3) 执行 Move 命令，移动矩形一到 AC 线上，得出图形，如图 11-44 所示。

(4) 执行 Line 命令，绘制箭头，如图 11-45 所示。

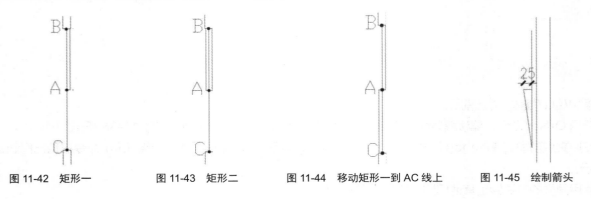

图 11-42 矩形一   图 11-43 矩形二   图 11-44 移动矩形一到 AC 线上   图 11-45 绘制箭头

(5) 执行 Bhatch 命令，对箭头三角区域填充成黑色，如图 11-46 所示。

(6) 执行 Mirror 命令，以分别以 AB 和 AD 为镜像轴线镜像箭头，移动合适位置，得出如图 11-47 所示的图形。

(7) 执行 Text 命令，给推拉门命名为 M-4。推拉门绘制完成，如图 11-48 所示。

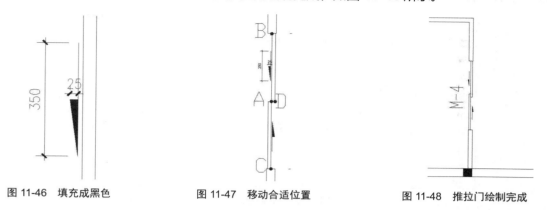

图 11-46　填充成黑色　　　　图 11-47　移动合适位置　　　　图 11-48　推拉门绘制完成

七、绘制窗户

窗体的绘制方法如下。

(1) 置 Window(窗)为当前层。

(2) 执行 Line 命令，绘出与墙面相平的两条窗线，如图 11-49 所示。

(3) 执行 Copy 或 Offset 命令，以图上标注长度为距离复制出另外两根线，如图 11-50 所示。

(4) 其他门窗各依上述方法绘出，得出图形。执行多线命令，同样可绘制出窗户。

图 11-49　两条窗线　　　　　　　　　图 11-50　复制出另外两根线

(5) 门窗柱子最终结果如图 11-51 所示。

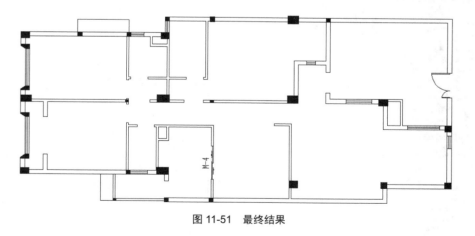

图 11-51　最终结果

八、尺寸标注及文字说明

为传达施工图设计信息，建筑施工图中需要标注必要的尺寸标注和文字进行说明。尺寸标注前面已作说明。文字标注的内容包括图名及比例、房间功能划分、门窗符号、楼梯说明等。

操作如下。

(1) 新建"TXT(文字)"图层，并将其置为当前层。

(2) 将"文字样式设置"中所设置的名为"H300"的文字样式作为当前的文字样式。

(3) 单击绘图工具栏的文字标注按钮，在需要添加文字的地方选择一个合适的区域输入文字说明。

(4) 完成尺寸标注和文字标注后的平面图部分如图 11-52 所示。

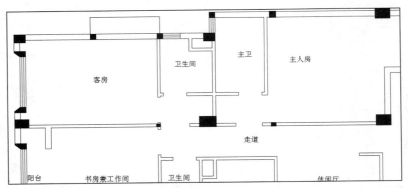

图 11-52　平面图部分

九、标注轴线编号

标注轴线编号有两种方式，一种是先绘制一个轴线编号图，其余各个轴线编号图可用复制命令，再编辑文字内容的方法完成。另一种是先创建轴线编号图块，用插入图块的方法完成其他轴线编号的绘制。

在本例中，以创建图块方式完成轴线编号的标注。利用图块与属性功能绘图，不但可以提高绘图效率，节约图形文件占有磁盘空间，还可以使绘制的工程图规范、统一。

创建轴线编号图块如下。

(1) 使用圆命令，在绘图区域画一个直径为 800 mm 的圆，如图 11-53 所示。

(2) 定义图块属性。选择"绘图|块|定义属性"命令，弹出"属性定义"对话框，再按"属性定义"对话框的有关项进行设置，如图 11-54 所示。

图 11-53　直径为 800 mm 的圆

图 11-54　设置

(3) 块定义。选择创建块命令，弹出"块定义"对话框。在名称中输入"轴线符号 1"，单击"选择对象"，选择上述"轴线编号"图形。单击"拾取点"按钮，选择捕捉圆的正上方的象限点。单击"确定"按钮后，就定义了名称为"轴线编号 1"图块，如图 11-55 所示。

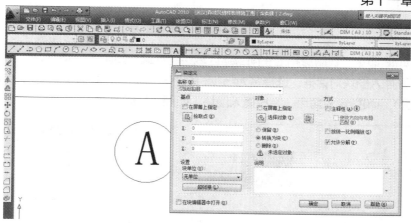

图 11-55 "轴线符号 1" 图块

(4) 单击工具栏上的插入块按钮，或在命令行中键入 Insert(I)，启动插入块命令，选择块名为"轴线符号 1"，然后确定，如图 11-56 所示。当出现"输入轴号"时，依次输入各轴线编号。

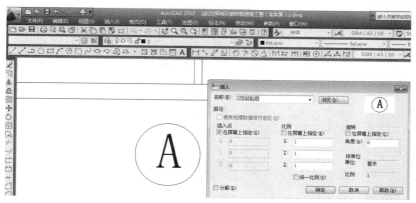

图 11-56 选择块名为"轴线符号 1"

(5) 最后效果如图 11-57 所示。

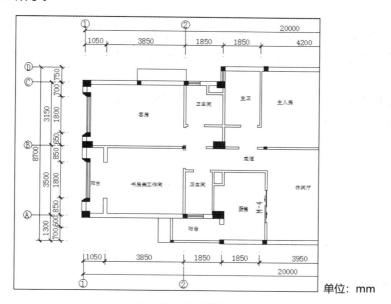

图 11-57 最后效果

十、绘制管道与空调

执行 Circle 命令和 Line 命令，在厨房和卫生间合适区域绘制管道，如图 11-58 所示。

执行 Insert 命令打开插入图块对话框，选择名为"空调"的图块，勾选"在屏幕上指定"，点击确定，光标根据命令窗口提示在屏幕上指定插入点和指定对角点，完成插入图块，如图 11-59 所示。

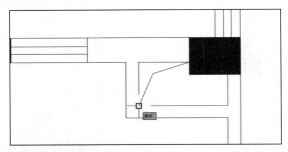

图 11-58　绘制管道

图 11-59　"插入"对话框

部分结果如图 11-60 所示。

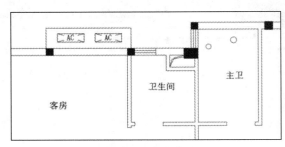

图 11-60　部分结果

十一、绘制指北针

指北针为细实线的圆，直径为 24 mm，指针尾端宽为 3 mm。当采用更大直径园时，尾端宽应是直径的 1/8，其步骤如下。

(1) 执行 Circle 命令绘制直径为 480 mm 的圆，如图 11-61 所示。

(2) 开启 F8"正交"，执行 Pline 命令以圆的中线为起点和端点绘制一条起点为 0，端点为 60 的线，如图 11-62 所示。

(3) 执行 Text 命令输入文字"N"，设置字体为黑体，并把文字旋转 90°。

(4) 最后结果如图 11-63 所示。

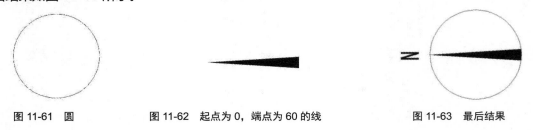

图 11-61　圆　　　　　图 11-62　起点为 0，端点为 60 的线　　　　　图 11-63　最后结果

十二、绘制标高图块

1. 绘制图形

标高表示地面及顶面的高度，具体绘制步骤如下。

(1) 执行 Rectang 命令绘制一个长 80 mm 宽 40 mm 的矩形，如图 11-64 所示。

(2) 执行 Explode 命令分解矩形。

(3) 执行 Line 命令，捕捉矩形的第一个角点，将其与矩形的中点连接，再连接第二个角点，如图 11-65 所示。

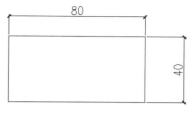

图 11-64 矩形

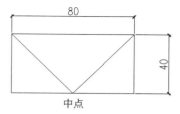

图 11-65 捕捉中点

(4) 删除多余的线段，只留下一个三角形，利用三角形的边绘制一条直线，如图 11-66 所示。

2. 标高定义属性

执行"绘图"|"块"|"定义属性"命令，打开定义属性对话框，在"属性"参数栏中设置"标记"为 0.000，设置"提示"为"输入标高值"，设置"默认"为 0.000，如图 11-67 所示。

图 11-66 利用三角形的边绘制一条直线

图 11-67 设置"默认"为 0.000

(1) 在"文字设置"参数栏中设置"文字样式"为"宋体"勾选"注释性"复选框，单击"确定"，如图 11-68 所示。

(2) 在弹出来对话框中输入标高值为 0.000，单击确定按钮，如图 11-69 所示。

图 11-68 "属性定义"对话框

图 11-69 "编辑属性"对话框

3. 创建标高图块

(1) 选择图形和文字，在命令窗口中输入 Block 后单击 Enter 键，打开"块定义"对话框，如图 11-70 所示。

(2) 将"名称"输入为"标高"。单击"选择对象"按钮，在图形窗口中选择标高图形，单击 Enter 键返回"块定义"对话框。

(3) 单击"基点"参数栏中"拾取点"按钮，捕捉并单击标高图形中三角形角点作为插入点。

(4) 单击"确定"按钮并关闭对话框，完成标高图块的创建。

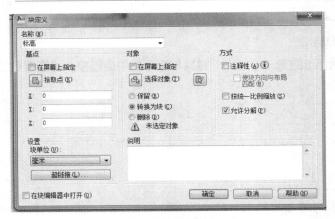

图 11-70　"块定义"对话框

十三、绘制其他

1. 绘制入户门指示箭头

执行 Polygon 命令和 Rectang 命令绘制合适大小的图形，如图 11-71 所示。

执行 Hatch 命令，在三角形和矩形局域进行填充，方法见柱子的画法，填充后效果如图 11-72 所示。

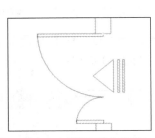

图 11-71　入户门指示箭头图形

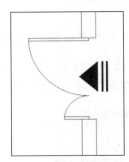

图 11-72　填充后效果

2. 绘制梁位

(1) 打开"图层特性管理器"面板，设置"梁"为当前层，线宽为 0.3 mm，线型为虚线"HIDDEN2"，执行 Line 命令绘制梁位，如图 11-73 所示。

(2) 执行 Text 命令，对梁位进行文字标注，如图 11-74 所示。

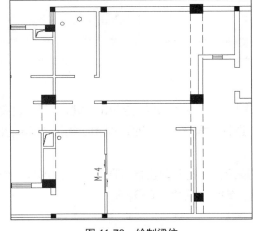

图 11-73　绘制梁位

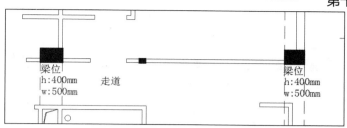

图 11-74 对梁进行文字标注

3. 插入标高图块

(1) 在命令窗口输入 Insert 命令，在插入面板上选择"标高"，勾选"统一比例"，点击"确定"，如图 11-75 所示。

(2) 在命令窗口提示处"指定插入点"输入比例"S"为 3。

(3) 光标点指定插入点在原始户型图图合适位置，根据命令栏提示"输入标高值"为 0.000，空格确定。图块插入完成，如图 11-76 所示。

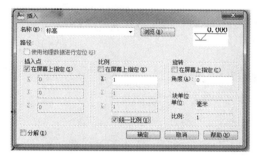

图 11-75 "插入"对话框

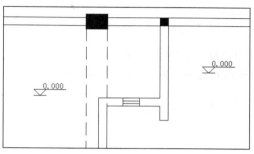

图 11-76 图块插入完成

原始户型图如图 11-77 所示。

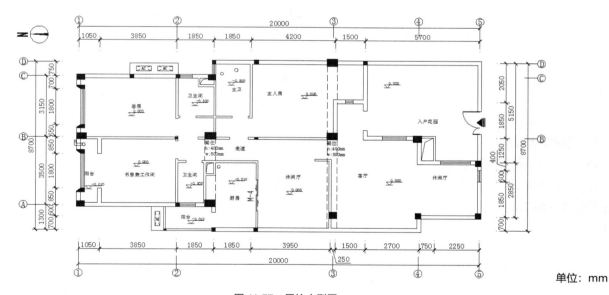

单位：mm

图 11-77 原始户型图

第三节 绘制墙体改造图

对居室空间来说，很多户主会对房屋墙体进行一些改造，以便增强房屋的实用性和艺术性。下面讲解房屋改造的具体方法。

1. 修改墙体

(1) 设置"墙体"图层为当前图层。

(2) 执行 Delete 命令，对不需要的线进行删除，如图 11-78 所示。

(3) 执行 Line 命令，绘制所需图形，如图 11-79 所示。

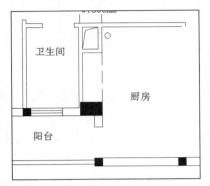

图 11-78　对不需要的线进行删除

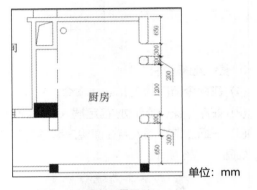

图 11-79　绘制所需图形

(4) 执行 Trim 命令，修剪墙体。

(5) 执行 Hatch 命令，对修改后墙体进行填充，效果如图 11-80 所示。

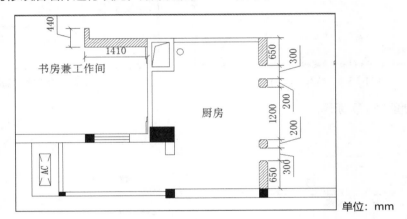

图 11-80　效果

2. 绘制图表样例

(1) 执行 Table 命令，绘制图表，并且执行 Dimlinear 命令，对图形进行尺寸标注，如图 11-81 所示。

(2) 执行 Hatch 命令和 Rectang 命令，在表格右列绘制砖墙图例。同时，执行 Text 命令，在表格内输入文字，结果如图 11-82 所示。

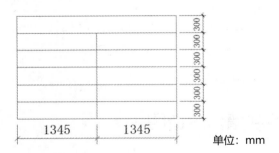

图 11-81　尺寸标注

墙体图例	
砖墙	
新建砖墙	
玻璃隔墙	
空心墙	

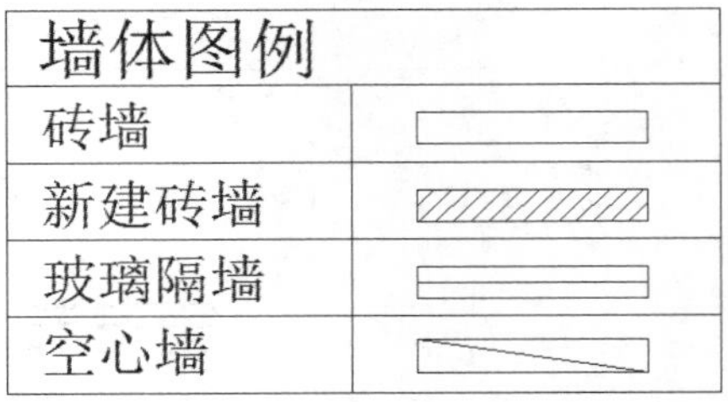

图 11-82　结果

墙体改造如图 11-83 所示。

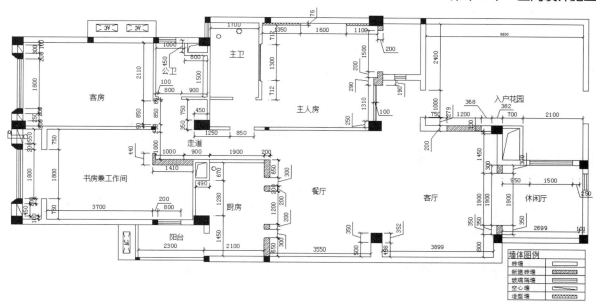

图 11-83 墙体改造

第四节 绘制平面布置及索引图

在绘制住宅平面图时，要保证图纸元素的完整；要准确地表达出设计的内容；要注意图面的美观与有序。

具体体现为以下内容：平面轴网的确定及其尺寸、轴号标注；文字说明对建筑平面功能设计的表达，作为住宅建筑的平面图，文字说明之外，重要及必备设施也应按比例绘制或插入于图中；不同图层的使用与管理，如图 11-84 所示。

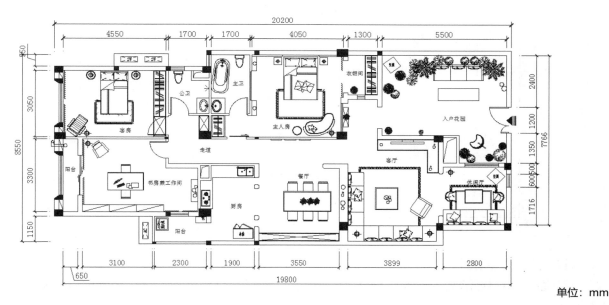

单位：mm

图 11-84 不同图层的使用与管理

一、绘制主人房平面布置图

绘制主人房平面布置图如图 11-85 所示。

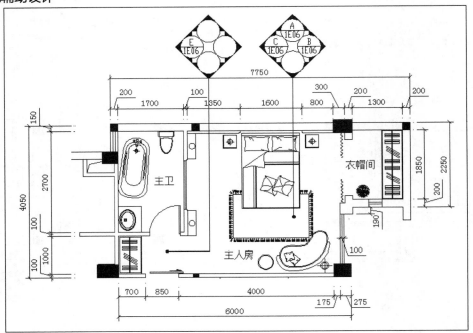

图 11-85　主人房平面图

1. 绘制衣柜

(1) 执行 Copy 命令，复制原始墙体图，如图 11-86 所示。

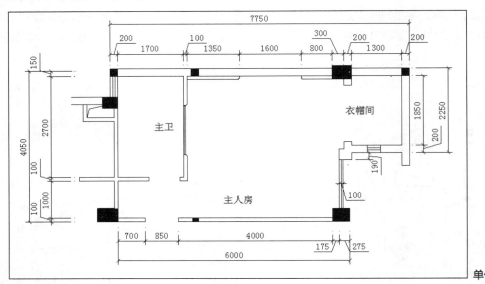

图 11-86　主人房墙体图

(2) 设置"家具"为当前图层。

(3) 删除原户型图中原有柜体，调用 Rectang 命令绘制尺寸为 600 mm×1 000 mm 的矩形衣柜轮廓线，如图 11-87 所示。

(4) 执行 Offset 命令，把矩形向内偏移 30 mm 的距离，如图 11-88 所示。

(5) 执行 Rectang 命令绘制一个挂衣杆和衣架，如图 11-89 所示。将矩形挂衣架进行复制，得出图形，如图 11-90 所示。

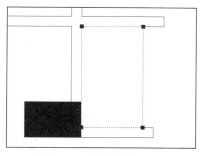

图 11-87　衣柜轮廓线

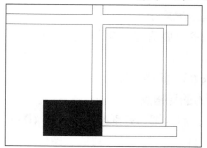

图 11-88　偏移 30 mm 的距离

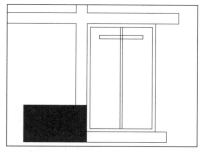

图 11-89　挂衣架

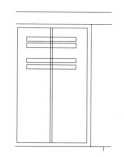

图 11-90　挂衣架复制

（6）执行 Rotate 命令，再复制两个矩形并将其旋转–30°，得出图形，如图 11-91 所示。

（7）最终结果如图 11-92 所示。

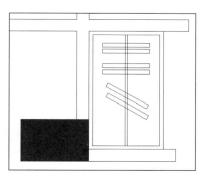

图 11-91　旋转–30°

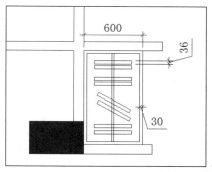

单位：mm

图 11-92　最终结果

2. 绘制门帘

（1）执行多段线 Pline 命令，设置当前线宽为 0.20 mm，将直线模式转换成圆弧，圆弧的起点到端点距离为 50 mm，如图 11-93 所示。

（2）执行 Mirror 命令，将绘制好的门帘进行镜像，得出图形，如图 11-94 所示。

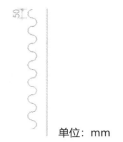

单位：mm

图 11-93　端点距离

图 11-94　得出图形

3. 绘制卫生间造型墙角线

(1) 执行 Line 命令过墙角的端点绘制线段 A，并且依次偏移 A 线，偏移距离为 10 mm，得出 B、C、D、E 四根线段。

(2) 执行偏移 AE 线，偏移距离为 10，依次得出 F、G、H、I 线段。

(3) 找出所绘制出的网格焦点 1、2、3 三点。

(4) 以 1、2、3 三点为圆心分别绘制半径为 10 的圆，得出图形，如图 11-95 所示。

(5) 删除 A、C、D、E、F、G、I 线段，留出 B 点段和 H 线段，得出图形，如图 11-96 所示。

(6) 执行 Trim 修剪命令，修剪掉不需要的线，删除字母，得出图形 1，如图 11-97 和图 11-98 所示。

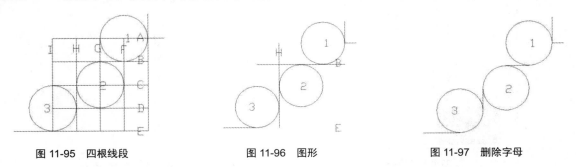

图 11-95　四根线段　　　　　图 11-96　图形　　　　　图 11-97　删除字母

(7) 通过 Rectang 命令和 Circle 命令，画出装饰地台和装饰物图形，如图 11-99 所示。

(8) 执行 Mirror 命令对已经绘制的图形 1 沿直线 1 进行镜像，得出图形 2，如图 11-100 所示。

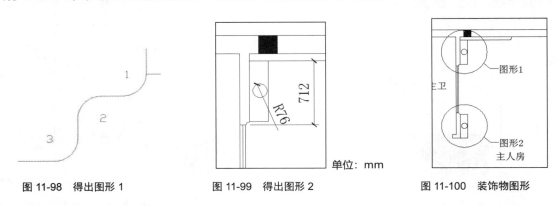

图 11-98　得出图形 1　　　　　图 11-99　得出图形 2　　　　　图 11-100　装饰物图形

4. 绘制立面索引符号

为表示室内立面在平面上的位置，应在平面图中用立面索引符号注明视点位置、方向及立面的编号。立面索引符号由直径为 8~12 mm 的圆构成，以细实线绘制，并以等腰直角三角形为投影方向共同组成。

圆内直线以细实线绘制，在立面索引符号的上半圆内用字母标志表示立面图的编号，下半部的数字为该立面图所在图纸的编号，如图 11-101 所示。

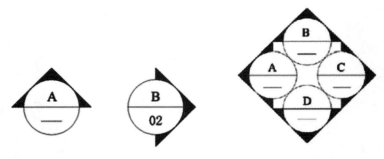

图 11-101　立面索引符号图

(1) 执行 Pline 命令，绘制等边直角三角形，步骤如图 11-102 至图 11-104 所示。

命令：Pline。

指定起点：在窗口任意指定一点，确定线段起点。

当前线宽为 0.0000。

指定下一个点或"圆弧(A)/半宽(H)/长度(L)/放弃(U)/宽度(W)"："正交 开"380。

指定下一点或"圆弧(A)/闭合(C)/半宽(H)/长度(L)/放弃(U)/宽度(W)"："正交 关"<45。

角度替代：45°。

指定下一点或"圆弧(A)/闭合(C)/半宽(H)/长度(L)/放弃(U)/宽度(W)"：点击线段的端点，单击鼠标，完成命令。

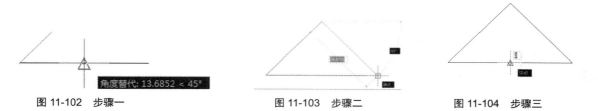

图 11-102　步骤一　　　　　　图 11-103　步骤二　　　　　图 11-104　步骤三

(2) 执行 Circle 命令绘制圆，如图 11-105 所示。

命令：C(Circle)。

Circle 指定圆的圆心或"三点(3P)/两点(2P)/切点、切点、半径(T)"：点击三角形底边中点位置，确定圆心。

指定圆的半径或"直径(D)"<134.3503>：捕捉线段中点，确定半径。

(3) 执行 Bhatch 命令，使用 Solid 图案填充图形命令，如图 11-106 和图 11-107 所示。

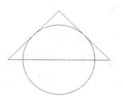

图 11-105　绘制圆

(4) 执行 Text 命令输入文字，如图 11-108 所示。

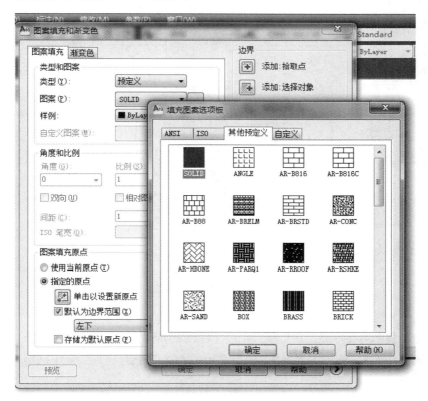

图 11-106　填充图形命令

(5) 执行 Rotate 命令，旋转并复制图形，如图 11-109 所示。

(6) 执行 Mleader 命令，对所绘平面图进行引线标注，如图 11-110 所示。

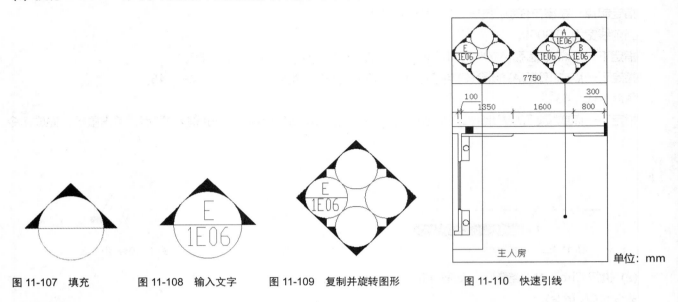

图 11-107　填充　　　图 11-108　输入文字　　　图 11-109　复制并旋转图形　　　图 11-110　快速引线

5. 插入图块

按住"Ctrl+O"键，打开已经绘制好的推拉门、单扇平开门、双人床、沙发、圆凳、落地灯等图块，将其复制到主卧室、主卫、衣帽间合适位置，最后将图纸进行调整修改，主卧室和主卫平面布置图绘制完成。

二、绘制客餐厅平面布置图

客餐厅平面布置图如图 11-111 所示。

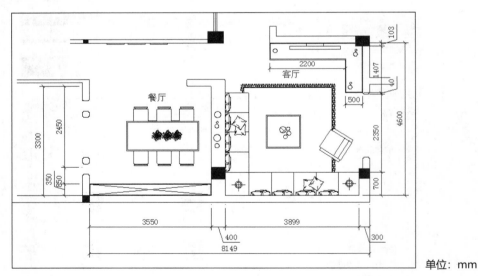

图 11-111　客餐厅平面布置图

1. 绘制电视柜

(1) 执行 Copy 命令，复制客餐厅原始户型图，如图 11-112 所示。

(2) 在图形设置管理器中设置"家具"为当前层，执行 Pline 命令，在客厅区域绘制电视柜轮廓，如图 11-113 所示。

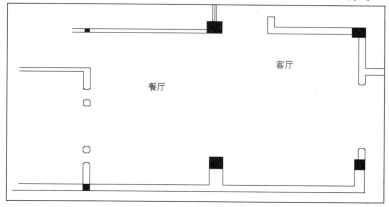

图 11-112　原始户型图

(3) 执行 Offset 命令，将对段线向内偏移 20 mm，如图 11-114 所示。

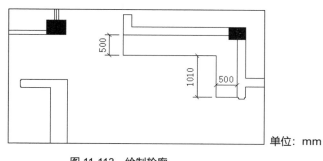

图 11-113　绘制轮廓

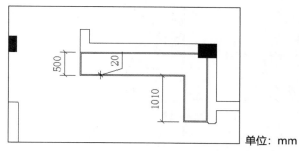

图 11-114　偏移线段

(4) 执行 Offset 命令，将已经绘制好的电视机图块插入到图中合适位置。同时执行 Circle 命令，绘制装饰物，如图 11-115 所示。

2. 绘制餐柜

(1) 执行 Rectang 命令，绘制电视柜轮廓，尺寸如图 11-116 所示。

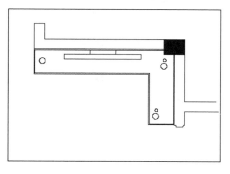

图 11-115　插入电视

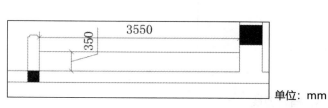

图 11-116　绘制矩形

(2) 执行 Offset 命令，将对段线向内偏移 20 mm，如图 11-117 所示。

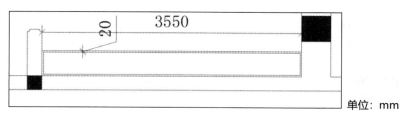

图 11-117　偏移图形

(3) 执行 Line 命令，连接矩形对角线作两条线段，如图 11-118 所示。

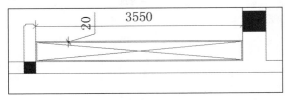

图 11-118　绘制对角线段

3. 绘制客餐厅隔断柜

(1) 执行 Line 命令，绘制尺寸图形如图 11-119 所示。

(2) 执行 Fillet 命令，对图中的直角作圆角处理，如图 11-120 所示。同时对其他直角分别进行倒角处理，如图 11-121 所示。

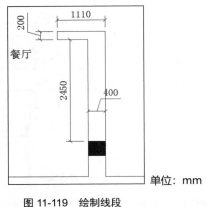

图 11-119　绘制线段

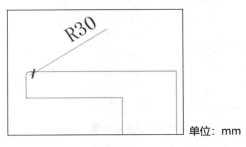

图 11-120　倒角

(3) 执行 Circle 命令，绘制装饰物，如图 11-122 所示。

图 11-121　倒角

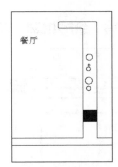

图 11-122　绘制装饰物

4. 插入图块

按住"Ctrl+O"键，打开已经绘制好的沙发组合、餐桌等图块，将其复制到客餐厅合适的位置。客餐厅平面布置图绘制完成。

第五节　绘制地面材料图

地面材料图主要包括地面铺设材料和形式，其绘图方法与平面布置图大体相同，但不需要绘制家具，需要给需要铺设地面材料的区域进行绘制，如图 11-123 所示。

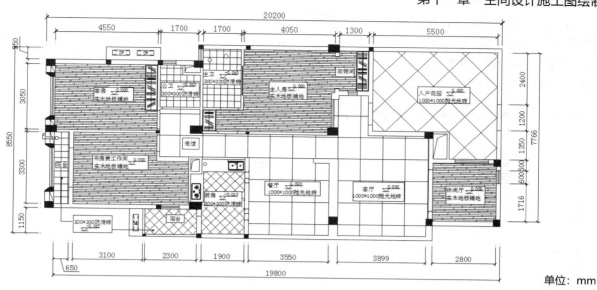

图 11-123 地面材料图

一、绘制入户花园地面材料图

入户花园地面材料图如图 11-124 所示。

(1) 执行 Copy 命令，复制入户花园的平面布置图，删除与地面材料无关的图形，如图 11-125 所示。

(2) 绘制门槛线。设置"填充地面"为当前图层。执行 Line 命令，在门洞处绘制门槛线和区域分界线，如图 11-126 所示。

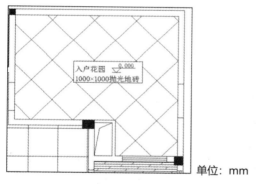

图 11-124 入户花园地面材料图

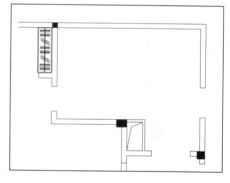

图 11-125 调整图形

(3) 标注文字。执行 Text 命令在"入户花园"下输入文字"1000×1000 防滑地砖"，执行 Insert 命令，插入标高，执行 Rectang 命令绘制矩形框住文字，以便对地面进行填充，如图 11-127 所示。

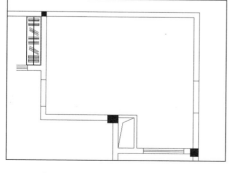

图 11-126 绘制门槛线

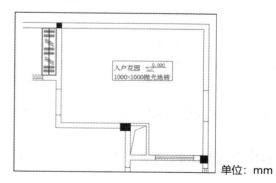

图 11-127 标注文字和插入标高

(4) 执行 Hatch 命令，单击"图案填充和渐变色"按钮对话框，在类型里面选择"用户定义"，选择要填充的图案，勾选"双向"，设置间距为"1000"，将角度改成"45″，单击"指定的原点"按钮，如图 11-128 所示。光标在绘图区域内拾取一点确定填充边界，单击 Enter 键返回"图案填充和渐变色"对话框，如图 11-129 所示，单击"拾取点"按钮，选择填充区域，单击"确定"按钮。入户花园材料填充完成。

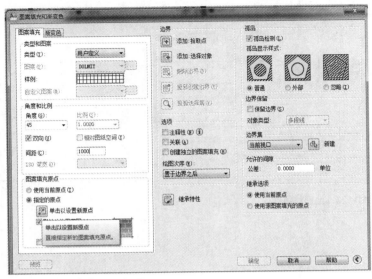

图 11-128　标注文字和插入标高　　　　　　　　　图 11-129　拾取点

同样的方法将厨房、公卫、主卫、阳台区域填充完成，注意设置间距为"300"即可。

二、绘制主人房地面材料图

主人房地材图如图 11-130 所示。

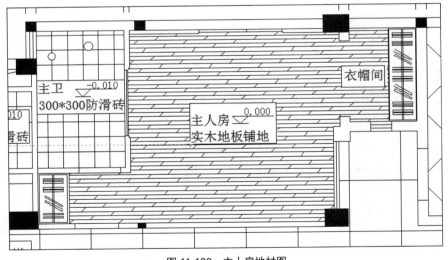

图 11-130　主人房地材图

主人房地面材质均为"实木地板"，执行 Hatch 命令，在填充面板上选择"Dolmit"图案进行填充，如图 11-131 所示。

同样的方法绘制出客房、书房兼工作间和休闲厅的地面材质。

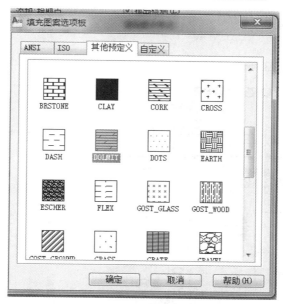

图 11-131　选择"DOLMIT"图案

第六节　绘制顶面布置图

　　顶棚平面图的形成，用一个假想的水平剖切平面，沿需装饰房间的门窗洞口处作水平全剖切，移去下面部分，对剩余的上面部分所作的镜像投影，就是顶棚平面图。镜像投影是镜面中反射图像的正投影。顶棚平面图用于反映房间顶面的形状、装饰做法及所属设备的位置、尺寸等内容；反映顶棚范围内的装饰造型及尺寸；反映顶棚所用的材料规格、灯具灯饰、空调风口及消防报警等装饰内容及设备的位置等，如图 11-132 所示。

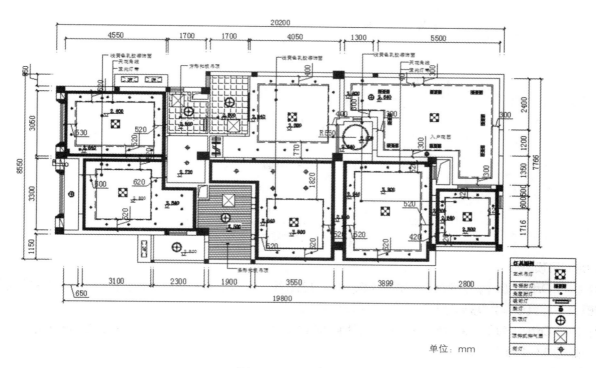

单位：mm

图 11-132　顶面布置图

一、绘制入户花园顶面布置图

入户花园顶面布置图如图 11-133 所示。

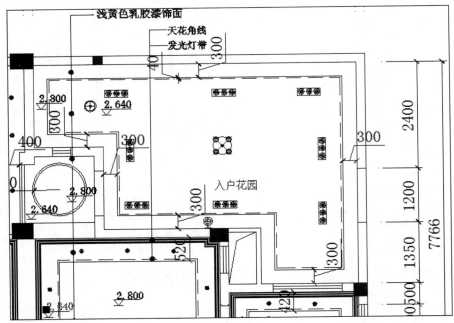

图 11-133　入户花园顶面布置图

1. 复制图形

执行 Copy 命令，复制平面布置图中入户花园部分，删除所有不需要的图形，保留墙体，如图 11-134 所示。

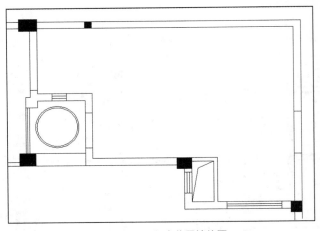

图 11-134　入户花园墙体图

2. 绘制吊顶图形

(1) 执行 Offset 命令，分别偏移四周的墙线向内得出线段，偏移距离为 300 mm。执行 Trim 命令把偏移的线段进行修剪，并将其设置为"墙体"图层，如图 11-135 所示。

(2) 执行 Offset 命令，将绘制好的图形线分别向内再偏移 40 mm 的距离，并将偏移后的线设置成虚线，绘制发光灯带，如图 11-136 所示。

3. 布置灯具

将已经绘制好的灯具图表里的灯具模块复制到入户花园顶面图中，如图 11-137 和图 11-138 所示。

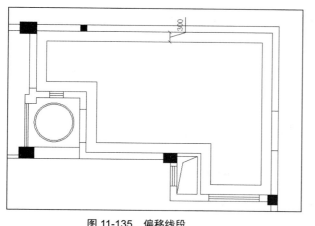

图 11-135　偏移线段

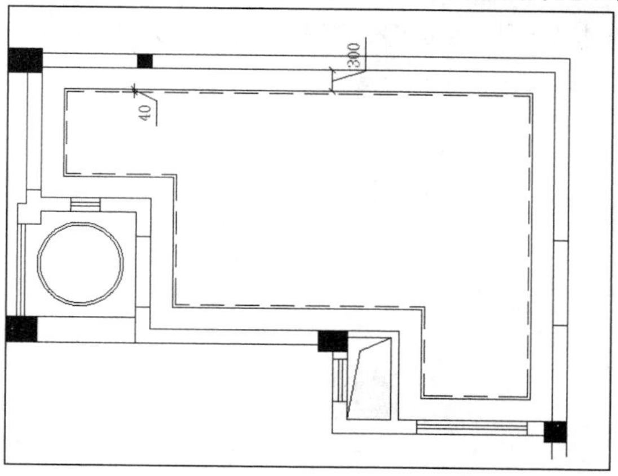

图 11-136　绘制灯带虚线

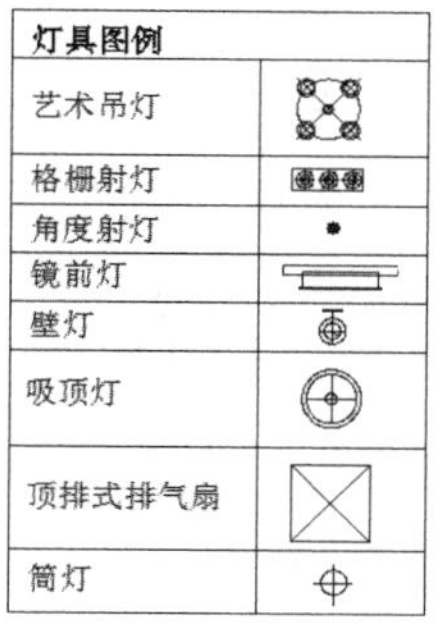

灯具图例	
艺术吊灯	
格栅射灯	
角度射灯	
镜前灯	
壁灯	
吸顶灯	
顶排式排气扇	
筒灯	

图 11-137　灯具图表

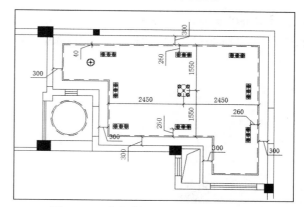

图 11-138　灯具布置

4. 标注标高和材料说明

执行 Insert 命令，插入标高图块，执行 Mleader 命令，对顶面材料进行标注，如图 11-139 所示。

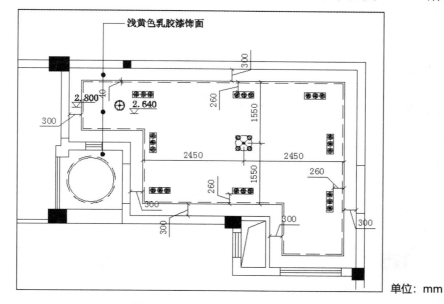

图 11-139　标高和材料标注

二、绘制进门玄关顶面布置图

(1) 执行 Line 命令，在玄关区域绘制对角线，如图 11-140 所示。

(2) 执行 Circle 命令，以对角线中点为圆心，绘制半径为 550 mm 的圆，如图 11-141 所示。

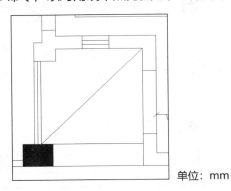

单位：mm

图 11-140　绘制对角线

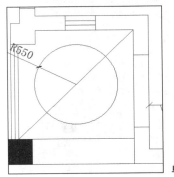

单位：mm

图 11-141　绘制圆

(3) 执行 Offset 命令，将圆线外偏移 40 mm 的距离，设置线型为虚线，如图 11-142 所示。

(4) 执行 Insert 命令，插入标高图块，效果如图 11-143 所示。

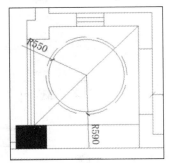

单位：mm

图 11-142　绘制灯带

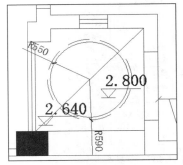

单位：mm

图 11-143　插入标高

最后删除对角线，玄关吊顶绘制完成。

三、绘制厨房顶面布置图

(1) 执行 Copy 命令，复制平面布置图中入户花园厨房部分，删除所有不需要的图形，保留墙体，如图 11-144 所示。

(2) 执行 Insert 命令，插入灯具、标高和通风口图块，效果如图 11-145 所示。

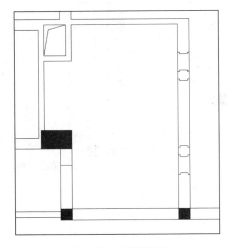

图 11-144　厨房墙体图

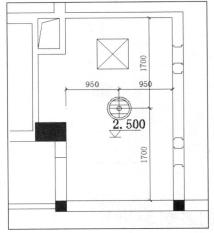

单位：mm

图 11-145　插入图块

(3) 执行 Hatch 命令，对空白区域进行填充，选择"用户定义"，选择条扣样例，输入间距为"80"，效果如图 11-146 和图 11-147 所示。

图 11-146　填充面板设置

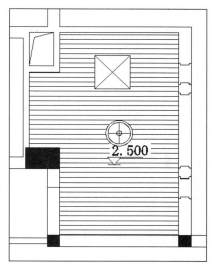

单位：mm

图 11-147　条形扣板

(4) 执行 Mleader 命令，对顶面材料进行标注，如图 11-148 所示。

同样的方法将卫生间顶面材料绘制完成，但是要在预定义里面选择 ANGLE 材料，输入合适比例，效果如图 11-149 所示。

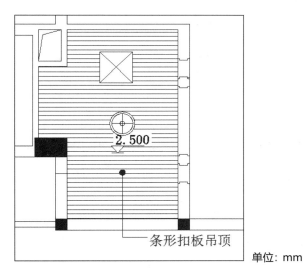

单位：mm

图 11-148　引线标注

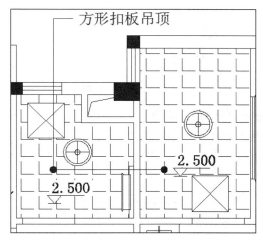

单位：mm

图 11-149　卫生间顶面效果

四、绘制客厅顶面布置图

用一个假想的水平剖切平面，沿需装饰房间的门窗洞口处作水平全剖切，移去下面部分，对剩余的上面部分所作的镜像投影，就是顶棚平面图。镜像投影是镜面中反射图像的正投影。顶棚平面图用于反映房间顶面的形状、装饰做法及所属设备的位置、尺寸等内容；反映顶棚范围内的装饰造型及尺寸；反映顶棚所用的材料规格、灯具灯饰、空调风口及消防报警等装饰内容及设备的位置等。

(1) 执行 Copy 命令，复制平面布置图中客餐厅空间，删除所有不需要的图形，保留墙体，如图 11-150 所示。

(2) 执行 Pline 命令，利用相对坐标点输入方法，根据命令窗口提示，光标指定第一点，在命令窗口"指定下一点"

输入"@20，20"，如图 11-151 所示。然后根据命令窗口"指定下一点"提示输入 3859 的线段，再依次向上绘制 800 线段，向右绘制 101 线段，向上绘制 3660 线段，向左绘制 200 线段，向上 100 线段，向左绘制 3720 线段，向下与起点闭合，删除起点的短斜线，单根天花角线绘制完成，如图 11-152 所示。

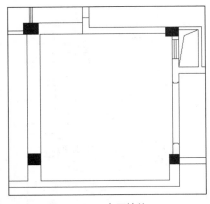

图 11-150　客厅墙体

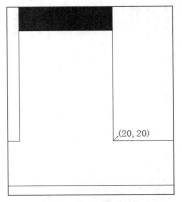

图 11-151　输入坐标点参数

(3) 执行 Offset 命令，将绘制好的线段向内偏移 5 次，偏移间距为 20 mm，如图 11-153 所示。

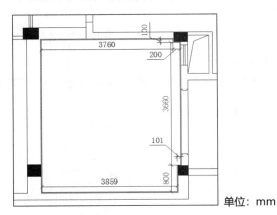

单位：mm

图 11-152　单根脚线绘制

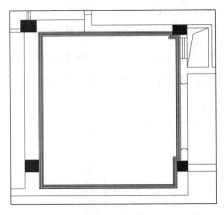

图 11-153　偏移线段

(4) 执行 Rectang 命令，绘制长 2960 mm、宽 3560 mm 的矩形，将举行想外偏移 40 mm 的距离，设置偏移的线为虚线，完成吊灯和发光灯带绘制，如图 11-154 所示。

(5) 执行 Insert 命令，插入灯具和标高图块，如图 11-155 所示。

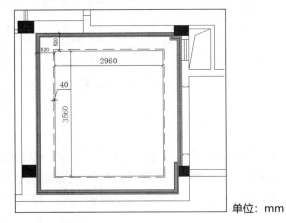

单位：mm

图 11-154　绘制吊顶和灯带

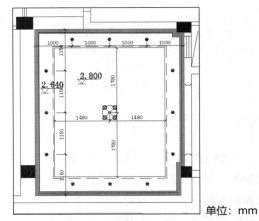

单位：mm

图 11-155　绘制吊顶和灯带

第七节　绘制电视背景墙立面图

立面图包括卧室衣柜、厨房、卫生间及餐厅等各个空间立面图，主要是表现装修的具体尺寸位置，方便施工人员定位。本节以电视背景墙为例，讲解立面图的绘图步骤，如图 11-156 所示。

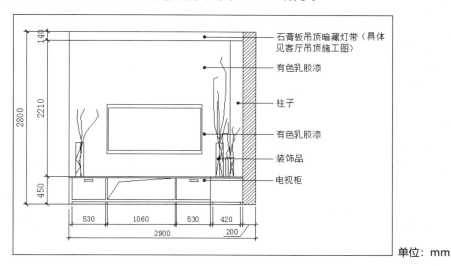

石膏板吊顶暗藏灯带（具体见客厅吊顶施工图）

有色乳胶漆

柱子

有色乳胶漆

装饰品

电视柜

单位：mm

图 11-156　电视背景墙立面图

(1) 执行 Copy 命令，复制电视背景墙平面图，保留所有到顶家具，删除不需要的图形。

(2) 设置"墙线"为当前图层，在平面图下面空白处画水平墙体线，如图 11-157 所示。

(3) 执行 Offset 命令，将绘制好的线段向下偏移 2800 mm 的距离，如图 11-158 所示。

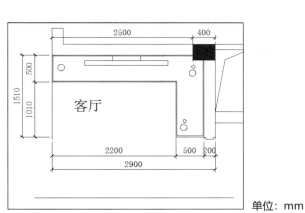

客厅

单位：mm

图 11-157　画一线段

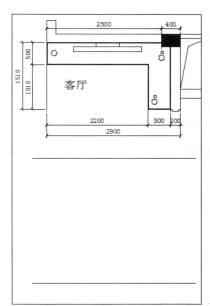

客厅

单位：mm

图 11-158　偏移线段

(4) 执行 Line 命令，从平面图墙和柱子处向下画线段分别与水平墙体线与交点，如图 11-159 所示。

(5) 执行 Trim 命令，修剪图形，如图 11-160 所示。

(6) 执行 Offset 命令，偏移顶面墙线向下 40 mm 的距离，修剪图形，绘制吊顶线，如图 11-161 所示。偏移地面线向上 450 mm 的距离，绘制出电视柜轮廓线，将线条调整为"家具"图层，如图 11-162 所示。

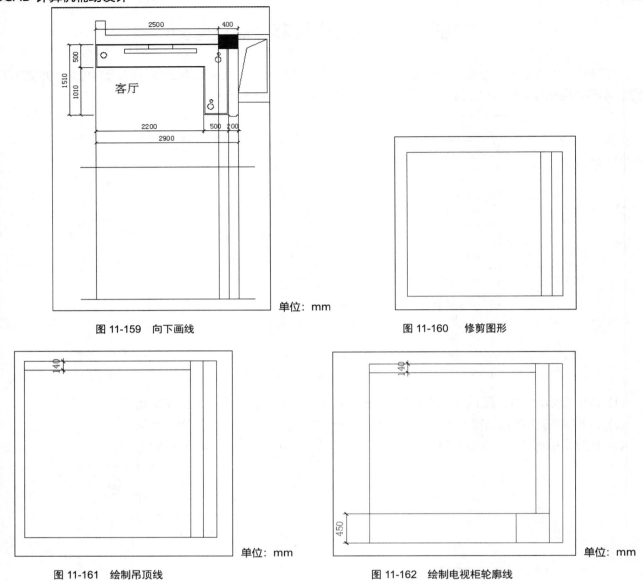

图 11-159　向下画线

图 11-160　修剪图形

图 11-161　绘制吊顶线

图 11-162　绘制电视柜轮廓线

(7) 执行 Line 命令，绘制电视柜的顶板和底板等各个细节部位，如图 11-163 所示。

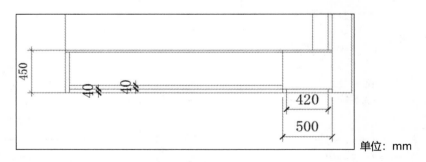

图 11-163　绘制电视柜细节

(8) 执行 Divide 命令，将电视柜底板线定数等分成四部分，在格式菜单栏下修改点样式，如图 11-164 和图 11-165 所示。

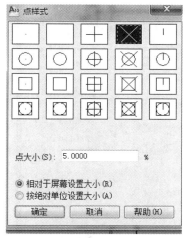

图 11-164　点样式

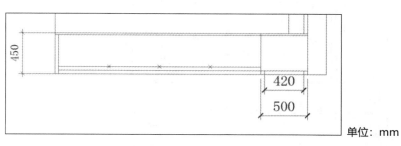

单位：mm

图 11-165　定数等分

（9）执行 Mline 命令，设置多线宽度为 20 mm，在等分点处绘制电视柜隔板，执行 Explore 命令分解多线，修改图形，如图 11-166 和图 11-167 所示。

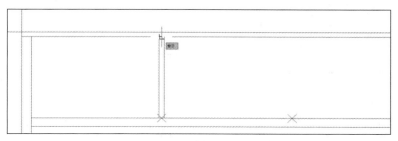

图 11-166　绘制电视柜隔板

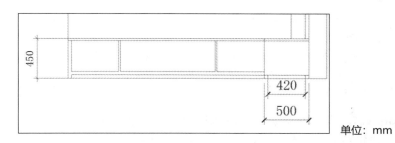

单位：mm

图 11-167　多线绘制隔板

（10）执行 Rectang 命令绘制抽屉把手，并且复制到其他位置，如图 11-168 所示。

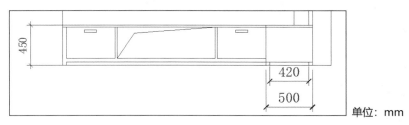

单位：mm

图 11-168　绘制抽屉把手

（11）执行 Insert 命令，插入电视盒装饰品图块，如图 11-169 所示。

（12）执行 Hatch 命令，对墙体部分进行填充，并且对图形进行标注，如图 11-170 和图 11-171 所示。

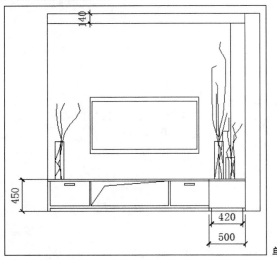

单位：mm

图 11-169　插入图块

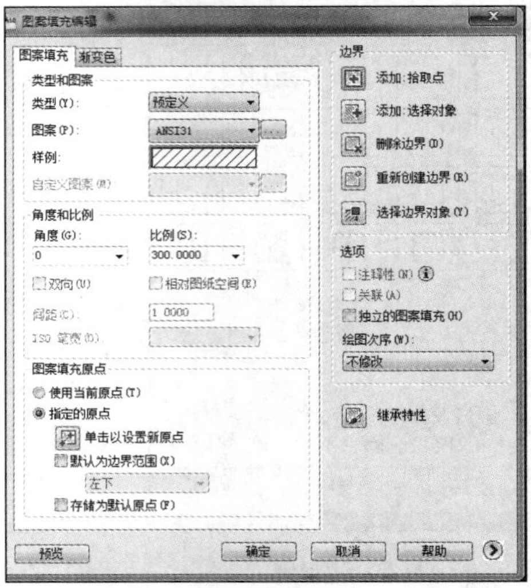

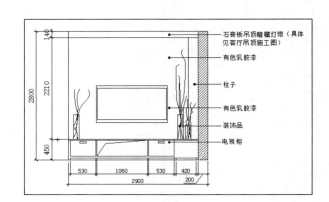

图 11-170　图案填充

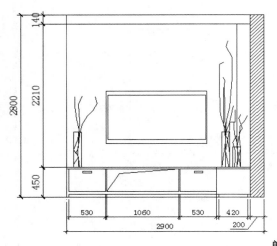

单位：mm

图 11-171　填充结果

图 11-172　标注引线

(13) 执行 Qleader 命令，对立面图进行材料标注，如图 11-172 所示。

最后，绘制图名，电视背景墙立面图绘制完成。

第十二章

建筑立面图 ◀◀◀◀

在与房屋立面平行的投影面上所作的房屋的正面投影称为建筑立面图。建筑立面图用来表明建筑物的外貌特征。其中，将表现主要出入口或房屋主要外貌特征的立面图作为正立面图，其余的立面图相应地称为背立面图和侧立面图；也可按立面左、右轴线的编号来命名。

第一节　建筑立面图的内容和绘制要求

建筑立面图通常绘制屋脊和外墙形状、门窗、檐口、雨篷、阳台、台阶、勒脚、雨水管、材料及饰面分格等。由于建筑立面图的比例较小，上述内容多用图例表示，其具体构造的做法，另有详图或文字说明。同时，建筑立面图需要标注建筑物的相对标高，一般要标注室外地坪、出入口地面、勒脚、窗台、门窗顶及檐口等处的标高。最后，需标明外墙表面的装修做法，可用材料图例或文字说明，也可用编号或列表说明。

通常，地平线用特粗的实线表示，屋脊和外墙等最外轮廓线用粗实线表示；勒脚、窗台、门窗洞口、檐口、阳台、雨篷、柱、台阶和花池等轮廓线用粗线表示；门窗扇、栏杆、雨水管和墙面分格线用细线表示。

第二节　图 示 方 法

一、比例

建筑立面图常用 1:50、1:100、1:200 等比例绘制。

二、图线

建筑立面图中地坪线用特粗线表示；房屋的外轮廓线用粗实线表示；房屋构配件，如窗台、窗套、阳台、雨篷、遮阳板的轮廓线用中实线表示；门窗扇、勒脚、雨水管、栏杆、墙面分隔线，以及有关说明的引出线、尺寸线、尺寸界线和标高均用细实线表示。

三、尺寸标注

建筑立面图不标注水平方向的尺寸，只画出最左、最右两端的轴线。建筑立面图上应标出室外地坪、室内地面、勒脚、窗台、门窗顶及檐口处的标高，并沿高度方向注写各部分高度尺寸，通常用文字说明各部分的装饰做法。

绘制如图 12-1 所示的建筑外立面图。

(1) 要求如下。

① 以 1:100 的比例绘制。

② 除绘制图形外，还需要标注标高。

③ 建立多图层。将门窗、标高、文字注释、墙体和屋顶等分别置于相应的层内。

(2) 实训指导如下。

图 12-1　建筑外立面图

① 设置绘图环境，首先设置绘图界限。

② 建立图层及其属性。打开"图层特性管理器"对话框，按要求，定义为：墙、门窗、标高、屋顶、文本、填充 6 个图层，并将"墙"设置为白色；"门窗"设置为黄色；"标高"设置为绿色；"屋顶"设置为红色；"文本"设置为青色；"填充"设置为紫色。

③ 绘图环境设置好以后就开始绘制图形。

④ 将"墙"设置为当前层，用 Line 或 Pline 或 Offset 命令生成墙的轮廓线、墙面嵌条线和窗的定位线(窗台高一般为 900 mm)，结果如图 12-2 所示。

单位：mm

图 12-2　结果

⑤ 将"门窗"设置为当前层，在屏幕空白处画出左右两种窗各一个，窗的尺寸大小如图 12-3 所示。

⑥ 用 Move 命令，将右窗移至立面图右上部第一个窗的位置(窗台上方窗的左下角点与定位点重合)，然后，用阵列命令将该窗进行矩形复制(一行 6 列，列距为 4000 mm)，结果如图 12-4 所示。

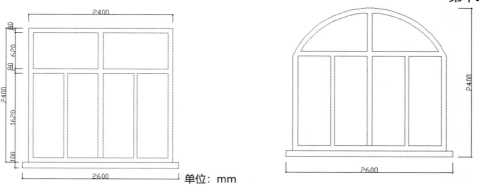

图 12-3 窗的尺寸大小

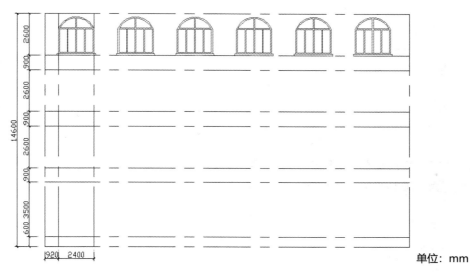

图 12-4 用阵列的方式复制窗的图形

⑦ 用 Move 命令，将左窗移至立面图右上部第二层位置(窗台上方窗的左下角点与定位点重合)，用阵列命令将该窗进行矩形复制(一行 6 列，行距为 3500 mm，列距为 4000 mm)，结果如图 12-5 所示。

图 12-5 复制窗的图形

⑧ 绘制台阶，用偏移、复制命令绘制，偏移距离为 150 mm。

⑨ 绘制台阶两旁的隔离墩，是矩形，尺寸为 400 mm×900 mm。

⑩ 在空白处画门和气窗，尺寸如图所示 12-6 所示。

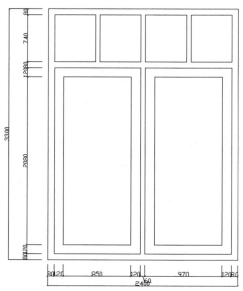

单位：mm

图 12-6　绘制门和气窗的图形和尺寸

⑪ 用 Move 命令，将门移至立面图左下角的门的位置(门的左下角点与定位点重合)，用阵列命令进行矩形阵列复制(一行 6 列，列距为 4000 mm)，结果如图 12-7 所示。

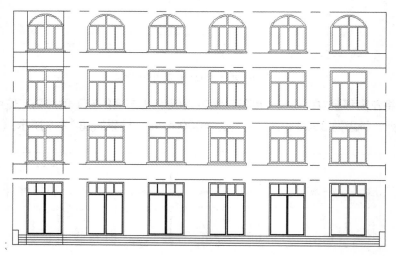

图 12-7　阵列门的图形

⑫ 设置"屋顶"为当前层，用 Line 命令绘制屋顶和水箱，将水箱移至确切位置。

⑬ 绘制立面线条，用偏移、复制命令复制出腰线，腰线宽度为 200 mm。

⑭ 调用填充命令对腰线进行填充，图案为 ANSI38，比例为 50 mm。

⑮ 删除多余辅助线，用拉长命令将底部地平线向两端各延长 4000 mm，并用 Pedit 命令将其宽度改为 100 mm，到此图形绘制完成。

⑯ 将"标高"设置为当前层对立面图进行标高。

⑰ 将"文本"设置为当前层，输入文字，至此全图完成。

练习：根据别墅平面布局图绘制如图 12-8 至图 12-11 的四个平面图和图 12-12 至图 12-16 立面及剖面图。

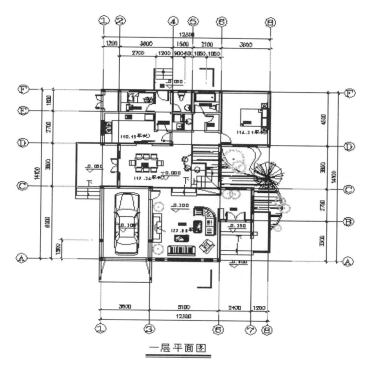

一层平面图

单位：mm

图 12-8　一层平面图

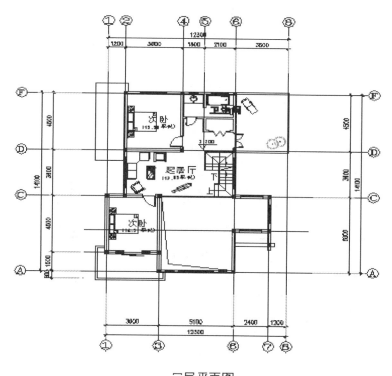

二层平面图

单位：mm

图 12-9　二层平面图

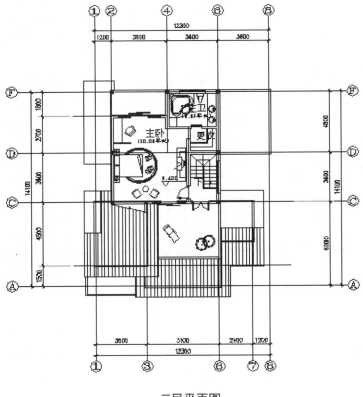

三层平面图

单位：mm

图 12-10   三层平面图

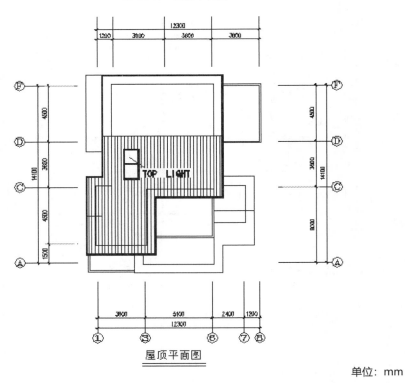

屋顶平面图

单位：mm

图 12-11   屋顶平面图

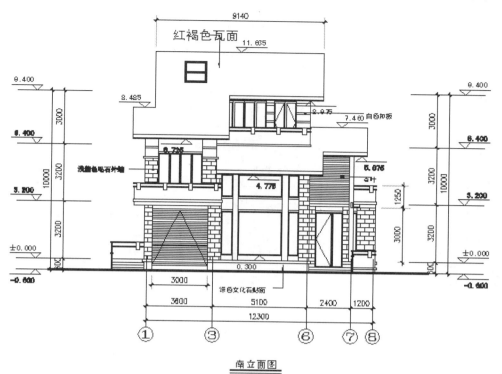

图 12-12 南立面图

单位：mm

图 12-13 东立面图

单位：mm

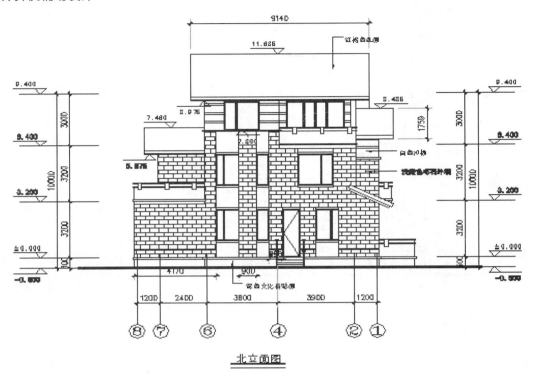

北立面图

图 12-14　北立面图

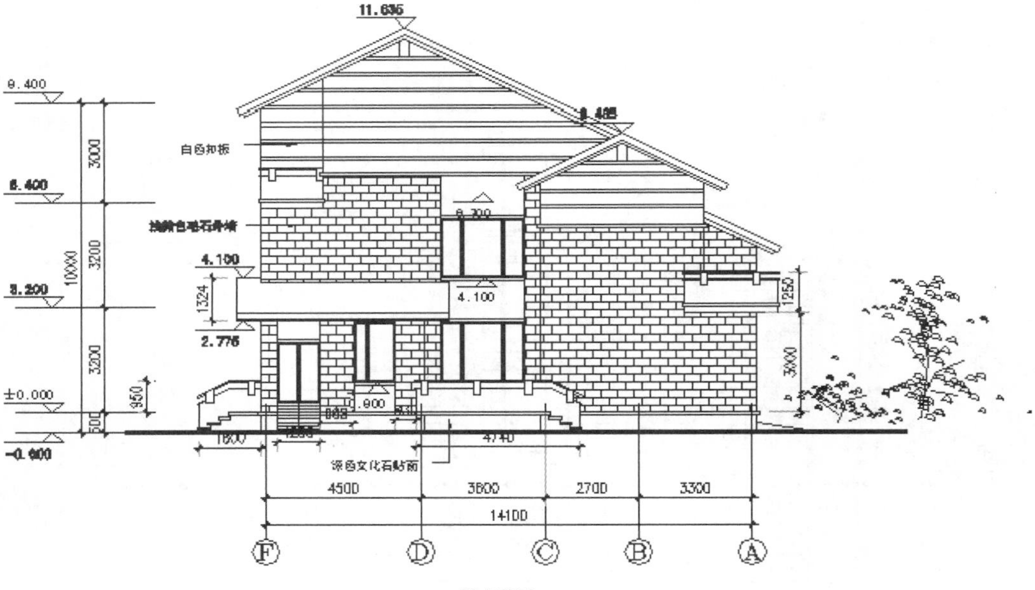

单位：mm

西立面图

图 12-15　西立面图

单位：mm

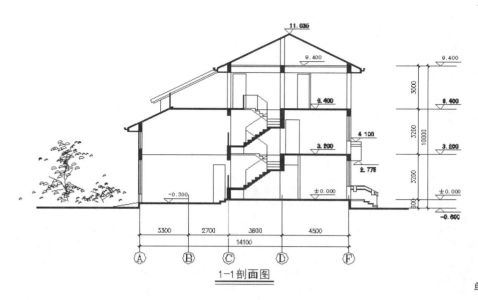

1—1剖面图

图 12-16 1—1剖面图

单位：mm

第三部分
建模篇

A utoCAD   J ISUANJI

F UZHU   S HEJI

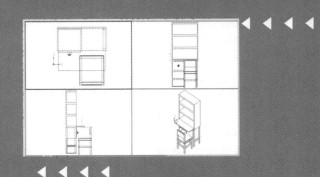

第十三章

AutoCAD 的三维创建和编辑 ◀◀◀◀

第一节 "建模"工具栏

"建模"工具栏如图 13-1 所示。

图 13-1 "建模"工具栏

以下为"实体"工具栏内各种工具的名称和功能。

(1) 长方体：使用该工具可以创建实体长方体，长方体的底面总与当前 UCS 的 XY 平面平行。

(2) 楔体：使用该工具可以创建楔体。楔体的底面平行于当前 UCS 的 XY 平面，斜面正对第一个角点，高度可以为正值或负值，且平行于 Z 轴。

(3) 圆锥体：使用该工具可以创建一个三维实体。该实体以圆或椭圆为底，以对称方式形成椎体表面，最后交于一点。圆锥体是由圆或椭圆底面以及顶点所定义的。默认情况下，圆锥体的底面位于当前 UCS 的 XY 平面上。高度可为正值或负值，且平行于 Z 轴，顶点确定圆锥体的高度和方向。

(4) 球体：使用该工具可以创建三维实体球体。

(5) 圆柱体：使用该工具可以创建以圆或椭圆为底面的实体圆柱体。圆柱的底面位于当前 UCS 的 XY 平面上。

(6) 圆环体：使用该工具可以创建圆环形实体。圆环体与当前 UCS 的 XY 平面平行且被该平面平分。圆环体由两个半径值定义，一个是圆管的半径，另一个是从圆环体中心到圆管中心的距离。

(7) 拉伸：使用该工具可以通过拉伸现有二维对象来创建实体原型。

(8) 旋转：使用旋转工具可以通过绕轴旋转二维对象来创建三维实体或曲面。

第二节 "实体编辑"工具栏

"实体编辑"工具栏内的工具主要用于对实体对象进行编辑和修改。打开该工具栏的方法为右键单击任意工具栏，在弹出的快捷菜单中选择"实体编辑"选项，这时会出现"实体编辑"工具栏，如图 13-2 所示。

图 13-2 "实体编辑"工具栏

以下为"实体编辑"工具栏内各种工具的名称和功能。

(1) 并集：使用该命令可以合并两个或多个实体(或面域)，构成一个组合对象。

(2) 差集：使用该命令可以删除两个实体间的公共部分。

(3) 交集：使用该命令可以用两个或多个重叠实体的公共部分创建组合实体。

(4) 拉伸面：使用该命令可以通过拉伸选定的对象来创建实体。可以拉伸闭合的对象，例如多段线、多边形、矩形、圆、椭圆、闭合的样条曲线、圆环和面域。可以沿路径拉伸对象，也可以指定高度值和斜角。

(5) 移动面：使用该命令可以沿指定的高度或距离移动选定的三维实体对象的面，一次可以选择多个面。

(6) 偏移面：使用该命令可以按指定的距离或通过指定的点，将面均匀的偏移。正值增大实体尺寸或体积，负值减小实体尺寸或面积。

(7) 删除面：使用该命令可以从选择集中删除以前选择的面。

(8) 旋转面：使用该命令可以绕指定的轴旋转一个或多个面或实体的某些部分。

(9) 倾斜面：使用该命令可以按一个角度将面进行倾斜，倾斜角度的旋转方向由选择基点和第二点的顺序决定。

(10) 复制面：使用该命令可以将面复制为面域或体。如果指定两个点，将使用第一个点作为基点，并相对于基点放置一个副本。如果指定一个点，然后单击 Enter 键，将使用此坐标作为新位置。

(11) 着色面：使用该命令可以通过"选择颜色"对话框修改面的颜色，图为"选择颜色"对话框。

颜色选择对话框如图 13-3 所示。

(12) 复制边：使用该命令可以复制三维边，所有三维实体边被复制为直线、圆弧、圆、椭圆或样条曲线。

(13) 着色边：使用该命令可以通过"选择颜色"对话框修改边的颜色。

(14) 压印：使用该命令可以在选定的对象上压印一个对象，为了使压印操作成功，被压印的对象必须与选定对象的一个或多个面相交。"压印"工具仅限于以下对象执行——圆弧、圆、直线、二维和三维多段线、椭圆、样条曲线、面域、体和三维实体。

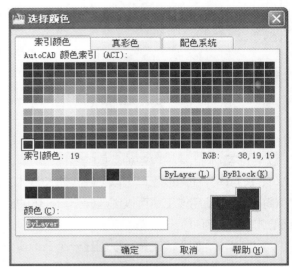

图 13-3　颜色选择对话框

(15) 清除：使用该命令可以删除共享边以及那些具有相同表面或曲线定义的边或顶点，删除所有多余的边和顶点、压印的以及不使用的几何图形。

(16) 分割：分割命令可以将组合在一起的三维实体对象分解成最初的独立实体对象，将三维实体分割后，独立的实体将保留原来的图层和颜色。所有嵌套的三维实体对象都将分割成最简单的结构。

(17) 抽壳：抽壳命令通过将现有面，向原位置的内部或外部偏移来创建新的面。偏移时，将连续相切的面看做一个面。一个三维实体只能有一个壳。

(18) 选中：验证三维实体对象是否为有效的实体。

第三节　三居室结构模型的创建方法

本节讲解在二维图纸中，通过使用"拉伸"等工具创建三维模型的方法。

在创建三维模型时，仅使用一个视图是很难全面地对模型进行观察和编辑的，所以，为了在二维部分绘制完成后，能够更好地进行三维模型的创建，通常会使用多个视图来创建。

(1) 在菜单栏选择"视图"|"视口"|"新建视口"命令，打开"视口"对话框，如图 13-4 所示。

(2) 在"视口"对话框内"新建视口"选项卡下的"新名称"文本框内输入"三维结构演示模型"，为当前视图命名；在"设置"下拉列表框内选择"三维"选项，在"标准视口"列表框内选择"四个：相等"选项，在"预览"窗口会显示视口的布局和名称，在"修改视图"下拉列表框内选择"东南等轴测"选项，如图 13-5 所示。

(3) 单击"确定"按钮，退出"视口"对话框，可以看到设置后的视口显示，如图 13-6 所示。

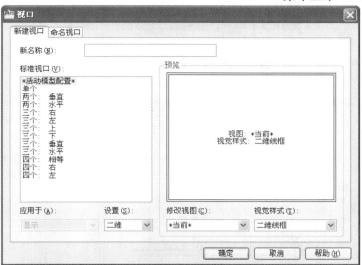

图 13-4　"视口"对话框

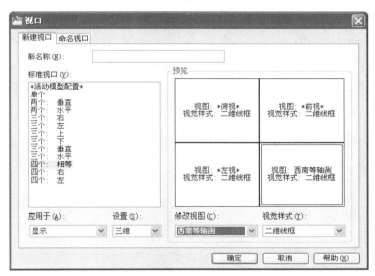

图 13-5　视口设置

图 13-6　显示设置完成后的视口

第四节　创建三维结构模型

（1）打开一张画好的二维平面框架图，如图 13-7 所示。

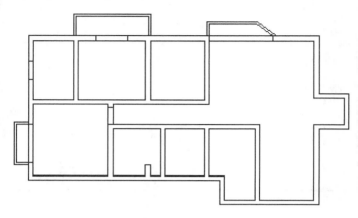

图 13-7　二维平面框架图

　　（2）单击"建模"工具栏上的"拉伸" 按钮，在命令行出现"选择要拉伸的对象：框选墙线；指定拉伸的高度或'方向 (D)/路径(P)/倾斜角(T)'：2870"提示符时，单击 Enter 键，将图形拉伸为三维实体，如图 13-8 所示。

　　（3）利用"布尔运算"中的"差集"，修剪门洞和窗洞，如图 13-9 所示。

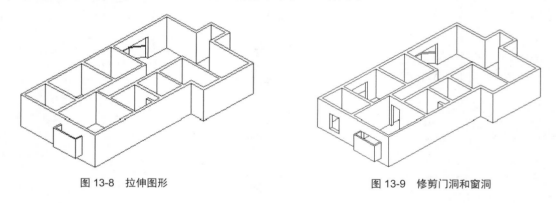

图 13-8　拉伸图形　　　　　　　　　　　　　图 13-9　修剪门洞和窗洞

第五节　创建家具模型

一、客厅家具

1. 创建沙发模型

（1）沙发脚。

①选择"圆"命令，在俯视图中画一个半径为 50 mm 的圆。

②选择"拉伸"命令，制定拉伸高度为 150 mm，指定拉伸倾斜度为 10 mm，复制另外三个脚放在合适的位置。

（2）沙发底座：在俯视图中制作一个长 600 mm，宽 2250 mm，高 150 mm 的长方体。

（3）沙发垫。

①选择"长方体"，制作长为 600 mm，宽为 750 mm，高为 200 mm 的长方体。

②选择"复制"命令，复制另外两个沙发垫。

③选择"倒圆"命令，将沙发垫进行圆角。

（4）沙发扶手。

①选择"多段线"命令，在主视图中画沙发扶手轮廓线，如图 13-10 所示。

②选择"拉伸"命令，确定拉伸高度为 600 mm。

③选择"镜像"命令，得到另一个沙发扶手。

④选择"倒圆"命令，将扶手圆角。

(5) 沙发靠背。

①选择"长方体"在左视图中制作一个长为 200 mm，宽为 750 mm，拉伸高度为 750 mm 的长方体，如图 13-11 所示。

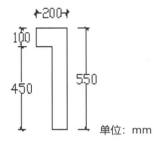

图 13-10　绘制沙发扶手轮廓线

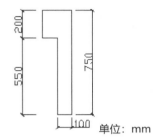

图 13-11　绘制沙发靠背

②选择"倒圆"命令，将靠背圆角。

③激活主视图，执行"修改"|"三位操作"|"三维旋转"，选择 Y 轴，指定旋转角度为−10°，如图 13-12 所示。

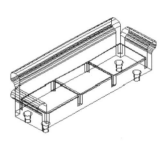

图 13-12　对图形三维旋转

2. 创建茶几模型

(1) 茶几脚。

①选择"圆"命令，在俯视图中画一个半径为 50 mm 的圆。

②选择"拉伸"命令，指定拉伸高度为 400 mm，倾斜角度为﹣10°。

③选择"复制"命令，复制另外三个脚放在合适的位置。

(2) 茶几面。

①选择"长方体"命令，在俯视图中制作长 800 mm，宽 800 mm，高 30 mm 的台面。

②选择"倒圆"命令，对台面圆角，如图 13-13 所示。

3. 创建电视柜模型

(1) 柜脚。

①选择"圆柱体"，制作半径为 30 mm，高为 150 mm 的圆柱体。

②选择"复制"命令，选择圆柱体，捕捉圆柱体中心，向垂直上方拖动鼠标，输入 400，再选择两个圆柱体，捕捉其中一个圆柱体的中心，水平向右拖动鼠标，输入 400，再选择横向坐标上的两个圆柱体，捕捉其中一个圆柱体的中

图 13-13　绘制茶几模型

心，垂直向下拖动鼠标，输入 1000，再选择复制的圆柱体，垂直向下拖动，输入 400。

(2) 柜体。

①选择"长方体"，制作长 550 mm，宽 1900 mm，高 30 mm 的长方体。

②继续该命令，分别制作长 550 mm，宽 30 mm，高 500 mm；长 550 mm，宽 30 mm，高 500 mm 和长 550 mm，宽 525 mm，高 30 mm 的长方体，置为柜体的左方。

③选择"长方体"，分别制作两个长 550 mm，宽 30 mm，高 700 mm 和长 550 mm，宽 545 mm，高 30 mm 的三个长方体，置于柜体的右方。

④选择"长方体"，制作两个长 550 mm，宽 830 mm，高 30 mm 的长方体，置为柜体的中间，如图 13-14 所示。

注：通过立面图绘制电视柜三维模型。

电视柜立面图如图 13-15 所示，电视柜三维模型如图 13-16 所示。

图 13-14　电视柜模型　　　　　图 13-15　电视柜立面图　　　　　图 13-16　电视柜三维模型

4. 创建电视机模型

(1) 电视机。

①选择"长方体"制作长 250 mm，宽 600 mm，高 600 mm 的长方体。

②继续该命令，制作长 150 mm，宽 450 mm，高 450 mm 的长方体，并将其放在合适的位置，运用布尔求差，修剪出电视屏幕。

③继续该命令，制作长 150 mm，宽 600 mm，高 280 mm 的长方体，再选择"楔体"，制作长 150 mm，宽 600 mm，高 320 mm 的楔体，作为电视机结构的组成部分。

(2) 按钮。

①选择"圆"，在左视图中分别制作半径 25 mm 和 35 mm 的两个圆。

②选择"拉伸"，指定拉伸高度为 15 mm。

③选择"倒圆"，对其进行圆角，如图 13-17 所示。

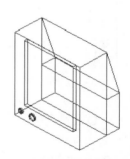

图 13-17　电视机模型

5. 创建拉梭门和窗帘的模型

(1) 打门洞。

①选择"长方体"，在俯视图中制作长 2400 mm，宽 400 mm，高 2800 mm 的长方体。

②将长方体移动到门所在的位置，选择"差集"，先选墙体，再选长方体，打出门洞。

(2) 门。

①选择"矩形"命令，在主视图中制作一个 1250 mm×2800 mm 的矩形。

②选择"偏移"命令，偏移 80 mm。

③选择"差集"命令，将其布尔求差。

④选择"差集"命令，指定拉伸高度为 60 mm，由此得到门的形状。

⑤选择"复制"命令，复制出门的另一半，将门放置在合适的位置。

(3) 窗帘。

①选择"绘图"|"修订云线"命令，根据命令行的提示输入以下内容：指定起点；最小弧长 1000 mm，最大弧长 1000 mm，指定起点并沿路径引导十字光标，在窗下端画一条云线。

②选择"直线"命令，在主视图中画一条垂直方向的直线，长度为 1500 mm。

③选择选择"绘图"|"平移曲面"命令，命令行中提示：a.选择用作轮廓线的对象：修订云线；b.选择用作方向齿量的对象：直线。云线变成窗帘状曲面。

6. 创建灯的模型

(1) 灯座：选择"圆环"命令，制作一个圆环体半径为 500 mm，管半径为 50 mm 的圆环；重复此命令，制作一个圆环体半径为 450 mm，管半径为 45 mm 的圆环。

(2) 灯：选择"绘图"|"曲面"|"下半球面"命令，指定半径为 450 mm，如图 13-18 所示。

图 13-18　装饰灯模型

7. 根据以下立面图绘制背景墙模型

电视背景墙立面图如图 13-19 所示，电视背景墙立体造型如图 13-20 所示。

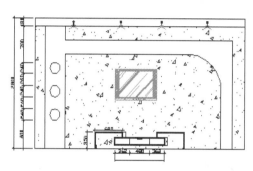

图 13-19　电视背景墙立面图

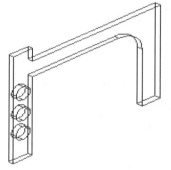

图 13-20　电视背景墙立体造型

作业：运用所学命令将此客厅其他组成部分补充完整。客厅建模效果如图 13-21 所示。

二、卧室家具

1. 创建床的模型

(1) 床脚：方法与沙发脚同。

(2) 床板：选择"长方体"，制作一个长 2000 mm，宽 1500 mm，高 150 mm 的床板。

(3) 床铺：①选择"长方体"，制作一个长 2000 mm，宽 1500 mm，高 200 mm 的床铺。

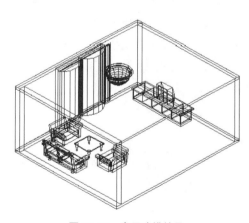

图 13-21　客厅建模效果

②选择"倒圆"，指定圆角半径为 100 mm，单击床铺各边进行圆角。

(4) 床头。

①选择"多段线"，在左视图中画出如图 13-22 所示的图形。

②选择"圆弧"，画出床头结构，绘制床头结构如图 13-23 所示。

③选择"面域"，将床头结构线进行群组。

④选择"拉伸"，制定拉伸高度为 200 mm。

⑤选择"倒圆"，对床头进行圆角。

双人床模型如图 13-24 所示。

图 13-22 用"多段线"绘制床头   图 13-23 绘制床头结构   图 13-24 双人床模型

单位：mm

2. 创建床头柜的模型

(1) 柜脚：制作方法域沙发脚同。

(2) 柜体：选择"长方体"，在俯视图中制作一个长 400 mm，宽 600 mm，高 500 mm 的长方体。

(3) 柜面。

①选择"矩形"，制作一个 500 mm×700 mm 的矩形。

②选择"拉伸"，指定拉伸高度为 50 mm。

③选择"倒圆"，对柜体各菱边圆角。

④选择"复制"，将做好的柜子复制一个，放在床头的另一边。

床头柜模型如图 13-25 所示。

3. 创建木相框的模型

(1) 横向木条。

①选择"直线"命令，按 F8 打开正交模式，在俯视图中画出一条竖直方向直线，长度为 60 mm。

②执行 Z→E，将图形放大，选择"偏移"命令，把直线水平向左两次偏移 15 mm。

③设置点样式，执行"格式"|"点样式"命令，弹出该对话框，选择一个样式。

④执行"绘图"|"点"|"定数等分"命令，对直线进行等分。

⑤选择"多段线"命令，分别捕捉各点画一条闭合多段线，再删除所有直线和等分点，只保留多段线。绘制木相框步骤如图 13-26 所示。

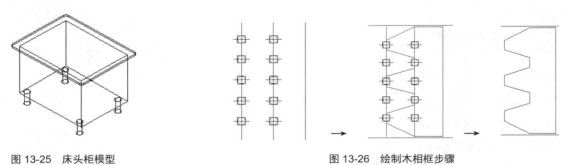

图 13-25 床头柜模型   图 13-26 绘制木相框步骤

⑥选择"拉伸"命令，指定拉伸高度为 500 mm。

⑦选择"复制"命令，将刚做好的横向木条复制一份。

(2) 横向木条：选择"直线"，在俯视图中画出一条长度为 500 mm 的直线，后面的步骤与前同。

木相框模型如图 13-27 所示。

注：窗、窗帘、灯、电视柜和电视的制作与客厅中的基本相同。

作业：将卧室其他部分，利用所学命令发挥想象力继续完善。

卧室建模效果如图 13-28 所示。

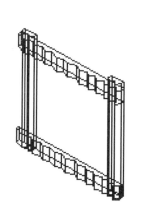

图 13-27　木相框模型

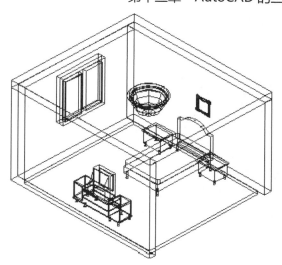

图 13-28　卧室建模效果

三、绘制餐厅家具

(1) 绘制墙体和地面。

①绘制餐厅墙体。将当前视图设为俯视图，执行"长方体"命令，绘制长为 240 mm、宽为 4000 mm、高为 3000 mm 和长为 3000 mm、宽为 240 mm、高为 3000 mm 的长方体，如图 13-29 所示。

②绘制地面模型。执行"长方体"命令，根据墙体的大小，在图中绘制餐厅区域的地面模型，如图 13-30 所示。

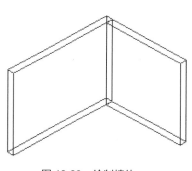

图 13-29　绘制墙体

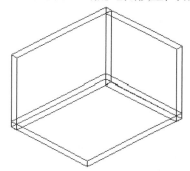

图 13-30　绘制地面

(2) 绘制墙壁橱柜。

①绘制橱柜模型。执行"长方体"命令，绘制长为 500 mm、高为 300 mm 的长方体作为橱柜模型。

②对橱柜抽壳。执行"抽壳"命令，设置抽壳距离为 20 mm，对绘制好的橱柜进行抽壳操作，如图 13-31 所示。

③复制抽壳后的橱柜，执行"复制"命令，选择抽壳好的橱柜模型，将其进行复制并粘贴在合适的位置，如图 13-32 所示。

(3) 绘制餐桌。

①绘制桌面。在俯视图中绘制长为 1 600 mm、宽为 750 mm、高为 40 mm 的长方体作为餐桌面，如图 13-33 所示。

②对桌面圆角。执行"圆角"命令，设置圆角半径为 20 mm，对餐桌面的角进行圆角操作，如图 13-34 所示。

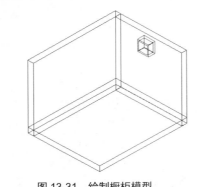

图 13-31 绘制橱柜模型

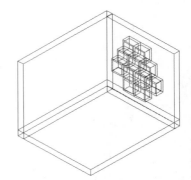

图 13-32 绘制抽壳后的橱柜

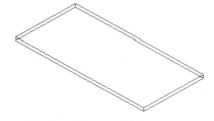

图 13-33 绘制桌面

图 13-34 对桌面倒圆角

③绘制桌腿。在左视图中绘制如图 13-35 所示的图形。

④拉伸桌腿。对桌腿拉伸，设置拉伸高度为 80 mm，如图 13-36 所示。

图 13-35 绘制桌腿

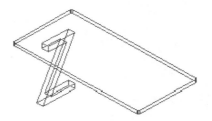

图 13-36 对桌腿拉伸

⑤镜像桌腿。执行"三维镜像"命令，选择绘制好的桌腿，将其以 XY 平面进行镜像操作，如图 13-37 所示。

⑥绘制支撑杆。将当前视图设为前视图，执行"矩形"命令，在桌腿位置绘制长为 1500 mm、宽为 70 mm 的矩形作为支撑杆，如图 13-38 所示。

⑦拉伸操作。将当前视图设置为西南等轴测图，执行"拉伸"命令，设置拉伸距离为 50 mm，对支撑杆进行拉伸操作，如图 13-39 所示。

⑧合并桌面、桌腿。执行"实体，并集"命令，选择桌面、桌腿模型，将其合并在一起成为整体。

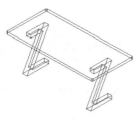

图 13-37 镜像桌腿

图 13-38 绘制支撑杆

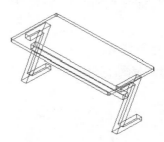

图 13-39 拉伸操作

(4) 绘制餐椅。

①绘制餐椅横截面。将当前视图设置为左视图，执行"多段线"命令，绘制餐椅图形的横截面，如图 13-40 所示。

②拉伸操作。将当前视图设置为西南等轴测图，执行"拉伸"命令，设置拉伸距离为 50 mm，对支撑杆进行拉伸操作，如图 13-41 所示。

③绘制椅腿。将当前视图设置为左视图。执行"多段线"命令，绘制餐椅腿图形的轮廓，如图 13-42 所示。

④对椅腿拉伸。将当前视图设置为西南等轴测图，执行"拉伸"命令，设置拉伸距离为 20 mm，对餐椅腿进行拉伸，如图 13-43 所示。

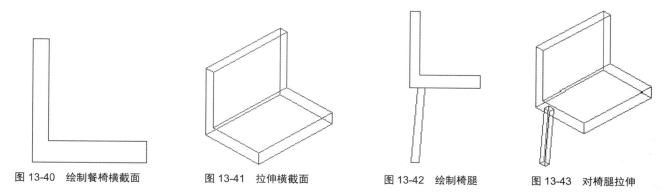

图 13-40　绘制餐椅横截面　　图 13-41　拉伸横截面　　图 13-42　绘制椅腿　　图 13-43　对椅腿拉伸

⑤镜像椅腿并合并。执行"三维镜像"命令，选择绘制好的餐椅腿，对其进行镜像操作，并执行"实体，并集"命令，将餐桌椅坐面和桌腿进行合并，如图 13-44 所示。

⑥对餐椅三维镜像。同样执行"三维镜像"命令，选择合并好的餐椅模型，将其进行实体镜像操作，并执行"实体，并集"命令，将所有的餐椅、餐桌进行合并，如图 13-45 所示。

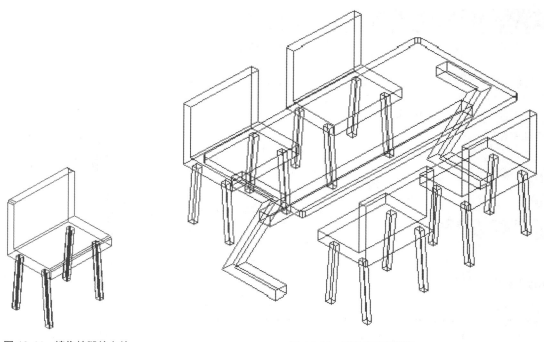

图 13-44　镜像椅腿并合并　　　　图 13-45　对餐椅三维镜像

(5) 绘制板凳。

①绘制板凳坐面。执行"圆柱体"命令，在命令行中输入底面圆心的半径为 175 mm，圆柱体高度为 41 mm，如图 13-46 所示。

②绘制板凳腿。将当前视图切换至左视图，执行"多段线"命令，在板凳坐面右侧位置绘制如图所示尺寸的多段线作为板凳腿，如图 13-47 所示。

③执行"圆角"命令。设置圆角半径为 30 mm。

④圆角操作。按照命令行中提示的消息，输入圆角半径，对板凳腿的两个角进行圆角操作，结果如图 13-48 所示。

⑤拉伸板凳腿。将当前视图切换至西南等轴侧图，执行"拉伸"命令，将板凳腿拉伸高度设置为 41 mm，如图 13-49 所示。

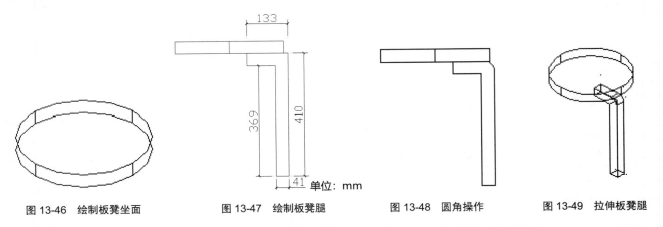

图 13-46　绘制板凳坐面　　　　图 13-47　绘制板凳腿　　　　图 13-48　圆角操作　　　　图 13-49　拉伸板凳腿

⑥执行"环形阵列"命令。选择板凳腿形将其进行阵列，设置项目总数为 3，如图 13-50 所示。

⑦对板凳腿环形阵列。根据命令行提示的信息，设置板凳腿图形阵列的项目数和填充角度，结果如图 13-51 所示。

⑧合并图形。设置完成后，执行"分解"命令，将环形阵列的板凳腿进行分解，并执行"实体，并集"命令，选择板凳腿和坐面实体进行合并，使之成为整体。

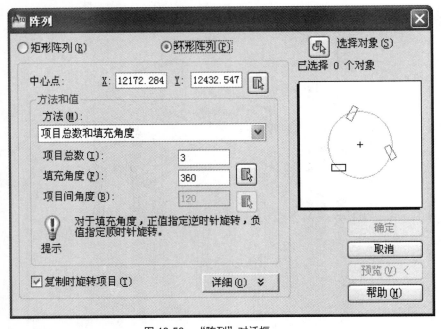

图 13-50　"阵列"对话框

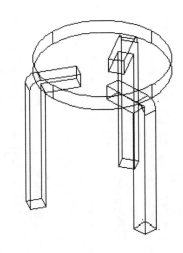

图 13-51　最终效果

(6) 绘制落地灯。

①绘制落地灯底座。将当前视图转换为西南等轴测图，执行"长方体"命令，绘制长为 196 mm、宽为 196 mm、高为 20 mm 的长方体作为落地灯底座，如图 13-52 所示。

②绘制支撑杆横截面。执行"圆心，半径"命令，以底座中心为圆心、绘制半径为 20 mm 的圆，并执行"多段线"

命令，绘制高度为 1162 mm 的支撑杆横截面，如图 13-53 所示。

③对支撑杆进行扫掠操作。执行"建模"|"扫掠"命令，对支撑杆横截面进行扫掠操作。

④对支撑杆扫掠。根据命令行的提示信息，选择要扫掠的圆，以支撑杆横截面为扫掠路径，结果如图 13-54 所示。

⑤继续绘制支撑杆。执行"圆心，半径"命令，在支撑杆顶部位置绘制半径为 20 mm 的圆，并依次执行"多段线"和"扫掠"命令，继续绘制支撑杆，如图 13-55 所示。

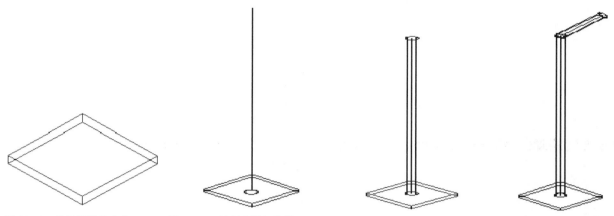

图 13-52　绘制落地灯底座　　图 13-53　绘制支撑杆横截面　　图 13-54　对支撑杆进行扫掠操作　　图 13-55　继续绘制支撑杆

⑥绘制灯柱。采用同样的方法，执行"圆心，半径"命令，绘制半径为 20 mm 的圆，并依次执行"多段线"和"扫掠"命令，绘制落地灯的灯柱，如图 13-56 所示。

⑦绘制灯罩横截面。将当前视图设为前视图，执行"多段线"命令，在灯柱顶部位置绘制高为 240 mm，顶宽为 85 mm 的灯罩横截面，如图 13-57 所示。

⑧对灯罩进行旋转。将当前视图转换为西南等轴测图，执行"旋转"命令，将灯罩横截面进行旋转，并将视觉样式设为"概念"模式，如图 13-58 所示。

⑨将绘制好的餐桌椅放置到餐厅合适的位置，如图 13-59 所示。

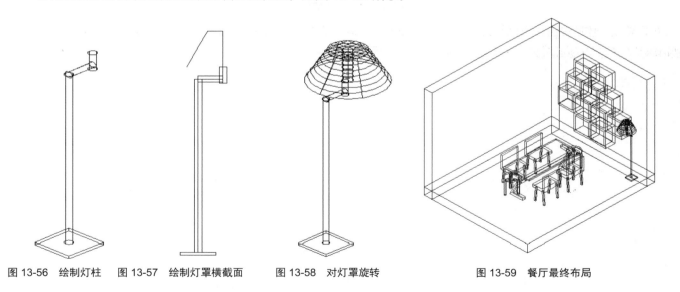

图 13-56　绘制灯柱　　图 13-57　绘制灯罩横截面　　图 13-58　对灯罩旋转　　图 13-59　餐厅最终布局

1）创建书柜图形

（1）将"书柜"层设置为当前层。激活俯视图。使用 "长方体"工具，创建一个长为 900 mm、宽为 350 mm、高为 1085 mm 的长方体，如图 13-60 所示。

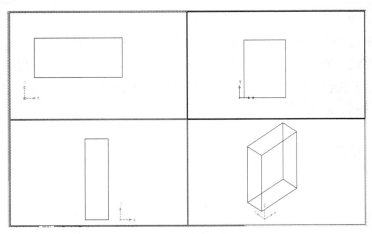

图 13-60　创建长方体

(2) 激活主视图，创建一个长为 860 mm，宽为 300 mm，高为 350 mm 的长方体，如图 13-61 所示。

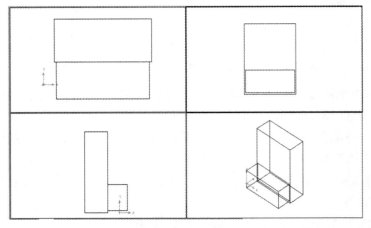

图 13-61　创建较小的长方体

(3) 单击"复制"按钮，选择创建的长方体，使用动态输入的方法分别输入 <0，330，0>和<0，660，0>，沿 Y 轴将创建的长方体复制两次。完成复制如图 13-62 所示。

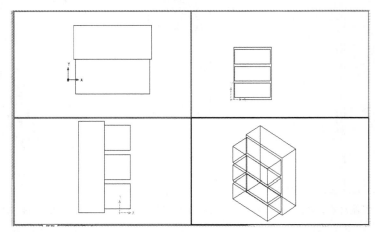

图 13-62　复制长方体

(4) 激活左视图，将复制生成的长方体沿 X 轴方向移动-330 mm，如图 13-63 所示。

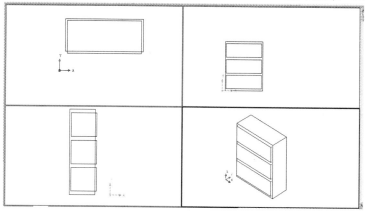

图 13-63　移动长方体

（5）使用"差集"工具，对图形进行修剪，完成效果图，如图 13-64 所示。

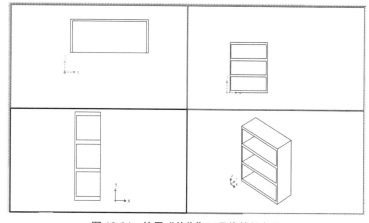

图 13-64　使用"差集"工具修剪长方体

（6）在主视图创建一个长为 860 mm，宽为 20 mm，高为 300 mm 的长方体，创建桌面如图 13-65 所示。

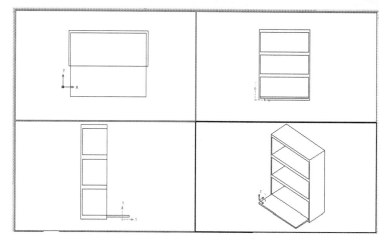

图 13-65　创建桌面

（7）激活俯视图，以 a<500，500，-7500>为顶点，创建一个长为 450 mm，宽为 350 mm，高为 750 mm 的长方体，创建底部书柜如图 13-66 所示。

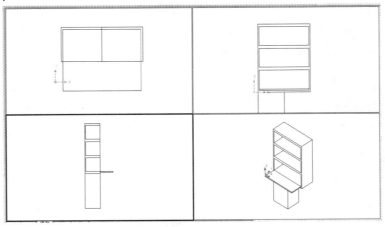

图 13-66   创建底部书柜

(8) 使用同样方法，创建一个长为 410 mm，宽为 330 mm，高为 200 mm 的长方体，如图 13-67 所示。

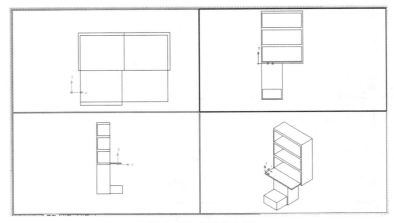

图 13-67   创建长方体

(9) 使用"复制"工具，将新创建长方体沿 Y 轴的方向复制，完成效果如图 13-68 所示。

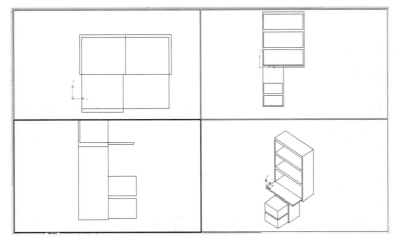

图 13-68   复制长方体

(10) 以 a 点坐标<520，-270，-500>为顶点创建一个长为 410 mm，宽为 250 mm，高为 20 mm 的长方体，如图 13-69 所示。

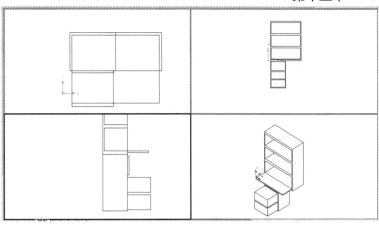

图 13-69　创建长方体

(11) 激活左视图，将底部两个长方体沿 X 轴方向移动-320 mm，移动如图 13-70 所示。

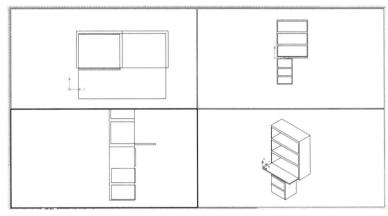

图 13-70　移动长方体

(12) 使用"差集"工具，对底部两个长方形进行修剪，结果如图 13-71 所示。

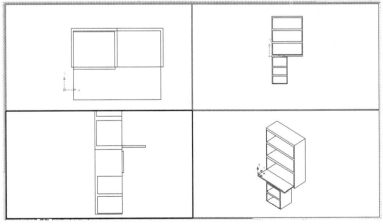

图 13-71　使用"差集"工具修剪长方体

(13) 在主视图中创建一个半径为 30 mm，高为 50 mm 的圆柱体，如图 13-72 所示。

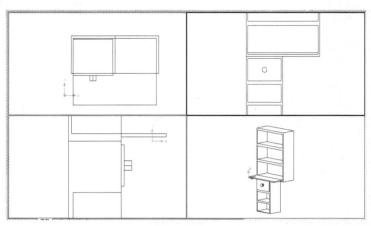

图 13-72　创建圆柱体

(14) 激活东南等轴侧视图，使用"圆角"工具，设置圆角半径为 20 mm，对圆柱体外侧边缘进行光滑处理，完成效果如图 13-73 所示。

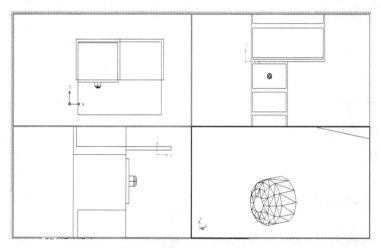

图 13-73　进行圆角光滑处理

(15) 激活左视图，以 a 点坐标<1 360，500，0>为顶点创建一个长为 40 mm，宽为 40 mm，高为-750 mm 的长方体，如图 13-74 所示。

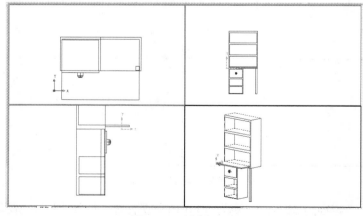

图 13-74　创建长方体

(16) 使用"复制"工具，将新创建长方体沿 Y 轴的方向复制并移动 310 mm，完成效果如图 13-75 所示。

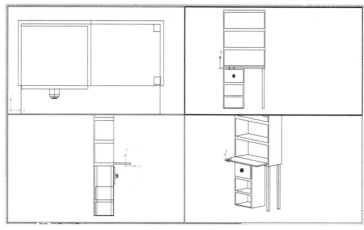

图 13-75　复制长方体

(17) 使用"长方体"工具，以 a 点坐标<1 360，540，-500>为顶点创建一个长为 40 mm，宽为 270 mm，高为 40 mm 的长方体，如图 13-76 所示。

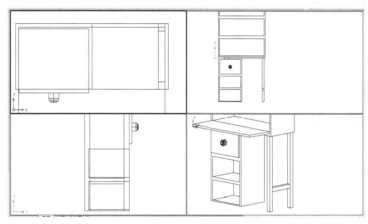

图 13-76　创建长方体

2) 创建座椅图形

(1) 将"椅子"层设置为当前层，并把"书柜"层隐藏。

(2) 在俯视图创建一个长为 450 mm，宽为 450 mm，高为 20 mm 的长方体，如图 13-77 所示。

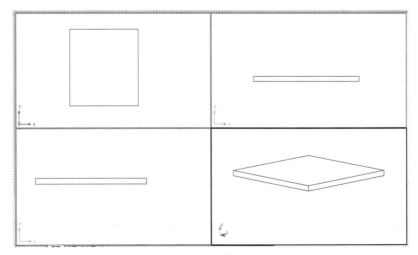

图 13-77　创建长方体

(3) 在俯视图创建一个长为 40 mm，宽为 40 mm，高为 800 mm 的长方体，如图 13-78 所示。

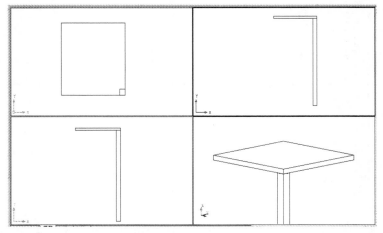

图 13-78　创建长方体

(4) 激活主视图，将长方体沿 X 轴方向移动 400 mm，如图 13-79 所示。

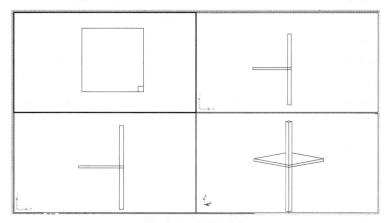

图 13-79　移动长方体

(5) 使用"复制"工具，将新创建长方体沿 X 轴的方向复制并移动-410 mm，完成效果如图 13-80 所示。

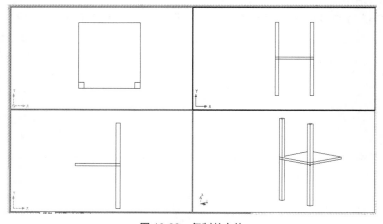

图 13-80　复制长方体

(6) 激活俯视图，创建一个长为 40 mm，宽为 40 mm，高为 400 mm 的长方体，如图 13-81 所示。

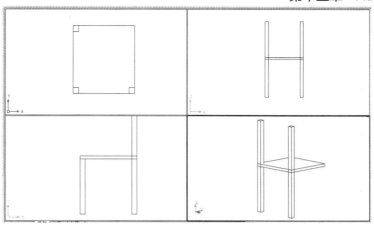

图 13-81 创建长方体

(7) 使用"复制"工具，将新创建长方体沿 Y 轴的方向复制并移动 410 mm，完成效果如图 13-82 所示。

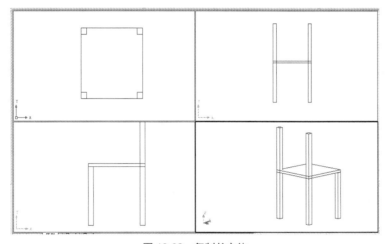

图 13-82 复制长方体

(8) 在俯视图中创建一个长为 370 mm，宽为 40 mm，高为 40 mm 的长方体，如图 13-83 所示。

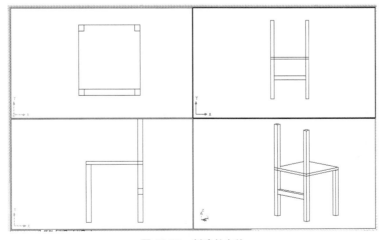

图 13-83 创建长方体

(9) 使用复制工具，将新创建的长方体沿 Y 轴的方向复制并移动 410 mm，如图 13-84 所示。

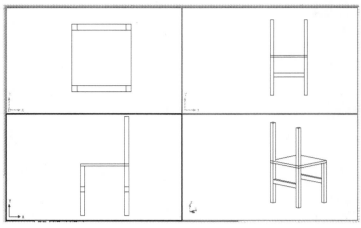

图 13-84 复制长方体

(10) 在俯视图中创建一个长为 40 mm，宽为 370 mm，高为 40 mm 的长方体，如图 13-85 所示。

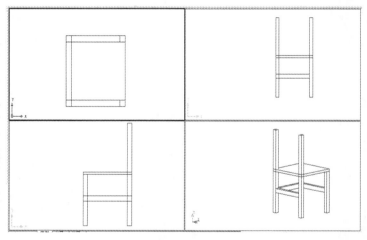

图 13-85 创建长方体

(11) 使用复制工具，将新创建的长方体沿 X 轴的方向复制并移动 410 mm，完成效果如图 13-86 所示。

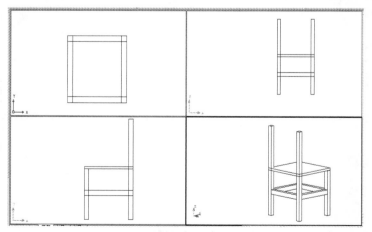

图 13-86 复制长方体

(12) 将"坐垫及靠垫"层设置为当前层。

(13) 在俯视图创建一个长为 450 mm，宽为 450 mm，高为 50 mm 的长方体，如图 13-87 所示。

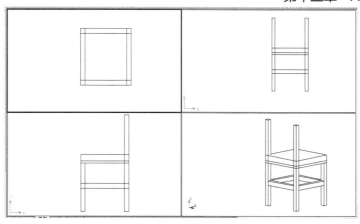

图 13-87　创建长方体

(14) 激活主视图，创建一个长为 370 mm，宽为 200 mm，高为 50 mm 的长方体，如图 13-88 所示。

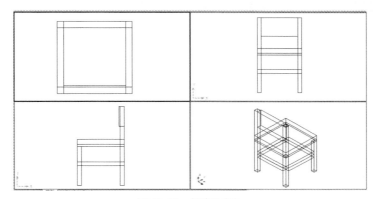

图 13-88　创建长方体

(15) 使用"圆角"工具，设置圆角半径为 20 mm，将坐垫及靠垫的边缘进行光滑处理，完成效果如图 13-89 所示。

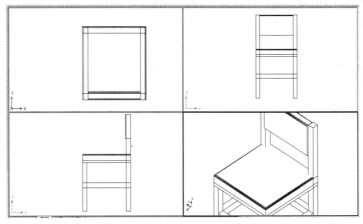

图 13-89　使用"圆角"工具光滑处理坐垫及靠垫边角

(16) 最终效果如图 13-90 所示。

3) 绘制书房墙体

(1) 在俯视图中，绘制长为 2000 mm、宽为 240 mm 和长为 240 mm、长为 3100 mm 的矩形，并对矩形进行"三维拉伸"拉伸高度为 3000 mm，如图 13-91 所示。

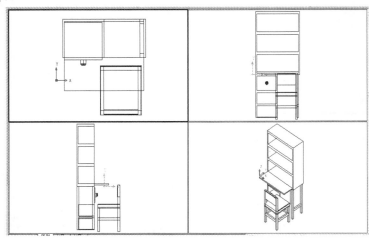

图 13-90　最终效果

(2) 绘制地面模型。在绘制完成墙体后，执行"长方体"命令，在墙体下方位置绘制地面模型，如图 13-92 所示。

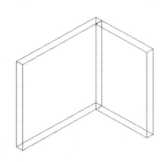

图 13-91　绘制墙体

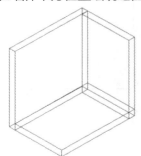

图 13-92　绘制地面

(3) 绘制窗洞。执行"长方体"命令，绘制长为 2000 mm、宽为 300 mm、高为 2000 mm 的长方体作为窗户模型，并执行"实体，差集"命令，将窗户模型从墙体中减去形成窗洞，如图 13-93 所示。

(4) 绘制窗框。依次执行"长方体"和"实体，差集"命令，绘制长为 2000 mm、宽为 100 mm、高为 2000 mm 和长为 1800 mm、宽为 100 mm、高为 1800 mm 的两个长方体，并对其执行"差集"操作，将窗框绘制完成，如图 13-94 所示。

(5) 绘制玻璃。采用同样的方法，绘制长为 1800 mm、宽为 20 mm、高为 1900 mm 的长方体作为窗户玻璃，并绘制长为 35 mm、宽为 20 mm、高为 1900 mm 和长为 1800 mm、宽为 20 mm、高为 20 mm 的长方体作为窗架，并对其执行"复制"命令，将窗架进行复制，至此，窗户绘制完毕，如图 13-95 所示。

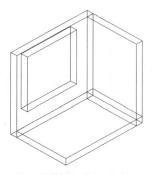

图 13-93　绘制窗洞

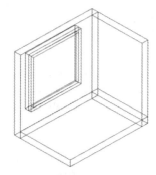

图 13-94　绘制窗框

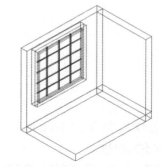

图 13-95　绘制玻璃

(6) 绘制窗帘挂杆。执行"圆柱体"命令，绘制底面半径为 25 mm、高为 2600 mm 的圆柱体作为窗帘挂杆，并执行"三维旋转"命令，将其以 x 轴为基轴旋转 90°，如图 13-96 所示。

(7) 绘制球体。执行"球体"命令，绘制半径为 50 mm 的球体，并执行"复制"命令，将其复制到窗帘挂杆两侧，如图 13-97 所示。

(8) 执行"圆环体"命令，绘制半径为 40 mm，圆管半径为 5 mm 的圆环体作为挂钩，如图 13-98 所示。

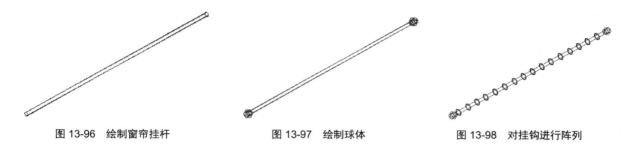

图 13-96　绘制窗帘挂杆　　　　图 13-97　绘制球体　　　　图 13-98　对挂钩进行阵列

(9) 绘制窗帘布轮廓。将当前视图设为左视图，执行"直线"命令，绘制长为 800 mm、高为 2500 mm 的窗帘轮廓线，如图 13-99 所示。

(10) 绘制窗帘褶皱。将视图设为俯视图，执行"多段线"命令，绘制出窗帘褶皱线，结果如图 13-100 所示。

(11) 将当前视图设为西南等轴测图，执行"网格"|"图元"|建模，网络，边界曲面"命令，创建窗帘布模型。

(12) 绘制窗帘布，进行边界曲面操作。根据命令行提示的消息，设置线框密度数值为 30，对窗帘轮廓线进行边界曲面操作，并将视觉模式设为"二维线框"模式，结果如图 13-101 所示。

(13) 移动、复制窗帘布。执行"移动"命令，将绘制好的窗帘布移动到挂杆位置，并执行"复制"命令，将其进行复制操作，如图 13-102 所示。

(14) 放置合适的位置。执行"移动"命令，将绘制好的窗帘模型移动至窗户位置，并适当地调整大小，如图 13-103 所示。

图 13-99　绘制窗帘布轮廓　　　图 13-100　绘制窗帘轮廓　　　图 13-101　对窗帘布进行边界曲面

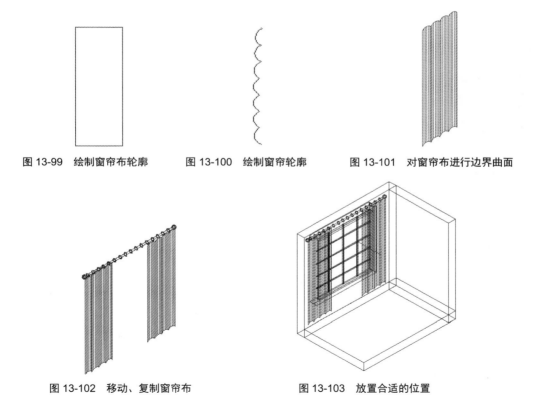

图 13-102　移动、复制窗帘布　　　图 13-103　放置合适的位置

(15) 运用所学命令，将书房内容补充完整。

[1] 张多峰. AutoCAD 2005 二维工程图应用教程[M]. 北京：中国水利水电出版社，2006.

[2] 赵雪. 中文 AutoCAD 2006 标准教程[M]. 西安：西北工业大学音像电子出版社，2005.

[3] 王海英. AutoCAD 建筑制图应用教程[M]. 北京：人民邮电出版社，2010.

[4] 曹培培，孟文婷，郭二配. AutoCAD 室内装潢设计经典范例完全学习手册[M]. 北京：清华大学出版社，2013.

[5] 李峰. AutoCAD 2007 三维建模实例导航[M]. 北京：电子工业出版社，2007.

[6] 陈志民. AutoCAD 2010 中文版室内装潢设计实例教程. 公共空间篇[M]. 北京：机械工业出版社，2010.